职业教育改革与创新系列教材

铣工工艺与技能训练

主　编　罗晓霞
副主编　陈淑玲　罗景军
参　编　陈焕东　潘　毅

机械工业出版社

本书共分7章，主要内容包括铣削加工的基础知识与基本技能、铣刀的几何参数与刃磨铣刀，平面的铣削，阶台和槽的铣削、万能分度头的应用、在铣床上加工孔和铣床的常规调整与一级保养。

本书不仅可作为中等职业学校、职业技术院校机械类专业的教材，也可作为考取初、中级铣工国家职业资格等级证书的培训教材，还可作为职工的岗位培训、职业技能鉴定培训和自学用书。

图书在版编目（CIP）数据

铣工工艺与技能训练/罗晓霞主编. —北京：机械工业出版社，2013.6（2026.1重印）
职业教育改革与创新系列教材
ISBN 978-7-111-42371-3

Ⅰ.①铣… Ⅱ.①罗… Ⅲ.①铣削—高等职业教育—教材 Ⅳ.①TG54

中国版本图书馆CIP数据核字（2013）第092235号

机械工业出版社（北京市百万庄大街22号 邮政编码100037）
策划编辑：王佳玮 责任编辑：王佳玮 张云鹏
版式设计：常天培 责任校对：樊钟英
封面设计：张 静 责任印制：单爱军
中煤（北京）印务有限公司印刷
2026年1月第1版第13次印刷
184mm×260mm · 10.5印张 · 234千字
标准书号：ISBN 978-7-111-42371-3
定价：35.00元

电话服务
客服电话：010-88361066
010-88379833
010-68326294

网络服务
机 工 官 网：www.cmpbook.com
机 工 官 博：weibo.com/cmp1952
金 书 网：www.golden-book.com
机工教育服务网：www.cmpedu.com

前　言

本书根据职业教育的培养目标，严格按照最新国家职业标准的要求编排内容，理论知识以够用为度，技能训练与职业技能鉴定结合，充分贯彻以技能训练为主线，着重提高学生操作技能的原则。在本书的编写过程中，编者力求以最简短的篇幅和最精练的语言，由浅入深地讲授铣工应该掌握的理论知识和应会的操作技能，使学生易学、易懂、易记、易用，完全能满足教学大纲和职业技能鉴定的要求。

本书具有如下的特点：

1. 可持续性。本书在深度选择上力求做到既适合中职，又兼顾高职的要求；在内容安排上力求做到严格精选，突出重点，强化技能，不仅让学生学到知识，还要让学生具备持续发展的能力。

2. 适用性。基本概念用工程实例引入，基本理论注重强化应用，基本技能强调掌握与提高。

3. 服务于职业技能鉴定。本书在每章都配有练习题，并在全书的最后选编了提高练习习题，以便学生考工考级之需。

本书由罗晓霞任主编，陈淑玲、罗景军任副主编，参与编写的还有陈焕东、潘毅。由于编者水平有限，书中错误和不妥之处在所难免，恳请广大读者批评指正。

编　者

目　录

绪　论

学习目标

✧ 明确本课程的任务与要求
✧ 了解铣削的基本内容
✧ 牢记安全文明生产的注意事项
✧ 掌握文明生产的具体要求

在科学技术迅速发展的今天，尽管各种新技术、新工艺不断涌现，金属切削加工在机械制造业中依旧占有极其重要的地位。绝大多数的机械零件需要通过切削加工来达到规定的尺寸精度和几何精度，以满足产品的性能和使用要求。在诸多切削加工工种中，铣工是最基本的，其应用范围极广泛。

0.1　课程的任务与要求

本课程是集工艺理论与技能训练于一体的专业技术课。课程的任务是使学生掌握中级铣工应具备的专业理论知识与实际操作技能，培养学生理论联系实际、分析和解决生产中一般技术问题的能力。

铣工工艺与技能训练是一门实践性很强的专业课程，学习时应以技能训练为主线，并坚持以理论知识指导技能训练，通过技能训练加深对理论知识的理解、消化、巩固和提高。通过本课程的学习，学生应达到如下具体要求。

1）掌握典型铣床（以 X6132 型卧式万能升降台铣床为代表）的主要结构、传动系统、操作使用方法和维护保养方法。

2）能合理地选择和使用夹具、刀具和量具，掌握其使用方法和维护保养方法。

3）熟练掌握中级铣工的各种操作技能，并能对工件进行质量分析。

4）了解金属切削过程中常见的物理现象及其对切削加工的影响，能合理选择切削用量和切削液。

5）掌握铣削过程中有关的计算方法，能够查阅有关技术手册和资料。

6）能制订中等复杂程度零件的铣削工艺规程，能吸收和应用较先进的工艺和技术。

7）养成安全、文明的生产习惯，为将来走上工作岗位打下良好的基础。

8）经过职业技能鉴定，达到中级铣工水平，并取得相应的资格证书。

0.2 铣削的基本内容

铣削是铣刀旋转做主运动，工件或铣刀作进给运动的切削加工方法。铣削的主要特点是用旋转的刀具来进行切削，所以效率较高，加工范围广。铣削是加工平面的主要方法之一。在铣床上使用各种不同的铣刀可以加工平面（水平面、垂直面、斜面）、阶台、沟槽（直角沟槽和V形槽、T形槽、燕尾槽等特形沟槽）、特形面和切断材料等。使用分度装置可加工需周向等分的花键、牙嵌轮、螺旋槽和齿式离合器等。此外，在铣床上还可以进行钻孔、铰孔、铣孔和镗孔等工作。铣削的基本内容如图0-1所示。

铣削有较高的加工精度，其经济加工精度一般为IT7～IT9，表面粗糙度 Ra 值为1.60～1.25μm。精细铣削时加工精度可达IT5，表面粗糙度 Ra 值可达0.20μm。

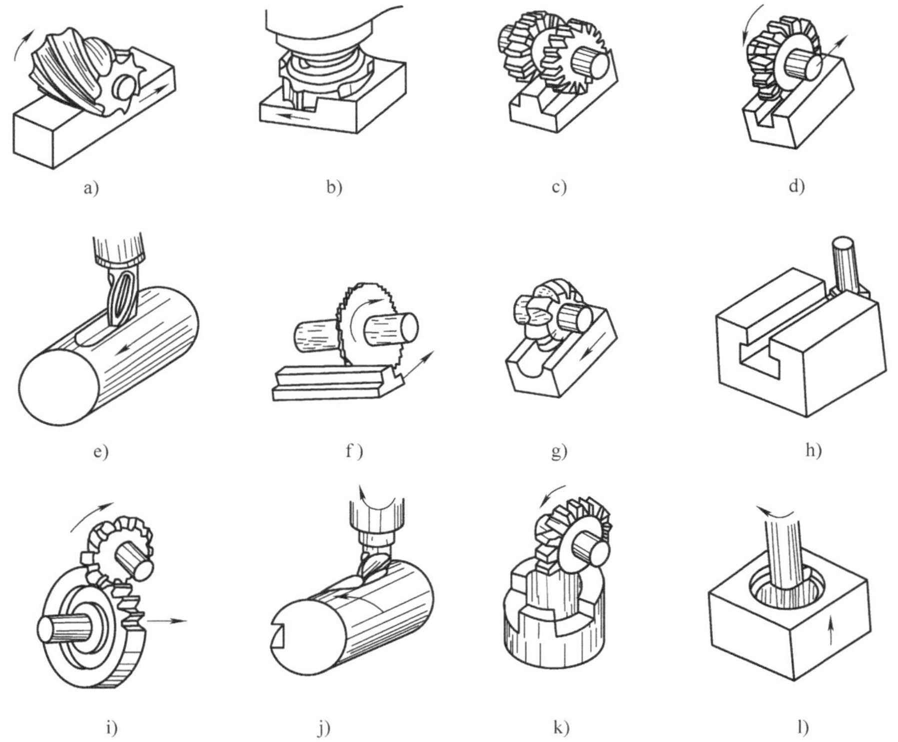

a)　b)　c)　d)　e)　f)　g)　h)　i)　j)　k)　l)

图0-1　铣削的基本内容

a）圆柱形铣刀铣平面　b）面铣刀铣平面　c）铣台阶　d）铣直角沟槽　e）铣键槽　f）切断　g）铣特形面　h）铣T形槽　i）铣齿轮　j）铣螺旋槽　k）铣离合器　l）镗孔

0.3 安全、文明生产

坚持安全、文明生产是保障生产工人和机床设备的安全，防止工伤和设备事故的根本保证，也是企业经营管理的重要内容之一。它直接影响到人身安全、产品质量和经济效益，影响设备和工具、夹具、量具的使用寿命及生产工人技术水平的正常发挥。学生在学习和掌握操作技能的同时，必须养成良好的安全、文明生产习惯。

安全、文明生产的要求都是在长期生产活动中得到的实践经验和总结，必须严格执行。

1. 安全生产的注意事项

1）工作时应穿工作服、戴套袖。女生应戴工作帽，将辫子或长发盘、塞在工作帽内。

2）禁止穿背心、裙子、短裤，禁止戴围巾、穿拖鞋或高跟鞋进入生产实习车间。

3）严格遵守安全操作规程。

4）注意防火，注意安全用电。

2. 铣削安全操作规程要点

1）生产实习前应对所使用机床进行如下检查。

① 各手柄的原始位置是否正常。

② 手摇各进给手柄，进给运动和进给方向是否正常。

③ 各进给方向自动进给停止挡铁是否在限位柱范围内，是否紧牢。

④ 进行机床主轴和进给系统的变速检查，使主轴和工作台进给由低速到高速运动，检查运动是否正常。

⑤ 开动机床使主轴回转，检查齿轮是否甩油。

⑥ 上述各项检查完毕后，若无异常，可对机床各部进行注油润滑。

2）不准戴手套操作机床、测量工件、更换刀具和擦拭机床。

3）装卸工件和刀具、变换转速和进给量、测量工件、搭配配换齿轮，必须在停车状态下进行。

4）操作机床时，严禁离开岗位，不准做与操作内容无关的其他事情。

5）工作台自动进给时，应脱开手动进给离合器，以防手柄随轴旋转伤人。

6）不准两个进给方向同时进行自动进给；自动进给时，不准突然变换进给速度；自动进给完毕，应先停止进给，再停止主轴（刀具）旋转。

7）高速铣削或刃磨刀具时，必须戴防护眼镜。

8）切削过程中不准测量工件，不准用手触碰工件。

9）操作中出现异常现象应及时停车检查，出现故障或事故应立即切断电源，及时申报，请专业人员检修，未修复前不得使用。

10）机床不使用时，各手柄应置于空挡位置，各方向的进给紧固手柄应松开，工作台应处于各方向进给的中间位置，导轨面应适当涂润滑油。

3. 文明生产的要求

1）爱护刀具、量具和工具，并正确使用，放置时应稳妥、整齐、合理，并有固定的位置，以便于操作时取用，用后应放回原处。

2）爱护机床和车间的其他设备、设施。

3）工具箱内应分类摆放物件。重物放置在下层，轻物放置在上层，精密的物件应放置稳妥，不可随意乱放，以免损坏和丢失。

4）量具应保持清洁，用后应擦净、涂油、放入盒内，并及时归还工具室。所使用的量具必须定期校验，使用前应检查合格证，确认在允许使用期内，以保证其度量准确。

5）装卸较重的机床附件时，必须有他人协助，装卸时应擦净机床工作台面和附件的基准面。

6）爱护机床工作台面和导轨面，不准在工作台面和导轨面上直接放置毛坯件、锤子和扳手等工具。

7）毛坯、半成品和成品应分开放置。半成品、成品应堆放整齐、轻拿轻放，严防碰伤已加工表面。

8）图样、工艺卡片应放置在便于阅读的位置，并注意保持其清洁和完整。

9）工作地周围应保持清洁整齐，避免杂物堆放，防止绊倒。

10）工作结束后应认真擦拭机床、工具、量具和其他附具，使各物件归位，清扫工作台。

练　习　题

1. 什么是铣削加工？其基本内容有哪些？
2. 文明生产包括哪些方面？
3. 铣床安全操作规程有哪些？
4. 安全生产的注意事项有哪些？
5. 本课程的任务与要求是什么？

第1章 铣削加工的基础知识与基本技能

学习目标

✧ 了解铣床的型号
✧ 了解 X6132 型铣床主要部件的名称和作用
✧ 了解 X6132 型铣床的主轴传动系统和进给传动系统
✧ 熟悉 X5042A 型铣床与 X6132 型铣床的主要区别
✧ 了解常用量具的名称、结构和特点
✧ 掌握常用量具的使用方法及注意事项
✧ 能够熟练使用量具进行测量
✧ 了解夹具的分类、组成和作用
✧ 了解六点定位原则与基准选择原则

1.1 铣床的结构与工作原理

1.1.1 铣床的型号

机床的种类很多，每一类中又有多种规格。为了便于选用和管理，对每一类机床都规定了一个统一的代号，而对每一类中不同规格的机床又进行了统一的编号。代号和编号合在一起就组成了机床的型号。

铣床的型号通常是在代号后加若干数字排列而成。代号标志着机床的类别，铣床则统一用汉语拼音大写字母“X”来表示；字母后边紧跟的两个数字分别表示机床的组别和型别，用以表示机床的具体特性；再后面两位数字则表示机床的基本参数（主参数）的1/10或1/100。例如，

X 6 1 32
32——工作台的工作面宽度为320mm
1——万能升降台型（型别）
6——卧式铣床组（组别）
X——铣床类（类别）

铣削类机床组与型的划分见表1-1。

表 1-1　铣削类机床组与型的划分

组别	名称	型别	铣床名称	组别	名称	型别	铣床名称
2	龙门或双柱铣床	0	龙门铣床	5	立式铣床	4	坐标立式升降台铣床
		1	龙门铣镗床			5	转塔立式升降台铣床
		5	双柱铣床	6	卧式铣床	0	卧式升降台铣床
		8	桥式龙门铣床			1	万能升降台铣床
3	平面或端面铣床	0	卧式平面铣床			2	万能回转头铣床
		1	立式平面铣床			3	摇臂万能铣床
		5	端面铣床	8	工具铣床	1	万能工具铣床
		6	双端面铣床			2	坐标万能工具铣床
4	仿形铣床	3	平面仿形铣床	9	其他铣床	2	键槽铣床
		5	立式仿形铣床			5	凸轮铣床
5	立式铣床	0	立式升降台铣床			6	曲轴铣床

在进行铣削类机床组与型的划分时，需要注意以下三点。

1）当机床的特性或结构有重大改进时，按其设计改进的顺序分别用汉语拼音大写字母“A”、“B”、“C”等表示，位于机床型号的末尾。例如，X6020B 表示在 X6020 的基础上，做了第二次改进。

2）当机床具有表 1-2 所列的通用特性时，应在型号中的类代号后，用字母予以表示。例如，型号为 XB4326 的机床是半自动平面仿形铣床。

表 1-2　机床通用特性代号

通用特性	高精度	精密	自动	半自动	数字程序控制	仿形	自动换刀	轻型	加重型	数显	简式或经济型	柔性加工单元	高速
代号	G	M	Z	B	K	F	H	Q	C	X	J	R	S

3）人们日常生产及生活中用到的铣床型号，如 X62W 和 X53T 等，是按照旧的编制方法编制的，至今沿用，其结构特征与功能分别与 X6132 和 X5032 基本相同。

下面简单说明一下旧的编制方法。

在旧的机床型号中，第一个字是汉语拼音字母，代表机床的类别；第二个字为数字，代表机床的组别；第三个（或第四个）字为数字，代表机床的主要规格。

当机床有某些通用特性时，在型号最后用字母 B、Z、W 等标出，说明其有半自动、自动、万能等特性。

当机床型号相同但结构不同时，型号后加字母 K、D、P、T 等标出，以示其结构上的不同。

例如，

X 6 2 W
- W —— 通用特性代号（万能）
- 2 —— 铣床主参数（2号工作台）
- 6 —— 卧式铣床组
- X —— 铣床类

X 5 3 T
- T —— 通用特性代号（镗铣）
- 3 —— 铣床主参数（3号工作台）
- 5 —— 立式铣床组
- X —— 铣床类

铣床的主参数（工作台面宽度）是用号数来表示的：

0 号表示工作台面宽度为 200mm，1 号表示工作台面宽度为 250mm，2 号表示工作台面宽度为 320mm，3 号表示工作台面宽度为 400mm，4 号表示工作台面宽度为 500mm。

1.1.2 X6132 型卧式万能升降台铣床

X6132 型卧式万能升降台铣床是我国目前应用最广泛的一种卧式铣床，此机床具有转速高、变速范围大、功率大、刚性好及操纵方便等特点，能完成铣平面、沟槽、特形面、齿轮及螺旋槽等多项工作。

虽然各种型号的铣床在形式、结构等方面各有其本身的特点，但它们的传动原理及结构方面的基本形式，却有很多共同之处。本书以 X6132 型卧式万能升降台铣床为主进行介绍。

1. 主要技术规格

X6132 型卧式万能升降台铣床的主要技术规格见表 1-3。

表 1-3 X6132 型卧式万能升降台铣床的主要技术规格

技术参数		数值
工作台面尺寸（宽×长）		320mm×1320mm
工作台最大行程	纵向（手动/自动）	700mm
	横向（手动/自动）	255mm
	垂直（手动/自动）	320mm
工作台最大回转角度		±45°
主轴锥孔锥度		No40 7:24
主轴轴线距工作台面的距离	最大	350mm
	最小	30mm
主轴轴线距横梁下平面的距离		155mm
床身垂直导轨面至工作台中心的距离	最大	470mm
	最小	215mm
主轴转速		30～1500r/min（18 级）
工作台进给速度	纵向、横向	23.5～1180mm/min（18 级）
	垂直方向	8～394mm/min（18 级）

（续）

技术参数		数　　值
工作台快速进给速度	纵向、横向	2300mm/min
	垂直方向	770mm/min
主电动机功率×转速		7.5kW×1450r/min
工作精度	平面度	0.02mm/150mm
	表面粗糙度 *Ra* 值	1.6μm

2. 铣床的主要部件

常用的卧式升降台铣床的外形和各部分名称如图 1-1 所示。其主要部件有：

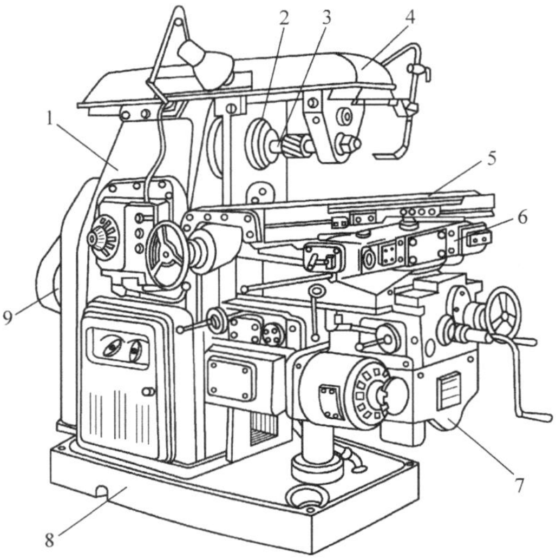

图 1-1　卧式升降台铣床的外形和各部分名称
1—床身　2—主轴　3—铣刀心轴　4—横梁
5—纵向工作台　6—横向工作台　7—升降台
8—底座　9—主传动电动机

（1）床身　床身是机床的主体，主轴变速机构等装在床身的内部。床身的前臂有燕尾形的垂直导轨，升降台可沿其上下移动。床身的上面有水平导轨，横梁可在上面移动。床身为箱体，其刚性、强度和精度的高低对铣削工作的影响很大，所以一般用优质灰铸铁铸成。床身内壁有筋条，用以增强床身的刚性和强度。

（2）主轴　主轴是一根空心轴，在孔的前端为锥 7L 形，锥度一般是 7:24，铣刀刀轴就安装在锥孔内。主轴多用优质碳素结构钢制成，并经过热处理和精密加工。

（3）横梁　横梁可沿床身顶部的燕尾形导轨移动，通过其上安装的挂架用来支承铣刀刀轴的外端。横梁向外伸出的长度可以调整，以适应各种长度的铣刀刀轴。

（4）纵向工作台　纵向工作台可作纵向移动。工作台上面有 T 形槽，用来安放 T 形螺钉以固定夹具和工件。工作台前侧面有一条 T 形槽，用来安装固定挡铁。

（5）横向工作台　横向工作台位于纵向工作台的下面，用来带动纵向工作台作横向移动。万能铣床的横向工作台和纵向工作台之间还有回转盘，可带动纵向工作台在水平面内旋转一定的角度。

（6）升降台　升降台用来支承工作台，并带动工作台上下移动。机床进给系统中的电动机、变速机构和操作机构等都安装在升降台内。升降台的刚性和精度要求很高，以防止铣削时产生振动，影响铣削质量。

（7）主轴变速机构　主轴变速机构包括床身外面的手柄和转盘及床身内部的齿轮和轴等，其作用是改变机床主轴的转速。

（8）进给变速机构　进给变速机构包括升降台外面的操作手柄和转盘以及内部的齿轮

和轴等，其作用是改变机床进给量的大小。

3. 铣床的主轴传动系统

铣床的主轴传动系统也称为主运动传动系统，或称为主传动系统。

铣床的主运动是主轴的旋转，由电动机到主轴的旋转要经过许多传动零件，这种由主动件（电动机）和被动件（主轴）以及中间的各个环节（各传动零件）所组成的传动关系称为传动链。铣床在工作中需要多少个运动，就有多少条传动链。由传动链所组成的系统称为传动系统。

为了简单明了地表达传动链，传动系统图中一般用规定的符号来代表传动系统中的各个机件。

图 1-2 所示为 X6132 型万能升降台铣床的主轴传动系统。

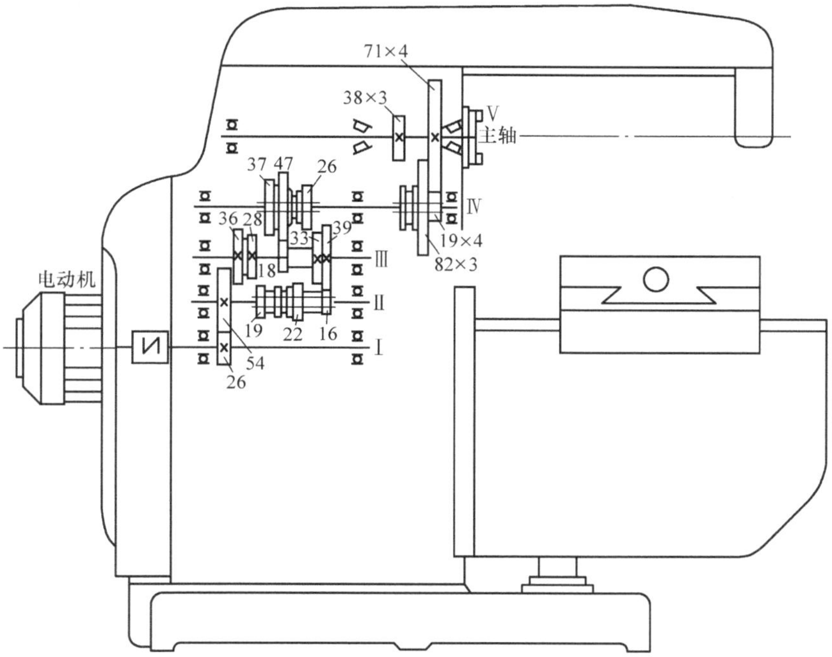

图 1-2　X6132 型万能升降台铣床的主轴传动系统

由图 1-2 可知，电动机（转速 $n=1450\text{r/min}$）通过弹性联轴器与轴 I 连接，使轴 I 获得与电动机相同的转速。轴 I 通过传动比为 26/54 的一对齿轮带动轴 II，使轴 II 获得 $1450\text{r/min}\times(26/54)\approx700\text{r/min}$ 的转速。轴 II 上有一个可做轴向移动、并用作变速的三联齿轮，通过与轴 III 上相应齿轮的啮合而带动轴 III，传动比分别为 22/33、19/36 和 16/39，使轴 III 获得三种不同的转速。轴 IV 上也有一个三联滑移齿轮与轴 III 上相应的齿轮啮合，其传动比分别为 39/26、28/37 和 18/47。当轴 III 有一种转速时，轴 IV 通过 3 种不同的传动比，能得到 3 种不同的转速；当轴 III 有 3 种不同的转速时，轴 IV 就有 $3\times3=9$ 种不同的转速。轴 IV 的右方，还有另一个双联滑移齿轮，可以与主轴 V 上相应的齿轮啮合，传动比分别为 82/38 和 19/71，这样就使轴 V 获得了 $3\times3\times2=18$ 种不同的转速。

上面的传动关系用传动结构式表示为

$$\text{电动机}—\mathrm{I}—\frac{26}{54}—\mathrm{II}—\begin{Bmatrix}\frac{22}{33}\\ \frac{19}{36}\\ \frac{16}{39}\end{Bmatrix}—\mathrm{III}—\begin{Bmatrix}\frac{39}{26}\\ \frac{28}{37}\\ \frac{18}{47}\end{Bmatrix}—\mathrm{IV}—\begin{Bmatrix}\frac{82}{38}\\ \frac{19}{71}\end{Bmatrix}—\mathrm{V}\ (\text{主轴})$$

通过传动结构式，可以计算出主轴的各种转速，如

$$n_{\text{最高}} = 1450\text{r/min}\times\frac{26}{54}\times\frac{22}{33}\times\frac{39}{26}\times\frac{82}{38}\approx1500\text{r/min}$$

$$n_{\text{最低}} = 1450\text{r/min}\times\frac{26}{54}\times\frac{16}{39}\times\frac{18}{47}\times\frac{19}{71}\approx30\text{r/min}$$

4. 铣床的进给传动系统

铣床的进给运动有工作台的纵向进给运动、横向进给运动和升降台的垂直进给运动。X6132 型铣床的进给传动系统如图 1-3 所示。

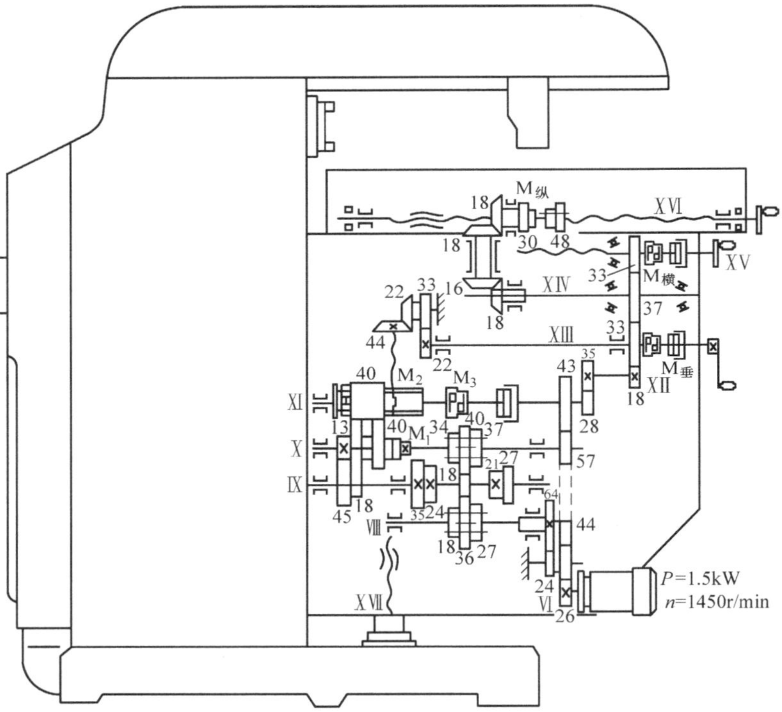

图 1-3　X6132 型铣床的进给传动系统

进给运动由进给电动机（功率 $P=1.5$kW、$n=1450$r/min）经传动比为$\frac{26}{44}\times\frac{24}{64}$的两对齿轮传至轴Ⅷ，再经轴Ⅷ和轴Ⅹ上的两组三联滑移齿轮，分别与轴Ⅸ上相对应的齿轮啮合，而使轴Ⅹ获得 9 种转速。当空套在轴Ⅹ上的可滑移的 $z=40$ 的齿轮处于图 1-3 所示位

置时（与离合器 M_1 啮合），轴Ⅹ的 9 种转速经传动比为$\frac{40}{40}$的一对齿轮及离合器 M_2 传至轴Ⅺ，使轴Ⅺ获得 9 种快的转速。当轴Ⅹ上空套的 $z=40$ 的齿轮向左移动（与离合器 M_1 脱开）与轴Ⅸ上的 $z=18$ 的齿轮啮合时（图中虚线位置），轴Ⅹ的 9 种转速经传动比为$\frac{13}{45}\times\frac{18}{40}$和传动比为$\frac{40}{40}$的一对齿轮，再经离合器 M_2 传至轴Ⅺ，使轴Ⅺ获得 9 种慢的转速。轴Ⅺ的运动经传动比为$\frac{28}{35}$的齿轮和离合器 $M_纵$、$M_横$ 和 $M_垂$ 分别传给纵向、横向和垂直方向的进给丝杠，使工作台获得三个方向的进给运动。

进给运动的传动结构式为

$$\text{电动机}—\text{VI}—\frac{26}{44}—\text{VII}—\frac{24}{64}—\text{VIII}—\begin{Bmatrix}\frac{36}{18}\\ \frac{27}{27}\\ \frac{18}{36}\end{Bmatrix}—\text{IX}—\begin{Bmatrix}\frac{24}{34}\\ \frac{21}{37}\\ \frac{18}{40}\end{Bmatrix}—\text{X}—\begin{Bmatrix}\frac{40}{40}\\ \frac{13}{45}\end{Bmatrix}—\frac{18}{40}—\frac{40}{40}—M_2—$$

$$\text{VII}—\frac{18}{36}—\frac{18}{36}—M_3\text{（快速移动）}—M_2$$

$$\text{XI}—\frac{28}{33}—\text{XII}—\begin{cases}\frac{18}{33}\text{（}M_3\text{开）}—\frac{33}{37}—\text{XII}—\frac{18}{16}—\frac{18}{18}—M_{纵}—\text{XII}—\text{纵向进给丝杠（}P=6\text{mm）}\\ \frac{18}{33}\text{（}M_3\text{开）}—\frac{33}{37}—\text{XII}—\frac{37}{33}—M_{横}—\text{XII}—\text{横向进给丝杠（}P=6\text{mm）}\\ \frac{18}{33}\text{（}M_3\text{开）}—M_{垂}—\text{XII}—\frac{22}{33}—\frac{22}{24}—\text{XII}—\text{垂直进给丝杠（}P=6\text{mm）}\end{cases}$$

与计算主轴的转速一样，进给运动速度也可由传动结构式计算出，这里不再赘述。

纵、横和垂直三个方向的进给运动，是通过分别接通 $M_纵$、$M_横$ 和 $M_垂$ 离合器来实现的（图 1-3）。当手柄接通其中一个时，也就相应地接通了电动机的电气开关，得到正、反方向的进给运动。这三个方向的运动是互锁的，不能同时接通。

当工作台需要快速移动时，可将进给手柄推向运动的方向，并按下“快速”按钮，使其接通一个强力电磁铁，由电磁铁牵动杠杆，使轴Ⅺ上的离合器 M_2 向右移动，通过摩擦离合器 M_3 接通该轴右端的 $z=43$ 齿轮。这样，运动就直接由电动机上的齿轮（$z=26$）经中间齿轮（$z=44$ 和 $z=57$）而传至轴Ⅺ右端的 $z=43$ 齿轮，再由离合器 M_3 带动轴Ⅺ转动，这时轴Ⅺ最右端的齿轮 $z=28$ 便快速转动，从而达到使工作台快速移动的目的。

1.1.3　X5042A 型立式升降台铣床

X5042A 型立式升降台铣床是一种用途很广的通用型立式铣床，是国产铣床中主要的机床之一。该机床可完成对各种沟槽、平面、圆弧、曲线外形、螺旋槽和离合器等零件的加工。

立式铣床的主要特征是铣床主轴轴线与工作台面垂直。因其处于竖立位置，所以称为立式铣床。其铣刀安装在与主轴相连接的刀轴上，上端用拉紧螺杆拉紧。

X5042A 型铣床的外形及各部分名称如图 1-4 所示。

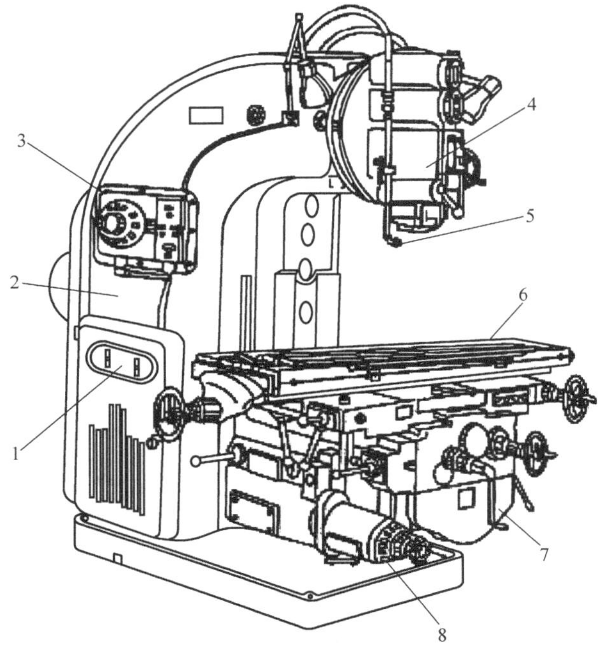

图 1-4　X5042A 型铣床的外形及各部分名称
1—机床电气部分　2—床身　3—变速操纵部分　4—立铣头部分
5—切削液管　6—工作台　7—升降台　8—进给变速部分

X5042A 型铣床与 X6132 型铣床在结构上的最大区别在于立铣头部分。立铣头内装有主轴及传动结构，运动是由传动轴通过一对锥齿轮传递到主轴上的，这样就使水平方向上的转动变为了竖直方向上的转动。立铣头的结构示意图如图 1-5所示。

X5042A 型铣床的主要技术规格见表 1-4。

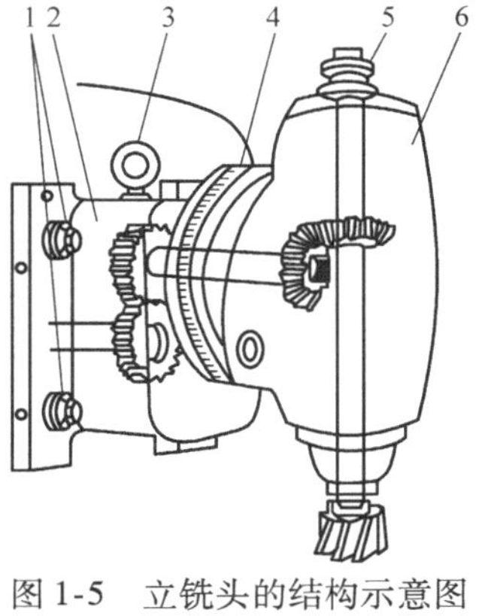

图 1-5　立铣头的结构示意图
1—螺栓　2—体座　3—吊环
4—分度盘　5—主轴　6—立铣头

表 1-4　X5042A 型铣床的主要技术规格

技术参数		数　值
工作台面尺寸（宽×长）		425mm×2000mm
工作台最大行程	纵向（手动/自动）	1260mm/1250mm
	横向（手动/自动）	410mm/400mm
	垂直（手动/自动）	410mm/400mm
立铣头最大回转角度		±45°
主轴锥孔锥度		No50　7:24
主轴端面距床身的垂直距离	最大	500mm
	最小	40mm
主轴轴线距床身的垂直距离		450mm
主轴的轴向移动距离		90mm
主轴的转速		18～1400r/min（20 级）
工作台的进给速度	纵向、横向	10～1250mm/min（15 级）
	垂直方向	2.5～315mm/min（15 级）
工作台的快速进给速度	纵向、横向	3200mm/min
	垂直方向	800mm/min
主电动机功率×转速		11kW×1450r/min
加工精度	平面度	0.02mm/150mm
	表面粗糙度 *Ra* 值	1.6μm

1.2　常用量具的使用与保养

铣工工作时，调整机床、装夹工件、装卸刀具都需使用一定的工具。另外，为了保证加工零件的尺寸精度和表面形状、位置精度，要使用量具对加工的零件进行测量，因此应掌握常用工具和量具的正确使用方法。

1.2.1　常用量具

铣工常用量具见表 1-5。

表 1-5　铣工常用量具

类型名称		示　图	用途及特点
卡尺	游标卡尺	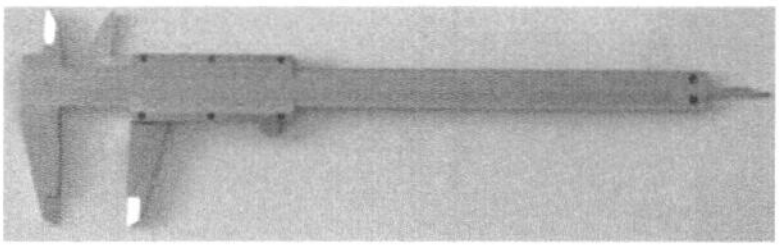	游标卡尺是一种中等精度的量具，可以直接测量出工件的长度、宽度、外径、内径、孔距和深度等

（续）

类型名称		示　　图	用途及特点
卡尺	深度卡尺	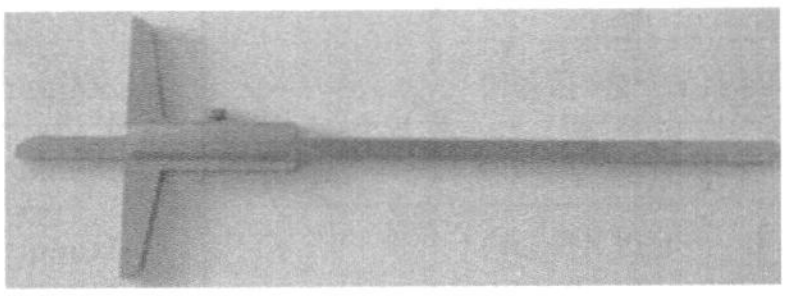	用来测量台阶的高度、孔深和槽深等
	游标高度尺		用来测量零件的高度尺寸和进行精密划线
	齿厚游标卡尺	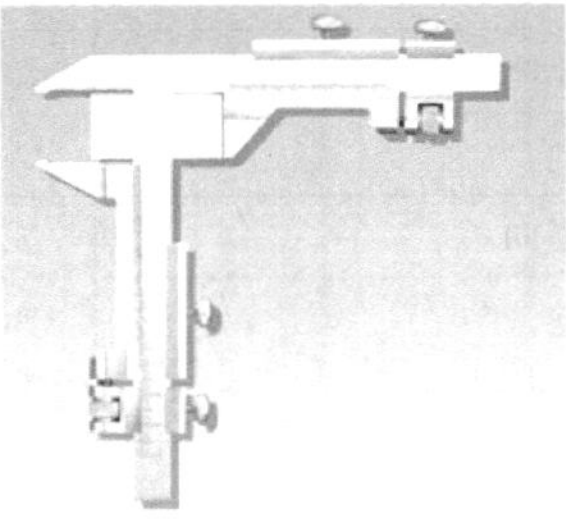	用来测量齿轮（或蜗杆）的齿厚或齿高
	电子数显卡尺及带表卡尺	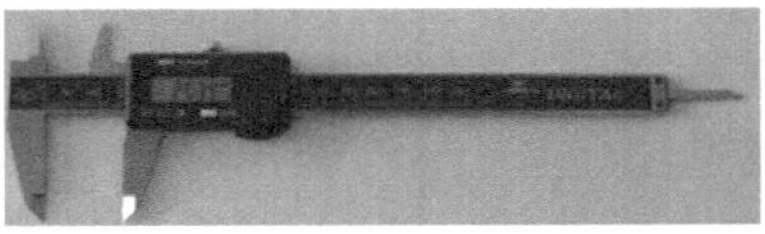 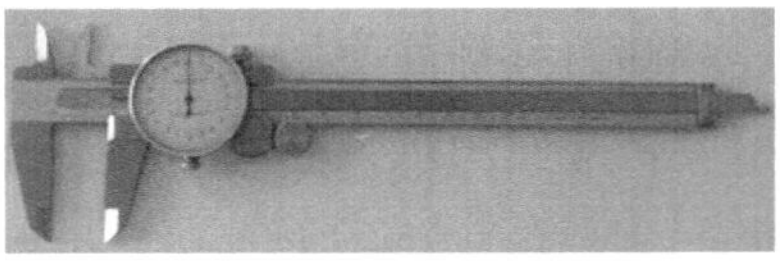	其特点是读数直观准确，使用方便而且功能多样。当电子数显卡尺测得某一尺寸时，数字显示部分就清晰地显示出测量结果。使用米制寸制转换键，可用米制和寸制两种长度单位分别进行测量 使用数显卡尺时应注意两点：一是使用前应进行校准“置零”；二是当数字出现闪动时，应及时更换电池
千分尺	外径千分尺	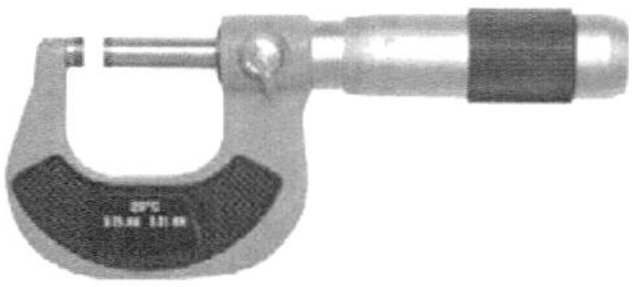	用来测量外形尺寸
	内径千分尺	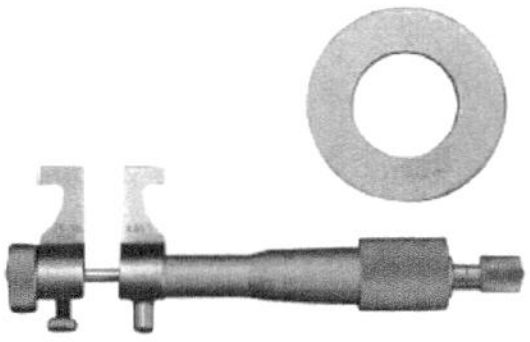	用来测量内径和沟槽宽度等尺寸。其刻线方向与外径千分尺的刻线方向相反

（续）

<table>
<tr><th colspan="2">类型名称</th><th>示　图</th><th>用途及特点</th></tr>
<tr><td rowspan="3">千分尺</td><td>深度千分尺</td><td>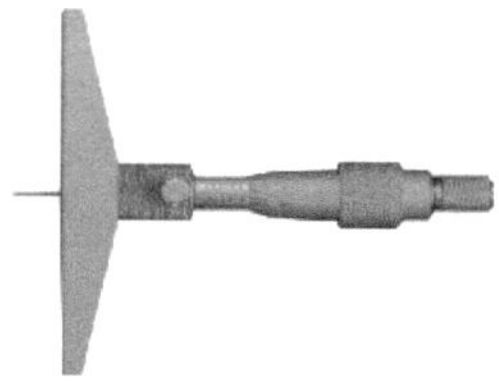</td><td>用来测量不通孔的深度、台阶的高度和槽深等尺寸。根据工件尺寸的不同，可调换接长杆</td></tr>
<tr><td>螺纹千分尺</td><td>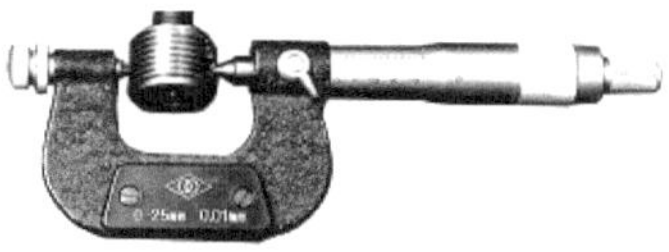</td><td>用来测量螺纹的中径尺寸</td></tr>
<tr><td>公法线千分尺</td><td>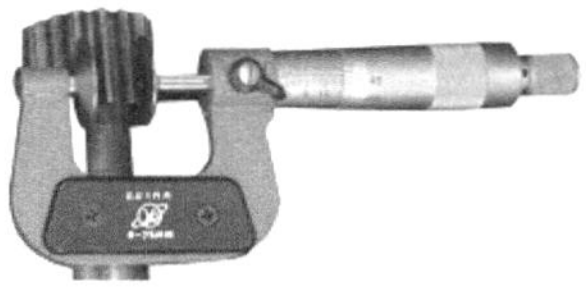</td><td>用来测量齿轮公法线长度或螺纹的三针测量等</td></tr>
<tr><td rowspan="2">游标万能角度尺</td><td>扇形（Ⅰ形）游标万能角度尺</td><td>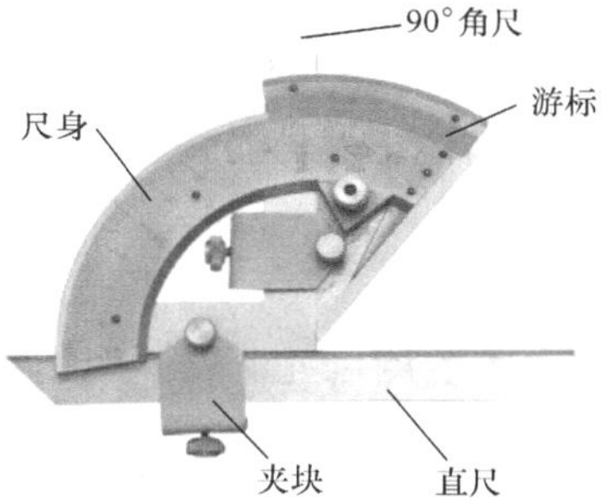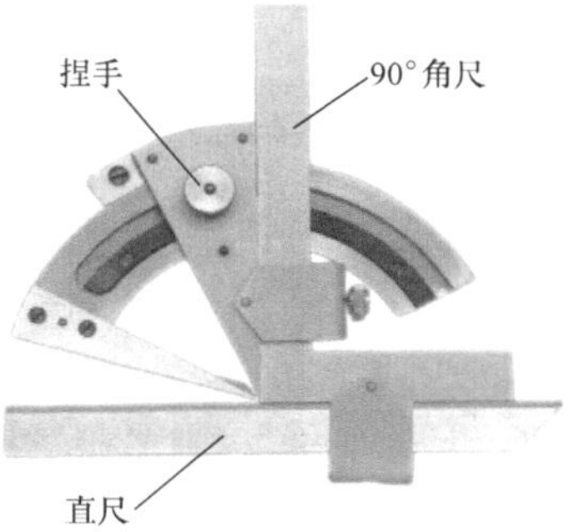</td><td rowspan="2">游标万能角度尺是用来测量工件和样板的内、外角度及角度划线的量具
使用游标万能角度尺时要注意如下几点：
1）根据测量工件的不同角度正确选用直尺和90°角尺
2）使用前要检查尺身和游标的零线是否对齐，90°角尺和直尺是否漏光
3）测量时，工件应与90°角尺的两个测量面在全长上接触良好，避免误差的产生</td></tr>
<tr><td>圆形（Ⅱ型）游标万能角度尺</td><td></td></tr>
</table>

（续）

类型名称		示　图	用途及特点
百分表	外径百分表	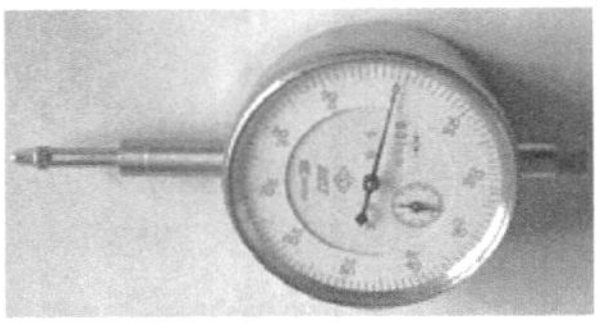	百分表的量程一般有 0 ~ 3mm、0 ~ 5mm 和 0 ~ 10mm 三种。按制造精度不同，百分表可分为 0 级、1 级和 2 级
	内径百分表	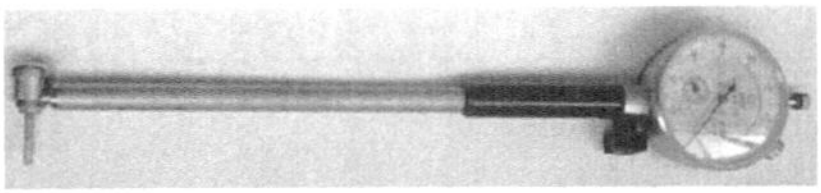	可用来测量孔径和孔的形状误差，对于测量深孔极为方便
	杠杆百分表	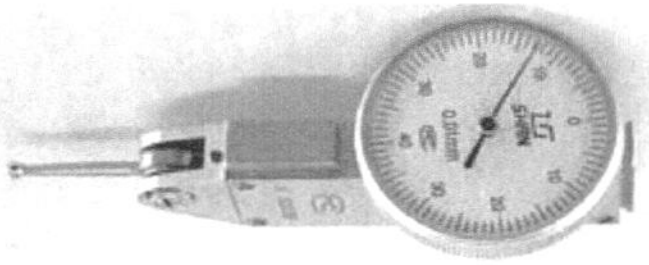	它的体积小，测量杆可按需要摆动，并能从正反两个方向测量，主要用于车床上找正工件的安装位置或用在普通百分表无法使用的场合

1.2.2 使用常用量具的注意事项

1. 使用游标卡尺的注意事项

1）应按工件的尺寸及精度要求选用合适的游标卡尺。不能用游标卡尺测量铸锻件的毛坯尺寸，也不能用游标卡尺测量精度要求过高的工件。

2）使用前应检查游标卡尺测量爪和测量面是否平直无损，两测量爪合并时无透光现象，尺身和游标尺的零线是否对齐。

3）测量外尺寸时，测量爪应张开到略大于被测尺寸，以固定测量爪贴住工件，用轻微压力把活动测量爪推向工件，卡尺测量面的连线应垂直于被测量表面，不能偏斜，如图 1-6所示。

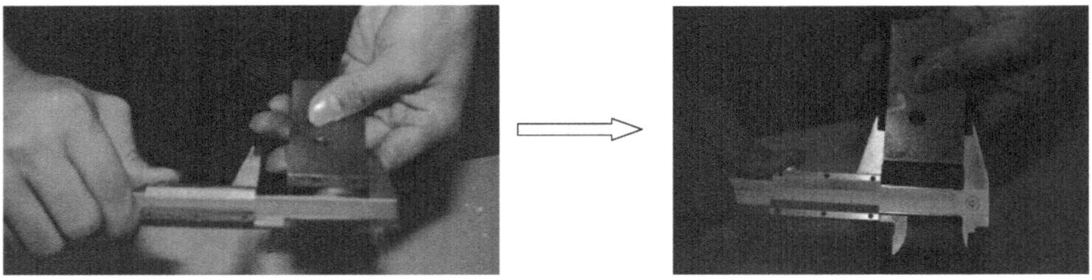

图 1-6　使用游标卡尺测量外尺寸的方法

4）测量内尺寸时，测量爪的开度应略小于被测尺寸。测量时两测量爪应在孔的直径上，不得倾斜，如图 1-7 所示。

5）测量孔深或高度时，应使深度尺的测量面紧贴孔底，游标卡尺的端面与被测件的表面接触，且深度尺要垂直，不可前后左右倾斜，如图 1-8 所示。

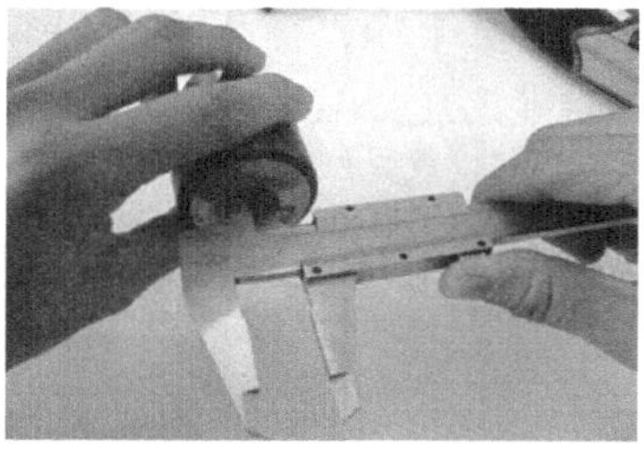

a)

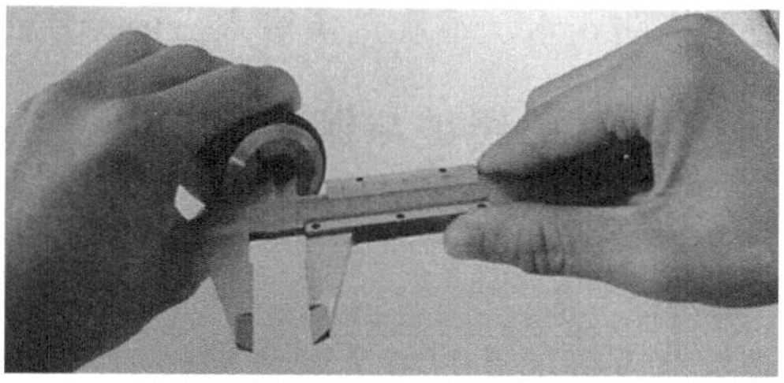

b)

图1-7 使用游标卡尺测量内尺寸的方法
a）正确 b）错误

6）读数时，游标卡尺置于水平位置，视线垂直于刻线表面，避免视线歪斜造成读数误差。

2. 使用千分尺的注意事项

1）根据不同公差等级的工件合理地选用千分尺。

2）千分尺的测量面应保持干净，使用前应校对零位。

3）测量时，先转动微分筒，当测量面接近工件时改用棘轮，直至棘轮发出“咔、咔”声为止。

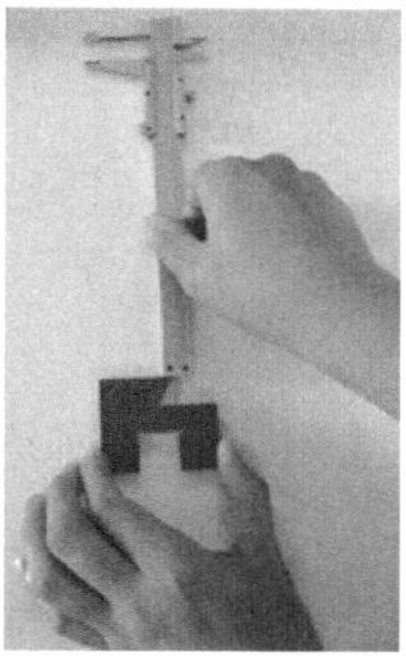

a)

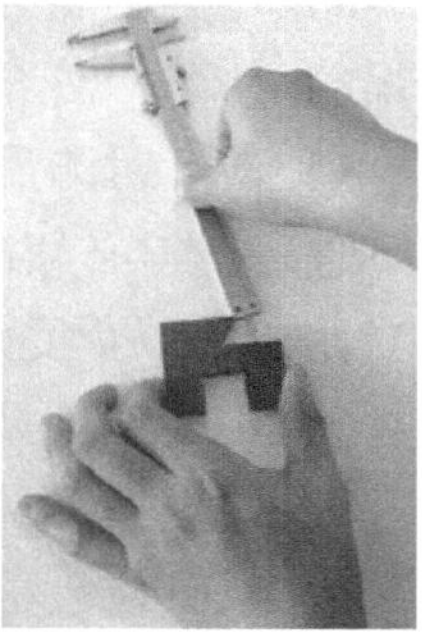

b)

图1-8 测量深度的方法
a）正确 b）错误

4）测量时，千分尺应放正，并注意温度的影响。

5）不能用千分尺测量毛坯或转动的工件。

6）测量平面时，应微动千分尺，使之与被测表面全部接触。

7）测量大圆柱面时，应微动千分尺，只有找出垂直于轴线截面的点，才能正确读数。

8）为防止尺寸变动，可转动锁紧装置，锁紧测微螺杆。

3. 使用游标万能角度尺的注意事项

1）根据测量工件的不同角度，正确选用直尺和90°角尺。

2）使用前要检查尺身和游标尺的零线是否对齐，90°角尺和直尺是否漏光。

3）测量时，工件应与游标万能角度尺的两个测量面在全长上接触良好，避免误差的产生。

4. 使用百分表的注意事项

1）使用前应检查齿杆移动是否灵活。

2）使用时，必须把百分表安装在相应的表架或专门的夹具上。

3）测量时，百分表的测量杆必须与被测表面垂直或与圆柱形工件的中心线垂直，以保证其测量精度。

4）防止测量杆受到剧烈振动，避免接触粗糙表面。量杆的行程不允许超出测量范围。

5）使用百分表时，应有一定的初始测量压力，然后转动表圈使零位对准指针。

6）要严格防止水、油和灰尘渗入表内，使用后将其擦拭干净，放入表盒内。

1.2.3 常用量具的维护与保养

为了保持量具的精度，延长其使用寿命，必须注意对常用量具进行维护与保养。为此，应做到以下几点。

1）测量前应将量具的测量面和工件的被测表面擦洗干净，以免脏物影响测量精度，加快量具磨损。不能用精密测量器具测量粗糙的铸锻毛坯或带有研磨剂的表面。

2）量具在使用过程中，不能与刀具、工具等堆放在一起，以免碰伤；也不要随便放在机床上，以免因机床振动而使量具掉落或损坏。

3）量具不能当做工具使用，例如，将千分尺当小锤子使用，用游标卡尺划线等都是错误的。

4）温度对测量结果的影响很大，精密测量一定要在20℃左右进行；一般测量可在室温下进行，但必须使工件和量具的温度一致。量具不能放在热源（如电子炉、暖气设备等）附近，以免受热变形而失去精度。

5）不要将量具放在磁场附近，否则易使量具磁化。

6）发现精密量具有不正常现象时，应及时送交计量室检修。

7）量具应经常保持清洁，使用后应擦拭干净，并涂上防锈油放入专用盒中，存放在干燥处。

8）精密量具应定期送计量室检定，以免其示值误差超差而影响测量结果。

1.3 夹具的种类、作用和定位原则

夹具是用以装夹工件（和引导刀具）的装置。在各类机床上所使用的夹具统称为机床夹具。铣床上所使用的夹具即铣床夹具。

在机械加工中，夹具在机床、工件和刀具之间起桥梁作用，用来保证加工时工件相对于刀具及切削运动处于一个正确的空间位置。对于批量生产，夹具还应保证整批工件在同一加工工位上所占据的空间位置不变。

一般情况下，机床夹具担负工件在夹具中的定位和夹紧两大任务，而夹具相对机床和刀具位置的正确性，则要靠夹具与机床、刀具的定位来解决。夹具作为一种装夹工件的工艺装备，是机械加工工艺系统的重要组成部分，在机械加工中占有十分重要的地位，广泛应用于机械加工、装配和检验等工艺过程。这里主要讨论工件在（铣床）夹具中的定位和夹紧。

1.3.1 机床夹具的分类及组成

1. 夹具的分类

按其通用性不同，夹具可分为通用夹具、专用夹具、组合夹具和可调整夹具等。按其性能及所使用的机床不同，夹具又可分为钻床夹具、车床夹具、铣床夹具和磨床夹具等。

2. 机床夹具的组成

夹具主要由定位元件、夹紧装置、引导元件、夹具体、其他元件及装置组成。

（1）定位元件　定位元件的作用是使工件在夹具中占据正确的加工位置。图1-9所示为轴套，图1-10所示为在钻床上钻削轴套上的 ϕ12H9 孔所用的夹具。夹具上的定位心轴和定位销都是定位元件。工件（图1-10中双点画线所示）通过 ϕ40mm 内孔以及宽12mm的键槽安装在夹具的定位心轴和定位销上。钻孔时，定位心轴与钻床主轴垂直，可保证 ϕ12H9 孔中心线对 ϕ40mm 孔中心线的垂直度公差，定位销则保证 ϕ12H9 孔的对称度公差。

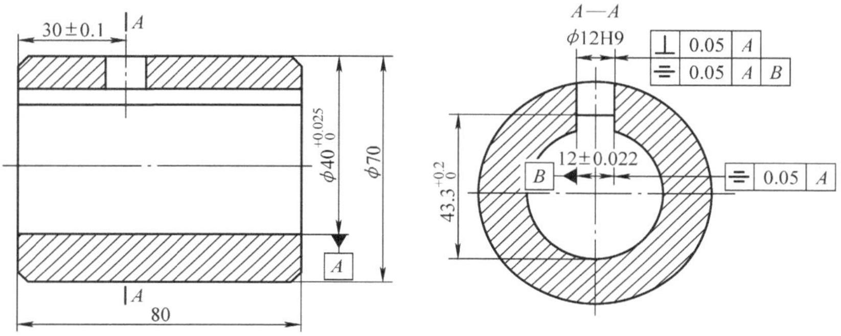

图1-9　轴套

（2）夹紧装置　夹紧装置的作用是将工件压紧夹牢，保证已确定的工件位置在加工过程中不发生变更。如图1-10中的螺母6和开口垫圈7都是施力于工件，克服切削力等外力作用，使工件保持在正确的定位位置上。

（3）引导元件　引导元件的作用是确定刀具相对于工件的正确位置并引导刀具进行加工。如图1-10中的钻套3用来引导钻头到正确位置上钻孔，同时增强钻削时钻头的稳定性，提高加工精度。

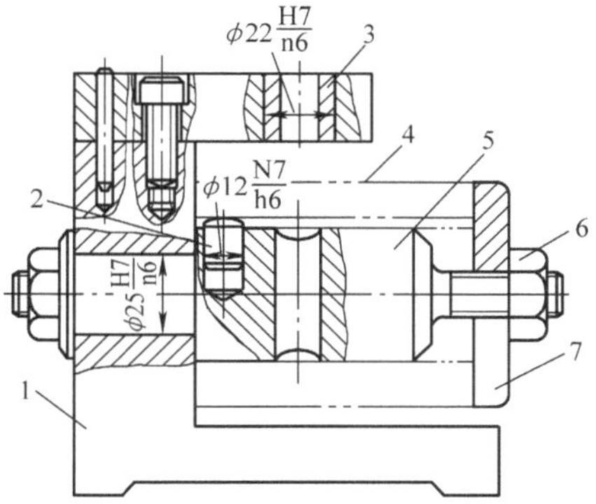

图1-10　轴套钻孔用夹具

1—夹具体　2—定位销　3—钻套　4—工件　5—定位心轴　6—螺母　7—开口垫圈

（4）夹具体　夹具体是夹具的基础件，通过它将夹具上所有的元件装配成一个整体。如图1-10中的夹具体1。

（5）其他元件及装置　其他元件及装置包括用于改变工件与刀具相对位置以获得某一特定工件的某一个工序，当工件的外形或尺寸改变后，原有的夹具一般都无法使用。

1.3.2　夹具的作用

机床夹具之所以能够在生产中得到广泛的应用，其原因与它在生产中所起的重要作用是分不开的。机床夹具在生产中的主要作用可归纳为如下几点。

1. 保证加工精度

使用夹具的主要作用是保证工件上被加工表面的相互位置精度，如表面之间的尺寸、平行度、垂直度、对称度、同轴度等公差。如图 1-9 所示零件中 $\phi12H9$ 孔轴线对 $\phi40^{+0.025}_{0}$mm孔轴线的垂直度公差和对称度公差以及 30 ±0.1mm 的尺寸精度都必须用夹具来保证。夹具的使用保证了在加工过程中同批工件对刀具和机床保持有确定的相对位置，这比划线找正的方法所能达到的精度要高。

2. 提高劳动生产率、降低加工成本

采用夹具后，可省去部分划线工序，减少找正所需的辅助时间，同时操作方便、安全，安装稳固，可以加大切削用量，减少基本时间，因此能提高劳动生产率。如果采用气动或液压传动夹紧装置，则效果更为显著，并能减轻劳动强度。

3. 扩大机床的加工范围

使用夹具可扩大机床的加工范围，充分发挥机床的工艺性能，并可以实现一机多用，解决缺乏某种设备的难题。例如，在车床或摇臂钻床上使用镗模，可以代替镗床进行镗孔加工。

1.3.3 铣床夹具的基本要求

1）由于铣削加工切削力较大，又是多刃断续切削，加工时容易产生振动，因此要求铣床夹具必须具有良好的抗振性能。

2）为保证工件定位的稳定性，铣床夹具定位元件的设计和布置应尽量使用面积较大的面作为主要支承面，导向定位的两个支承要尽量相距远一些。

3）夹紧装置的夹紧力要足够大且自锁性能要好，以防止夹紧机构因振动而松动。夹紧力的作用方向和作用点要恰当，必要时可采用辅助支承或浮动夹紧机构等，以提高夹紧刚度。

4）为了保持夹具相对于机床的准确位置，铣床夹具底面应设置定位键。

5）为方便找正工件与刀具的相对位置，通常应设置对刀块。

6）铣削加工时，切屑产生量较大，因此铣床夹具应有足够的排屑空间。

7）为了提高铣床夹具在机床上安装的稳固性，夹具体的高宽比 H/B 应在 1 ~1.25 的范围内。

8）重型的铣床夹具在夹具体上要设置吊环，以便搬运。

1.3.4 工件的定位原则

1. 六点定位原则

一个尚未定位的工件在夹具中的位置是任意的，都可以视为在空间直角坐标系中的自由物体，如图 1-11a 所示。在空间直角坐标系中，工件可沿着 3 个坐标轴移动和绕这 3 个坐标轴转动，分别用 $\vec{x}$、$\vec{y}$、$\vec{z}$ 和 $\widehat{x}$、$\widehat{y}$、$\widehat{z}$ 表示。通常把这些运动的可能性称为自由度。任何工件在空间中如果不加任何约束和限制，都有以上 6 个自由度。因此，要使工件在夹具中占有确定的位置，就必须限制这 6 个自由度。

用适当分布的与工件接触的 6 个支承点来限制工件的 6 个自由度，如图 1-11b 所示，使工件在夹具中的位置完全确定的方法，称为六点定位原则。

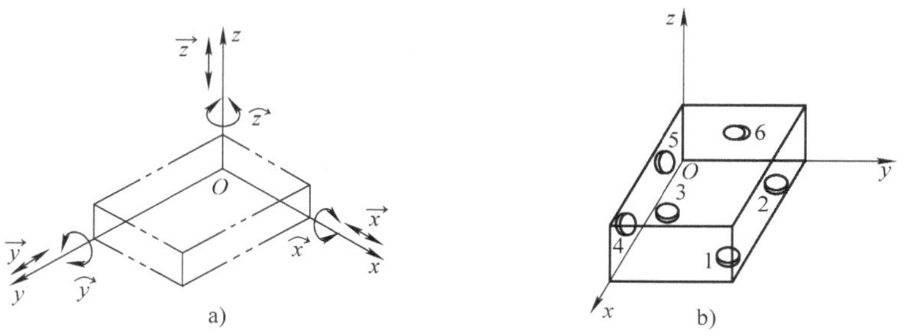

图 1-11　物体的 6 个自由度

2. 六点定位原则的应用

六点定位原则对于任何形状工件的定位都是适用的，如果违背这个原则，工件在夹具中的位置就不能完全确定。然而，对工件用六点定位原则进行定位时，必须根据具体的加工要求灵活运用，即工件形状不同、定位表面不同、定位点的布置情况会各不相同，其宗旨是使用最简单的定位方法，使工件在夹具中迅速获得正确的位置。

（1）长方体工件的定位　如图 1-12a 所示，在长方体工件上加工槽，保证加工尺寸 $A \pm \Delta A$，需要限制工件的 $\vec{z}$、$\overset{\frown}{x}$、$\overset{\frown}{y}$ 3 个自由度；保证 $B \pm \Delta B$，需要限制 $\vec{x}$、$\overset{\frown}{z}$ 两个自由度；保证 $C \pm \Delta C$，需要限制 $\vec{y}$ 自由度。所以应将工件的 6 个自由度全部加以限制，其支承点的布置如图 1-12b 所示。

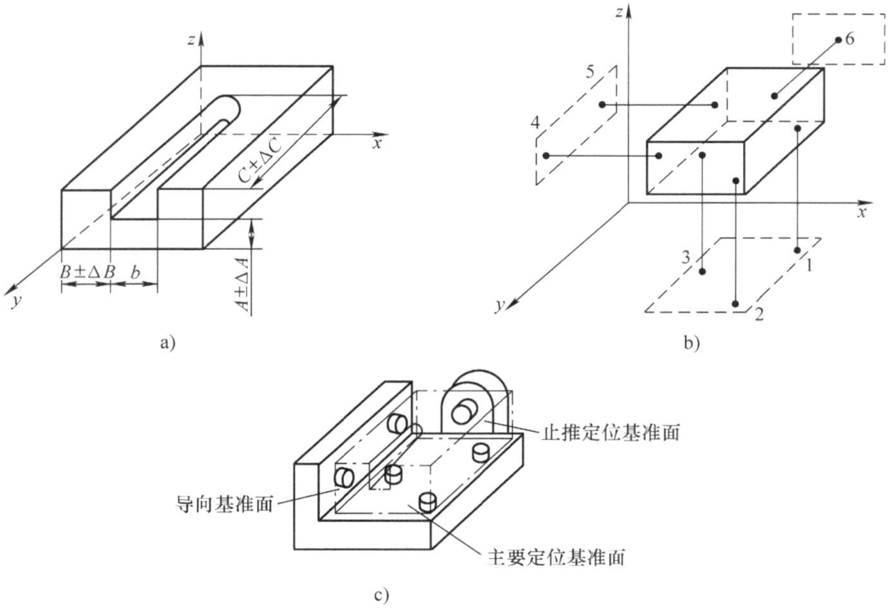

图 1-12　长方体工件的定位

在工件的底面上均匀地布置 3 个支承点，可限制工件的 $\vec{z}$、$\overset{\frown}{x}$、$\overset{\frown}{y}$ 3 个自由度，该平面称为主要定位基准面，如图 1-12c 所示。这 3 个定位支承点应处于同一个水平面内（不能处于同一直线上），且相互距离尽可能远。这样，工件的安放更平稳，也更容易保证其各表面间的位置精度。由于主要定位基准面通常要承受较大的外力（如夹紧力、切削力等），所以往往选取工件上最大的表面作为主要定位基准面。

在工件的垂直侧面上布置两个支承点（两点的连线不能与主要定位基准面垂直），可限制工件的 $\vec{x}$、$\overset{\frown}{z}$ 两个自由度，该面称为导向基准面。要求两支承点距离要远些，并且要在同一平面上，以便导向正确。一般应选取工件上狭而长的表面为导向基准面。

在工件的正垂直面上布置一个支承点，可限制工件的 $\vec{y}$ 自由度，该面称为止推定位基准面。一般选取工件上最窄小且与切削力方向相对应的表面作为止推定位基准面。

（2）圆柱体工件的定位　图 1-13a 所示为在轴上铣槽。为保证槽宽 b 对轴线的对称度公差和槽侧面与轴线的平行度公差，应在轴侧素线上布置两个支承点（图 1-13b 中的 1、2 点），限制 $\vec{x}$、$\overset{\frown}{z}$ 两个自由度。为保证槽深尺寸 $H \pm \Delta H$ 及槽底面与轴线的平行度公差，应在下素线上布置两个支承点（图 1-13b 中的 3、4 点），限制 $\vec{z}$、$\overset{\frown}{x}$ 两个自由度。在已有槽内布置一个支承点 5，限制 $\overset{\frown}{y}$ 一个自由度，以保证槽 b 与已有槽的相对位置。在轴端面布置一个支承点 6，限制工件 $\vec{y}$ 一个自由度，以保证槽长度尺寸 $L \pm \Delta L$。

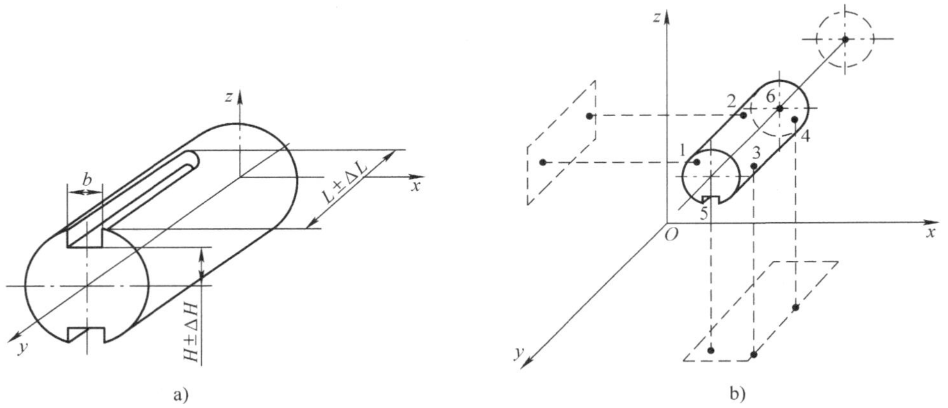

图 1-13　圆柱体工件的定位

圆柱面上布置的 4 个支承点称为双导向支承。在端面上的一个支承钉，限制一个移动自由度，称为止推支承。键槽上的定位销，限制一个转动自由度，称为防转支承。防转支承应尽可能远离回转中心，以减小转角误差。

实际上加工工件时并非一定要求限制 6 个自由度才能使其位置正确地确定下来，而应根据不同工件的具体加工要求，限制它们的某几个或全部自由度。定位支承点的布置则取决于工件的结构形状。常用定位元件限制自由度个数的情况见表 1-6。

3. 工件的定位

（1）完全定位　工件的 6 个自由度全部被夹具中的定位元件所限制，工件在夹具中占有完全确定的唯一位置，称为完全定位。

（2）不完全定位　根据工件加工表面的不同加工要求，定位支承点的数目可以少于 6 个。有些自由度对加工要求有影响，有些自由度对加工要求无影响，这种定位情况称为不完全定位。不完全定位是允许的。

（3）欠定位　按照加工要求应该限制的自由度没有被限制的定位称为欠定位。欠定位是不允许的，因为欠定位无法保证加工要求。

（4）过定位　工件的一个或几个自由度被不同的定位元件重复限制的定位称为过定位。当过定位导致工件或定位元件变形、影响加工精度时，应该严禁采用。但当过定位并不影响加工精度，反而对提高加工精度有利时，也可以采用。

表 1-6　常用定位元件限制自由度个数的情况

名　　称	定位示意图	名　　称	定位示意图
定位支承钉	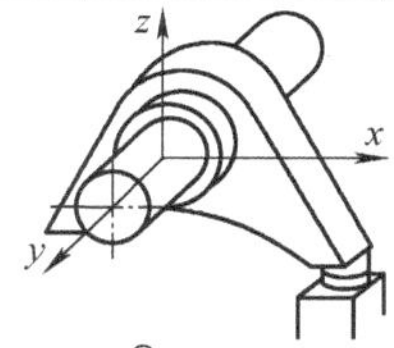 限制 $\widehat{y}$ 1 个自由度	短定位 V 形块	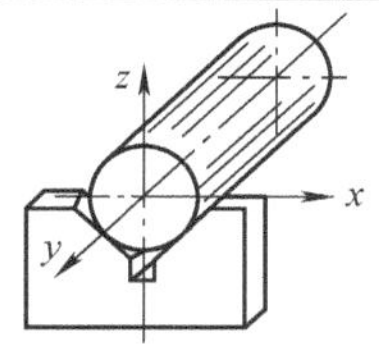 限制 $\overline{x}$、$\overline{z}$2 个自由度
狭长定位板	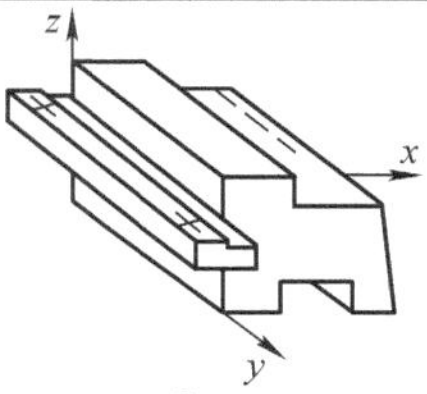 限制 $\overline{x}$、$\widehat{z}$ 2 个自由度	长定位 V 形块	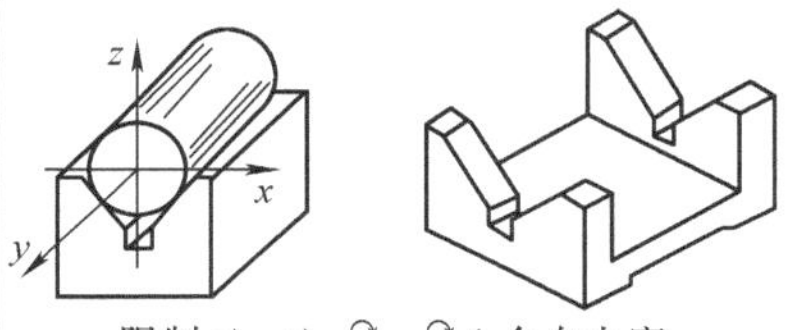 限制 $\overline{x}$、$\overline{z}$、$\widehat{x}$ 、$\widehat{z}$ 4 个自由度
定位平面	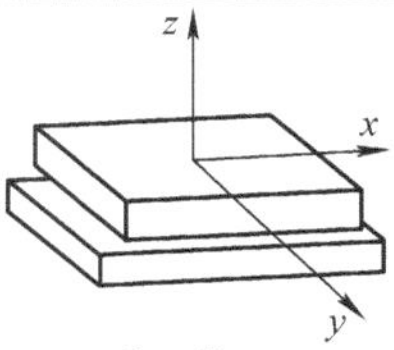 限制 $\overline{z}$、$\widehat{x}$ 、$\widehat{y}$ 3 个自由度	削边定位销	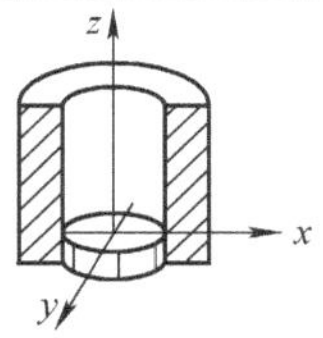 限制 $\overline{x}$1 个自由度
短定位圆柱	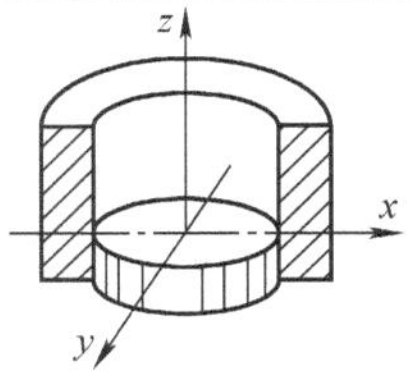 限制 $\overline{x}$、$\overline{y}$2 个自由度	短定位圆锥	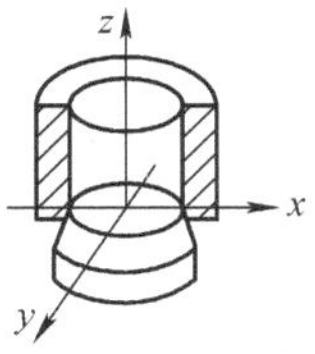 限制 $\overline{x}$、$\overline{y}$、$\overline{z}$3 个自由度
长定位圆柱	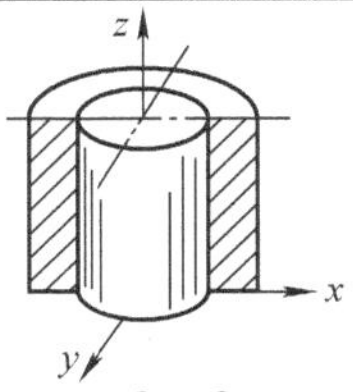 限制 $\overline{x}$、$\overline{y}$、$\widehat{x}$ 、$\widehat{y}$ 4 个自由度	两顶尖定位（一端固定，一端活动）	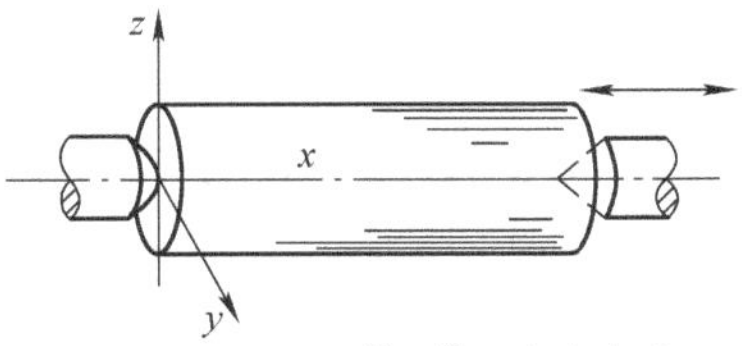 限制 $\overline{x}$、$\overline{y}$、$\overline{z}$、$\widehat{y}$ 、$\widehat{z}$ 5 个自由度
自定心卡盘	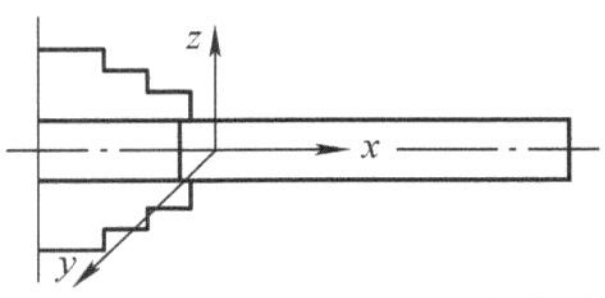 夹持工件较短时限制 $\overline{y}$、$\overline{z}$2 个自由度	自定心卡盘	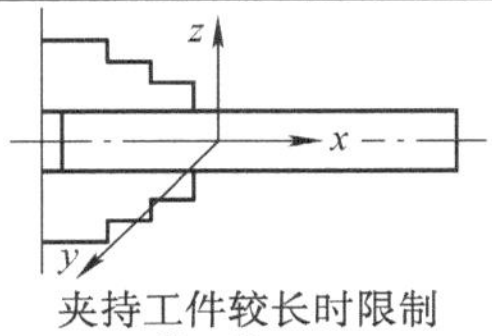 夹持工件较长时限制 $\overline{y}$、$\overline{z}$、$\widehat{y}$ 、$\widehat{z}$ 4 个自由度

4. 基准及其种类

所谓基准，就是以零件上的某些点、线、面为根据，来确定其他点、线、面的位置。

（1）设计基准　在设计图样上，用来确定其他点、线或面的位置的点、线、面称为设计基准。设计基准一般是零件图样上标注尺寸的起点或对称点。

（2）工艺基准　在机器制造过程中采用的各种基准。

1）定位基准。工件在机床上或夹具中定位时，用以确定加工表面对刀具切削位置之间相互关系的基准。

2）测量基准。用于测量工件各表面的相互位置、形状和尺寸的基准。

3）装配基准。在装配中用于确定零件本身位置的基准。

5. 粗基准的选择

以毛坯上未经加工过的表面做基准，这种定位基准称为粗基准。粗基准的选择原则如下：

1）当零件上所有表面都需加工时，应选择加工余量最小的表面做粗基准。

2）若工件必须首先保证某重要表面的加工余量均匀，应选择该表面做粗基准。

3）工件上各自表面不需要全部加工时，应以不加工的面做粗基准。

4）尽量选择光洁、平整和幅度大的表面做粗基准。

5）粗基准一般只能使用一次，尽量避免重复使用。

6. 精基准的选择

以已加工过的表面作为定位基准称为精基准。精基准的选择原则包括以下几点。

1）采用基准重合的原则。就是尽量采用设计基准、装配基准和测量基准作为定位基准。

2）采用基准统一的原则。当零件上有几个相互位置精度要求高、关系比较复杂的表面，而且这些表面不能在一次装夹中加工出来时，在加工过程的各次装夹中应该采用同一个定位基准。另外，在加工过程中，采用同一个基准可使各道工序的夹具结构基本相同，甚至采用同一夹具，以减少制造夹具的费用。

3）定位基准应能保证工件在定位时具有良好的稳定性，并尽量使夹具的结构简单。

4）定位基准应保证工件在受夹紧力和铣削力等外力作用时，外力引起的变形最小。

1.4　机用虎钳及其找正和装夹工件

在铣床上加工中、小型工件时，一般多采用机用虎钳来装夹；对大、中型工件，则多采用直接在铣床工作台上用压板来装夹。在成批、大量生产中，为提高生产效率和保证加工质量，应采用专用铣床夹具来装夹。为适应加工需要，利用分度头和回转工作台等来进行装夹。不论采用哪种方法装夹，都必须达到工件装夹牢固、不产生工件（装夹）变形、不损坏工件上已加工好的表面和不影响铣削正常进行等要求，以免影响加工质量，发生损坏铣刀、铣床的现象和人身事故。下面仅介绍机用虎钳装夹的相关知识。

1.4.1　机用虎钳

机用虎钳是铣床上常用来装夹工件的附件。铣削一般长方体工件的平面、阶台面、斜面和轴类工件的键槽时，都可以用机用虎钳来装夹。

1. 机用虎钳的结构

常用的机用虎钳有回转式和非回转式两种。图 1-14 所示为回转式机用虎钳，主要由固定钳口、活动钳口和底座等组成。钳体能在底座上扳转任意角度。非回转式机用虎钳的结构与回转式机用虎钳基本相同，只是底座没有转盘，钳体不能扳转。回转式机用虎钳使用方便，适应性强，但由于多了一层转盘结构，高度增加，刚性相对较差，因此在铣削平面、垂直面和平行面时，一般都采用非回转式机用虎钳。

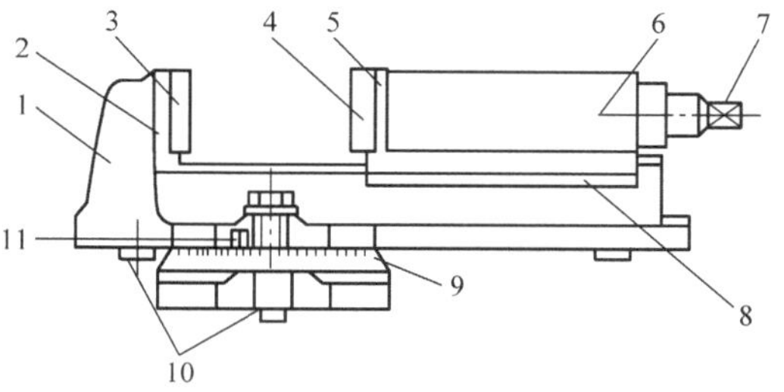

图 1-14　回转式机用虎钳
1—钳体　2—固定钳口　3—固定钳口铁
4—活动钳口铁　5—活动钳口　6—活动钳身
7—丝杠方头　8—压板　9—底座
10—定位键　11—钳体零线

2. 机用虎钳的规格

普通机用虎钳按钳口宽度有 100mm、125mm、136mm、160mm、200mm 和 250mm 6 种规格，主要参数见表 1-7。

表 1-7　普通机用虎钳的主要参数　（单位：mm）

参数＼规格	100	125	136	160	200	250
钳口宽度 B	100	125	136	160	200	250
钳口最大张度 L	80	100	110	125	160	200
钳口高度 h	38	44	36	50	60	
定位键宽 b	16		12	18	—	

1.4.2　用机用虎钳装夹工件

1. 机用虎钳的安装和找正

（1）机用虎钳的安装　安装机用虎钳时，应擦净钳座底面和铣床工作台面。一般情况下，机用虎钳在工作台面上的位置应处在工作台长度方向的中心偏左、宽度方向的中心，以方便操作。钳口方向应根据工件长度来确定，对于长的工件，钳口（平面）应与铣床主轴轴线垂直，如图 1-15a 所示，在立式铣床上应与进给方向平行；对于短的工件，钳口与铣床主轴轴线平行，如图 1-15b 所示，在立式铣床上应与进给方向垂直。在粗铣和半精铣时，希望使铣削力指向稳定牢固的固定钳口。

加工一般的工件时，机用虎钳可用定位键安装。安装时，将机用虎钳底座上的定位键放入工作台中央的 T 形槽内，双手推动钳体，使两定位键的同一侧侧面靠在中央 T 形槽的

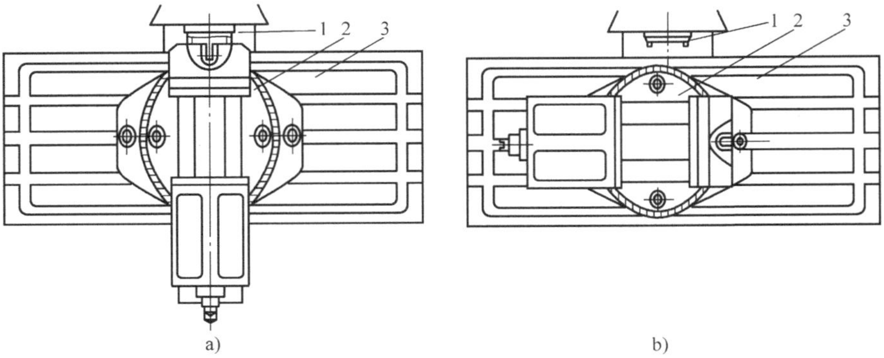

图 1-15 机用虎钳的安装位置
a）固定钳口与主轴轴线垂直 b）固定钳口与主轴轴线平行
1—铣床主轴 2—机用虎钳 3—工作台

一侧面上，然后固定钳座，再利用钳体上的零刻线与底座上的刻线相配合，转动钳体，使固定钳口与铣床主轴轴线垂直或平行，也可以按需调整成所要求的角度。

加工有较高相对位置精度要求的工件，如铣削沟槽等，钳口与主轴轴线要求有较高的垂直度或平行度，这时应对固定钳口进行找正。

（2）固定钳口的找正

1）用划针找正固定钳口与铣床主轴轴线垂直。加工较长的工件时，固定钳口一般与铣床主轴轴线垂直安装，此时可用划针找正，如图 1-16 所示。将划针夹持在铣刀杆垫圈间，使划针针尖靠近固定钳口铁平面，纵向移动工作台，观察并调整机用虎钳的位置，使划针针尖与固定钳口铁平面间的缝隙大小均匀，在钳口铁全长范围内一致，此时固定钳口就与铣床主轴轴线垂直。紧固钳体后，须再进行复检，以免紧固时发生位移。用划针找正的方法精度较低，常用于粗找正。

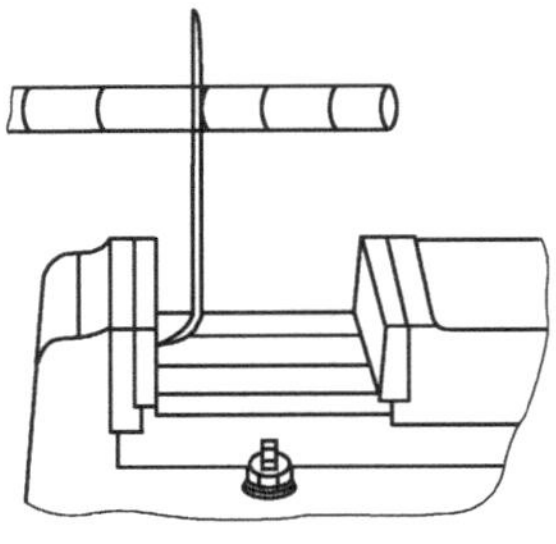

图 1-16 用划针找正固定钳口与铣床主轴轴线垂直

2）用 90°角尺找正固定钳口与铣床主轴轴线平行。当要求机用虎钳固定钳口与铣床主轴轴线平行安装时，可用 90°角尺找正，如图 1-17a 所示。找正时，松开钳体紧固螺母，使固定钳口平面大致与主轴轴线平行。将 90°角尺的尺座底面紧靠在床身的垂直导轨面上，调整钳体使固定钳口铁平面与 90°角尺尺苗外测量面密合，然后紧固钳体，并再次进行复检。

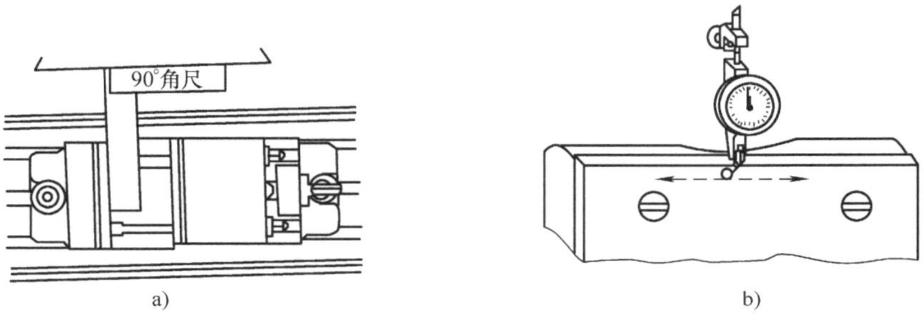

图 1-17 钳口的找正
a）用 90°角尺找正 b）用百分表找正

3）用百分表找正固定钳口与铣床主轴轴线垂直或平行。加工较精密的工件时，可用百分表对固定钳口的位置进行精找正。找正时，将磁性表座吸在横梁导轨面上，安装百分表，使表的测量杆与固定钳口铁平面垂直，测量触头触到钳口铁平面，测量杆压缩0.3～0.5mm，纵向移动工作台，观察百分表的读数，在固定钳口全长内一致，则固定钳口与铣床主轴轴线垂直，如图1-17b所示。轻轻用力紧住钳体，进行复检合格后，用力紧固钳体。

用百分表找正固定钳口与铣床主轴轴线平行时，可将磁性表座吸在床身垂直导轨面上，横向移动工作台进行，找正的方法相同。

2. 工件在机用虎钳上的装夹

（1）毛坯件的装夹　装夹毛坯件时，应选择一个相对平整的表面作为粗基准，靠向机用虎钳的固定钳口。装夹工件时，在钳口铁平面和工件毛坯面间垫铜皮。工件装夹完后，找正毛坯的上平面，基本上与工作台面平等，如图1-18所示。

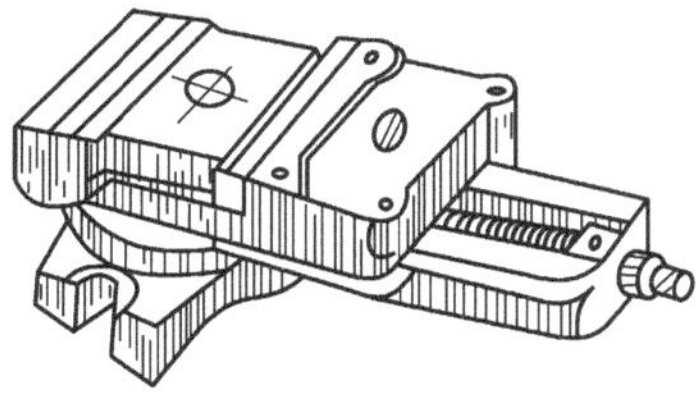

图1-18　用机用虎钳装夹工件

（2）已经粗加工表面件的装夹　在装夹已经粗加工的工件时，应选择一个粗加工表面作为基准面，将这个基准面靠向机用虎钳的固定钳口或钳体导轨面，装夹加工其余表面。

工件的基准面靠向机用虎钳的固定钳口时，可在活动钳口和工件间放置一个圆棒，通过圆棒将工件夹紧，这样能够保证工件基准面与固定钳口很好地贴合。放置圆棒时，要与钳口上平面平行，其高度在钳口所夹持工件部分的高度中间，或者稍稍偏上一点，如图1-19所示。

工件的基准面靠向钳体导轨面时，在工件的基准面和钳体导轨平面间垫一平行垫铁。夹紧工件后，用铜锤轻击工件上表面，同时用手移动平行垫铁，垫铁不松动时，工件基准面与钳身导轨平面贴合好，如图1-20所示。敲击工件时，用力大小要适当，应与夹紧力的大小相适应。不可连续用力猛敲，应克服垫铁和钳身反作用力的影响。敲击的位置应从已经贴合好的部位开始，逐渐移向没有贴合好的部位。

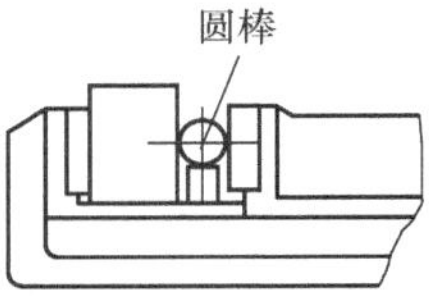

图1-19　用圆棒装夹

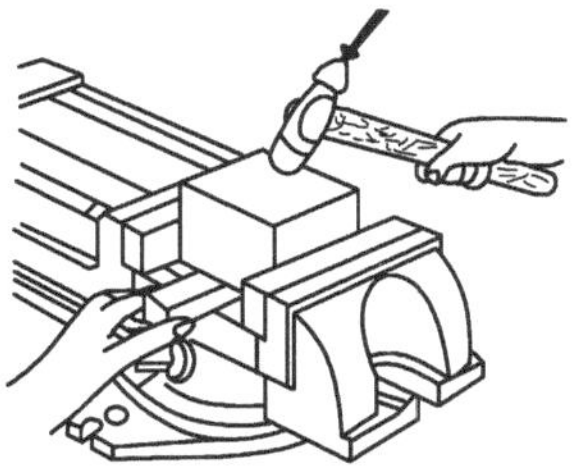

图1-20　机用虎钳垫铁装夹

3. 装夹工件时的注意事项

1）安装机用虎钳时，应擦净工作台面和钳底平面。

2）安装工件时，应擦净钳口铁平面、钳体导轨面和工件表面。

3）工件在机用虎钳上安装后，铣削余量层应稍高于钳口上平面。

练　习　题

一、填空题

1. 铣床的种类很多，常用的有立式铣床、龙门铣床和__________等。

2. 按其通用性不同，夹具可分为__________、专用夹具、__________和可调整夹具等。

3. 所谓基准，就是以零件上的某些点、线、面为根据，来确定其他点、线、面的__________。

4. 工艺基准分为__________、__________和__________。

5. 游标卡尺是一种__________精度的量具，使用游标卡尺测量内尺寸时，测量爪开度应略__________被测尺寸。

6. 温度对测量结果影响很大，精密测量一定要在__________℃左右进行。

7. 按照加工要求应该限制的自由度没有被限制的定位称为__________。

8. 铣床上用的机用虎钳属于__________夹具。

9. 机床的类别用汉语拼音字母表示，居型号的首位，其中字母 X 表示__________。

10. 数控铣床主轴转速 n 的单位是__________。

二、判断题

1. 根据夹具的应用范围，可将铣床夹具分为万能夹具和专用夹具。（　　）

2. 欠定位是不允许的，但过定位可以采用。（　　）

3. 不完全定位即欠定位，所以不允许。（　　）

4. 固定钳口的找正，用划针找正的方法精度较低，常用于粗找正。（　　）

5. 工件在机用虎钳上安装后，铣削余量层应稍高于钳口上平面。（　　）

6. 铣床的主要参数是指工作台长度。（　　）

三、选择题

1. 确定夹紧力的方向时，应尽可能使夹紧力方向垂直于（　　）基准面。

A. 主要定位　B. 止推定位　C. 辅助定位　D. 次要定位

2. 矩形工件两平面间的垂直度误差大多用（　　）检验。

A. 平板　B. 90°角尺　C. 方箱　D. 金属直尺

3. 组合夹具是由一套预先制造好的（　　）元件和部件根据要求组装的专用夹具。

A. 标准　B. 成型　C. 系列化　D. 成套

4. 组合夹具的元件按其（　　）不同可分为基础件、支承件、定位件、导向件、压紧件、紧固件、辅助件和合件共 8 大类。

A. 结构　B. 尺寸规定　C. 用途　D. 功能

5. 在矩形工件的铣削过程中，应（　　）定位基准面。

A. 先加工　　B. 最后加工

C. 每铣一个面换一次　　D. 先加工非

6. 设计图样上采用的基准称为（　　）。

A. 设计基准　　B. 定位基准　　C. 装配基准　　D. 测量基准

7. 当工件有多个不加工表面时，应选择（　　）的表面为粗基准。

A. 余量小的　　B. 余量大的　　C. 尺寸较大　　D. 精度要求高的

四、简答题

1. 什么是基准？常用的基准有哪些种类？

2. X6132 的含义是什么？

3. 铣工常用量具有哪些类型？使用各种量具有哪些注意事项？

4. 夹具的作用是什么？

五、操作题

请确定图 1-21 所示零件在铣床上加工的装夹方案。

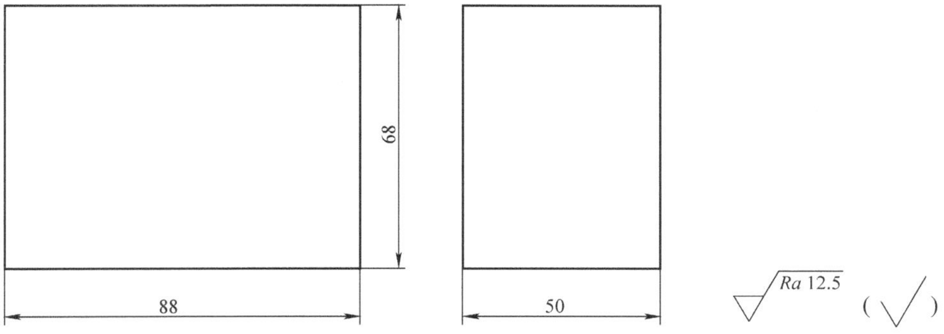

图 1-21　操作题

1. 制订装夹方案及步骤并填写表 1-8。

表 1-8　装夹方案及步骤

序　号	步　骤	夹　具	工量具	基　准	备　注

2. 完成装夹后，按照表 1-9 在“学生自评”栏内填写自评结果，其余项由教师负责评价。

表 1-9　评价标准

分类	序号	评价项目	配分	学生自评	教师评价	得分
工作质量	1	正确选择装夹方案	20			
	2	正确找正工装	20			
	3	正确选择定位基准	20			
	4	夹紧力方向正确	20			
分类	序号	评价项目	配分	说明		得分
现场操作规范	1	安全操作	10			
	2	工具、量具的正确使用	5			
	3	正确操作和维护保养设备	5			
评分人			时间		总得分	

第2章 铣刀的几何参数与刃磨铣刀

学习目标

✧ 了解铣刀各部分的名称和作用
✧ 掌握铣刀的几何角度和作用
✧ 掌握铣刀几何参数的选择原则
✧ 掌握铣刀的装夹与刃磨

2.1 铣刀的几何参数

铣刀的几何参数对铣削时金属的变形、铣削力、切削温度和铣刀的磨损都有影响，并由此影响加工质量、铣刀的使用寿命和生产效率。为了充分发挥铣刀的切削性能，除了正确选择铣刀的材料外，还应根据具体的铣削条件，合理地选择铣刀的几何参数。

2.1.1 铣刀主要部分的名称和几何角度

铣刀是多切削刃刀具，每一个刀齿相当于一把简单的刀具。要了解铣刀的主要几何角度，应先了解铣刀的主要组成部分。

1. 切刀的主要组成部分

如图2-1所示为最简单的单刃刀具切刀的切削情形。切刀和切刀切削工件时所形成的各部分名称如下：

1）待加工表面：工件上即将被切去的表面。

2）已加工表面：工件上已经加工好的平面。

3）前刀面：切削时，切屑沿着流出的表面。

4）后刀面：刀具上与已加工表面相对的面。

5）主切削刃：前刀面与后刀面的相交线。

6）辅助平面：为了研究刀具的几何角度，需要一些辅助平面。

① 基面：一个假想的辅助平面，称为基面，它是通过切削刃并与已加工面垂直的平面。

② 切削平面：切削平面也是一个假想的辅助平面，它是通过切削刃并与基面垂直的

平面。在图 2-1 中，切削平面与已加工表面重合。

2. 圆柱形铣刀的主要几何角度

圆柱形铣刀可以看成是由几把切刀均匀分布在圆周上而形成的。由于铣刀呈圆柱形，所以铣刀的基面是通过切削刃上的选定点和圆柱轴线的假想平面。铣刀各部分的名称如图 2-2所示。

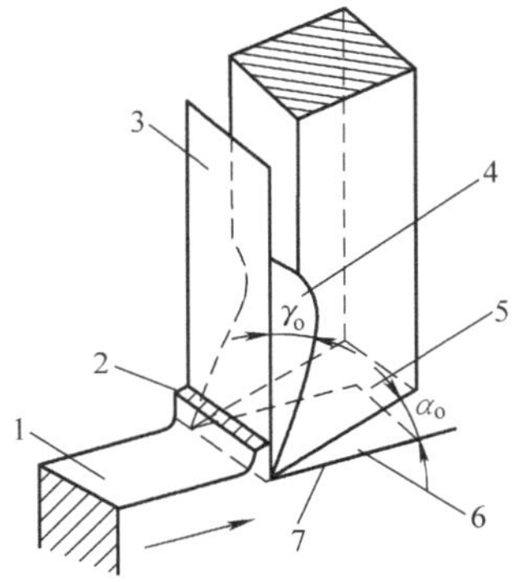

图 2-1 切刀切削时各部分的名称和几何角度

1—待加工表面 2—切屑 3—基面 4—前刀面 5—后刀面 6—已加工表面 7—切削平面

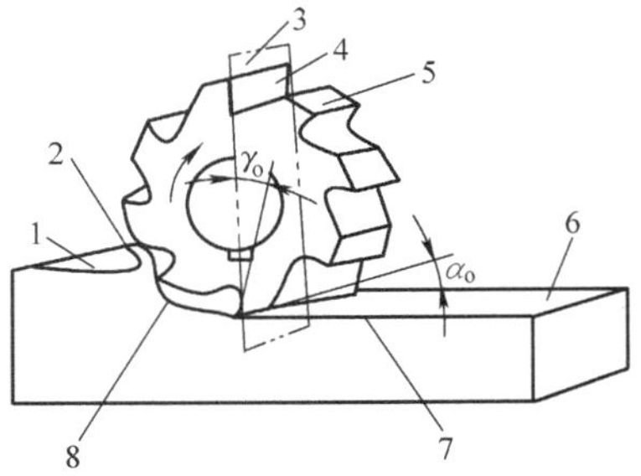

图 2-2 圆柱形铣刀各部分的名称

1—待加工表面 2—切屑 3—基面 4—前刀面 5—后刀面 6—已加工表面 7—切削平面 8—过渡表面

为了使铣削平稳，排屑顺利，圆柱形铣刀的刀齿一般都做成螺旋形，其几何角度如图 2-3所示。

1）前角 γ_o：主切削刃上的前角，是主切削刃上的基面与前刀面之间的夹角，如图 2-3所示。

前角的主要作用是影响切屑变形和切屑与前刀面的摩擦及刀具强度。增大前角，切削刃锋利，使切削变得容易，但刀齿强度会减弱。高速钢铣刀的前角一般为10°~20°，硬质合金铣刀的前角一般要小一些。

2）后角 α_o：主切削刃上的后角，是指主切削刃上的切削平面与后刀面之间的夹角，如图 2-3所示。

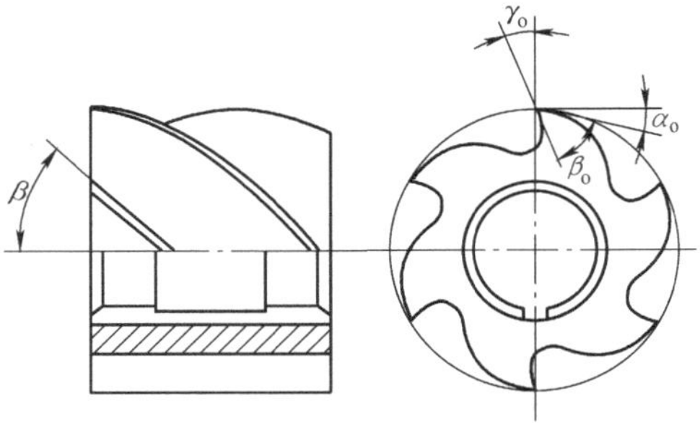

图 2-3 螺旋齿圆柱形铣刀的角度

后角的主要作用是影响后刀面与工件已加工表面及加工表面之间的摩擦，从而影响工件的表面质量。增大后角，可减少刀具后刀面与工件的摩擦，从而得到光洁的加工表面，但会使刀尖强度减弱一些。

3）螺旋角 β：螺旋角 β 是螺旋切削刃展开成直线后与铣刀轴线之间的夹角，如图 2-3所示。

螺旋角 β 的主要作用是使刀齿逐渐地切入和离开工件，提高铣削的平稳性。增大螺旋角能使螺旋形切屑沿着螺旋形容屑槽排出，使切削顺利。细齿圆柱形铣刀的螺旋角 β 为

25°~30°，粗齿圆柱形铣刀的螺旋角为40°~60°。

4）刃倾角 λ_s：刃倾角 λ_s 是主切削刃与基面之间的夹角。对于圆柱铣刀和立铣刀来说，刀齿的螺旋角 β 也是铣刀的刃倾角 λ_s。

5）楔角 β_o：楔角是前刀面与后刀面之间的夹角。在同一截面内，楔角、前角和后角之和为90°，楔角的大小决定了切削刃的强度。楔角越小，切入金属越容易，但切削刃强度较差。

3. 面铣刀的主要几何角度

面铣刀的刀齿分布在圆盘形刀体的端面上，每一个刀齿上除了有主切削刃外，还有副切削刃等。面铣刀上除了前角和后角外，还有主偏角和副偏角等几何参数，如图2-4所示。

1）主偏角 κ_r：主切削刃与已加工表面之间的夹角为主偏角。主偏角的大小影响切削刃参加铣削的长度，并影响刀具散热、切削分力之间的比值。主偏角一般为45°~90°。

2）副偏角 κ_r'：副切削刃与已加工表面之间的夹角为副偏角。副偏角影响副切削刃对已加工表面的修光作用。减小副偏角，可以使已加工表面的波纹高度降低，减小表面粗糙度值。副偏角一般为5°~15°。

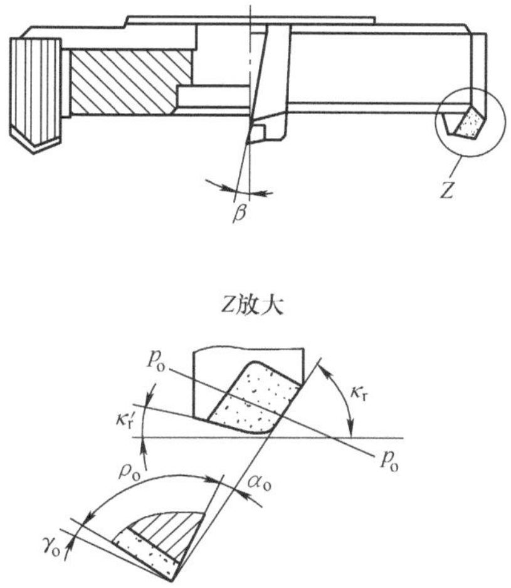

图2-4　面铣刀的主要几何参数

2.1.2　铣刀几何参数的选择

1. 铣刀直径和齿数的选用原则

1）铣刀直径的选用原则　铣刀直径大，散热条件好，铣刀杆刚性好，所允许的铣削速度和切削量大。但铣刀直径大，铣削时铣刀的切入长度增加，工作时间长，铣削力矩大，刀具材料消耗也大。

圆柱形铣刀的直径，粗铣时可根据一次被铣去的余量来选择，具体可参考表2-1所列数值。精铣时可选用较大直径的铣刀，以减小加工表面的表面粗糙度值。

表2-1　粗铣时圆柱形铣刀直径的选择　（单位：mm）

铣削宽度（切削层深度）	≤5	≤8	≤10
铣削深度（切削层宽度）	≤70	≤90	≤100
铣刀直径 D	60~70	90~100	110~130

面铣刀的直径应比工件宽度略大，一般按工件宽度的1.2~1.6倍选取。

2）铣刀齿数的选用原则　铣刀有粗齿和细齿之分。粗齿铣刀的刀齿强度高，容屑空间大，但铣削时同时参与切削的齿数少，因而工作平稳性差，振动较大，适用于粗铣。细齿铣刀在铣削时同时参与切削的齿数多，每齿进给量 f_z 小，铣削平稳，适用于精铣。

硬质合金铣刀的齿数一般都较少，主要是为了保证其刀齿有足够的刚性和强度。

2. 前角的选用原则

合理地增大前角，可减少切削层金属的塑性变形，切屑变形小，容易减小切削刃刃口处的圆弧半径，使切削刃锋利，切割作用增强，因此有利于减小铣削力、切削热和功率，提高加工精度和减小已加工表面的表面粗糙度值，并提高铣刀的使用寿命。但前角太大会减弱切削刃部分的强度和散热条件，使铣刀的使用寿命降低，甚至造成崩刃。

前角主要根据刀具材料、加工条件和加工材料来选择。

1）高速钢铣刀抗弯强度和冲击韧性较好，可取较大的前角；硬质合金铣刀抗弯强度和冲击韧性较差，应取较小的前角。

2）粗加工时，为了保证铣刀切削刃有较好的强度和散热条件，前角应选小一些；精加工时，为了保证加工表面的质量，使切削刃锋利，应选取较大的前角。

3）工件材料的强度、硬度高，前角应选得小些。加工塑性材料时，应选取较大的前角；加工脆性材料，则选取较小的前角。用硬质合金铣刀铣削脆性材料，前角一般取0°左右（即-5°~5°）。

铣刀前角的合理选择见表2-2。

表2-2 铣刀前角的合理选择

工件材料 / 铣刀材料	钢			铸铁		铝镁合金
	σ_b/MPa			HBW		
	<600	≥600~1000	>1000	≤150	>150	
高速工具钢铣刀	20°	15°	10°~12°	5°~15°	5°~10°	15°~35°
硬质合金铣刀	15°	-5°~5°	-15°~-10°	5°	-5°	20°~30°

3. 后角的选用原则

增大后角可减少铣刀后刀面与工件过渡表面之间的摩擦，并使刃口锋利。但后角过大将削弱切削刃部分的强度和散热条件，降低铣刀的使用寿命，甚至造成崩刃。

后角选用的原则是：

1）高速工具钢铣刀抗弯强度高、冲击韧性好，其后角可比硬质合金铣刀的后角大。

2）粗铣时，铣刀承受的切削力较大，为了保证铣刀刃口的强度，后角应取小些；精铣时，为了减小摩擦和使铣刀刃口锋利，提高加工表面质量，应取较大的后角。

3）铣削塑性大和弹性变形大的材料时，应取较大的后角，以减小后面的摩擦；铣削强度大、硬度高的材料，宜取较小的后角，以保证铣刀刃口的强度。当铣刀已采用负前角，铣刀刃口已得到加强时，为了提高铣刀切削刃的锐利性，也可采用较大的后角。

高速钢铣刀后角的合理选择见表2-3。

硬质合金铣刀的后角 α_o，粗铣时为6°~8°，精铣时一般为12°~15°。

4. 主偏角的选用原则

减小主偏角可使铣刀刀尖强度增高，参与切削的切削刃长度也增加，从而使切削层厚度 h_D 减小（图2-5），提高铣刀的使用寿命，加工表面的残留面积高度减小，刀纹较平，表面粗糙度值减小，在相同切削层厚度的条件下，可适当增加进给量。但主偏角的减小使切削层宽度增加，铣削力增加，尤其是使作用在铣刀和工件上的轴向（分）力迅速增大，容易产生振动。

表 2-3　高速钢铣刀后角的合理选择

铣刀类型	铣刀特征	α_o	
		圆周齿	端齿
圆柱形铣刀和面铣刀	细齿 粗齿和镶齿	16° 12°	8°
双面刃和三面刃盘铣刀	直细齿 直粗齿和镶齿 螺旋细齿 螺旋粗齿和镶齿	20° 16° 12° 12°	6°
立铣刀、角度铣刀	$D<10$mm $D=10\sim20$mm $D>20$mm	25° 20° 16°	8°
切槽铣刀、锯片铣刀	—	20°	—

面铣刀的主偏角 κ_r 在 30° ~ 90°范围内选取，一般为 75°。当为了获得 90°台阶时，可取 $\kappa_r=90°$。

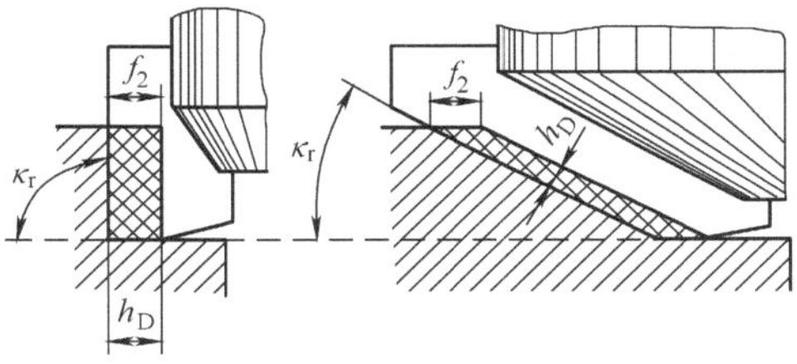

图 2-5　主偏角与切削层厚度的关系

主偏角也可以按下列原则选择。

1）工艺系统刚度足够时，可取较小的主偏角，以提高生产效率和铣刀的使用寿命；工艺系统刚度较差及功率不够时，应取较大的主偏角。

2）精铣时采用较小的主偏角，以减小已加工表面的残留面积高度，且较容易获得带状切屑，从而减小表面粗糙度值。

3）铣削高硬度、高强度材料时，取较小的主偏角，以增加刀尖强度和散热条件。

4）为了提高刀尖强度和散热条件，又不致使切削力尤其是轴向切削力明显增加，常采取磨出过渡刃和过渡刃偏角 $\kappa_{r\varepsilon}$ 的方法，如图 2-6 所示。过渡刃长度 b_ε 一般为背吃刀量 a_p 的 1/5 ~ 1/4，或 $b_\varepsilon=0.5\sim2$mm；过渡刃偏角一般取主偏角的 1/2，即 $\kappa_{r\varepsilon}=\kappa_r/2$。

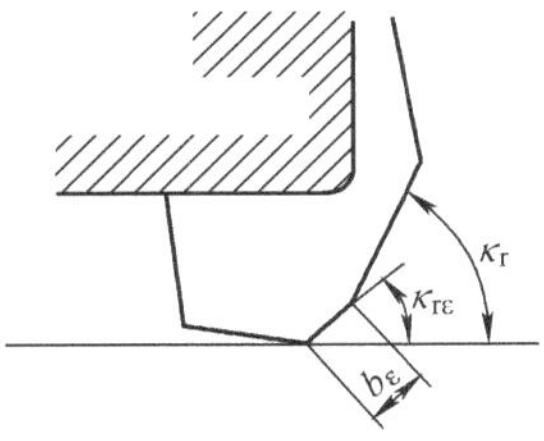

图 2-6　面铣刀的过渡刃

5. 副偏角的选用原则

副偏角 κ_r' 的作用主要是减小副切削刃、副后刀面与已加工表面之间的摩擦。适当减小副偏角，可有效地减小加工残留面积的高度，改善加工表面的质量。此外，减小副偏角能增加刀尖强度。

副偏角 κ_r' 的选用原则如下。

1）精铣时，副偏角应取小些；粗铣时，可适当增大副偏角。

2）工件材料弹性变形较大或铣削时振动较大时，应适当增大副偏角。

3）锯片铣刀、三面刃铣刀、T 形槽铣刀等为了使铣刀刃磨后宽度变化小，以保持其需要的加工尺寸，还可增强刀尖强度，一般均采用很小的副偏角。盘形槽铣刀的副偏角要求更小。

副偏角 κ_r'的合理选择见表 2-4。

表 2-4 高速钢铣刀的副偏角 κ_r'的选取

铣刀类型	铣刀特征		副偏角 κ_r'
	直径/mm	宽度/mm	
面铣刀			1°~2°
双面刃和三面刃铣刀			1°~2°
切槽铣刀	40~60	0.6~0.8	0°15′
		>0.8	0°30′
	75	1~3	0°30′
		>3	1°30′
切断铣刀（锯片铣刀）	75~110	1~2	0°30′
		>2	1°
	110~200	2~3	0°15′
		>3	0°30′

硬质合金面铣刀的副偏角可取得大些，一般为 3°~10°。

6. 刃倾角和螺旋角的选用原则

刃倾角和螺旋角在铣削过程中能起斜角切割作用，面铣刀上的刃倾角还起纵向（轴向）前角的作用。当面铣刀的刃倾角为正值时，可使端面切削刃获得正前角，刃口锋利，并能使切屑向上流出，不致划伤已加工表面，但正刃倾角的切削部分在铣削时先接触到工件的是刀尖，由于刀尖强度低，容易损坏；负刃倾角的面铣刀在铣削时切屑向下流出，会损伤已加工表面，但先接触到工件的是离开刀尖处的刃口部分，可避免刀尖受冲击而损坏。

圆柱形铣刀的刃倾角就是螺旋角。螺旋角增大时，使铣刀的实际前角增大，减小刃口圆弧半径，使切削刃锋利，能切下很薄的切削层，在逆铣时减少滑移距离。螺旋角的存在使切削刃逐渐切入和离开工件，冲击小，铣削平衡，排屑容易。

刃倾角和螺旋角的选用原则如下。

1）高速钢铣刀强度较高，一般采用正刃倾角 $\lambda_s=5°\sim15°$；硬质合金铣刀在切削量较大时，往往采用负刃倾角，$\lambda_s=-5°\sim-20°$。

2）粗铣时，宜取负刃倾角，以增强刀尖抵抗冲击的能力；精铣时，取正刃倾角，以避免加工表面被划伤。

3）铣削硬度高的钢料时，对刀尖强度和散热条件要求较高，可选取绝对值较大的负刃倾角。

4）高速钢铣刀刀齿螺旋角 β 的选取见表 2-5。

表 2-5　高速钢铣刀刀齿螺旋角 β 的选取

铣刀	圆柱形铣刀		立铣刀	三面刃铣刀	面铣刀
	粗齿	细齿			
β	40°~60°	30°~35°	20°~45°	10°~20°	10°~20°

2.2　铣刀的装夹与刃磨

2.2.1　铣刀的装夹

1. 带孔铣刀的安装

带孔铣刀一般是通过刀杆、拉紧螺杆、垫圈、套圈和紧固螺母联接到机床主轴上的，如图 2-7 所示。铣刀刀杆（图 2-8）的一端是圆锥体，与主轴锥孔相配合。锥体前面的凸缘上开有两个键槽，与主轴端面的键相配合。中间部分是带键槽的轴，其直径根据铣刀孔径的不同而不同，常用的直径有 ϕ22mm、ϕ27mm、ϕ32mm、ϕ40mm 和 ϕ50mm 五种。末端是螺纹和轴颈。刀杆的长度按工作需要有多种。在选用刀杆时，只要不影响工作，应尽量选择短的刀杆，因为它刚性好不易弯曲。

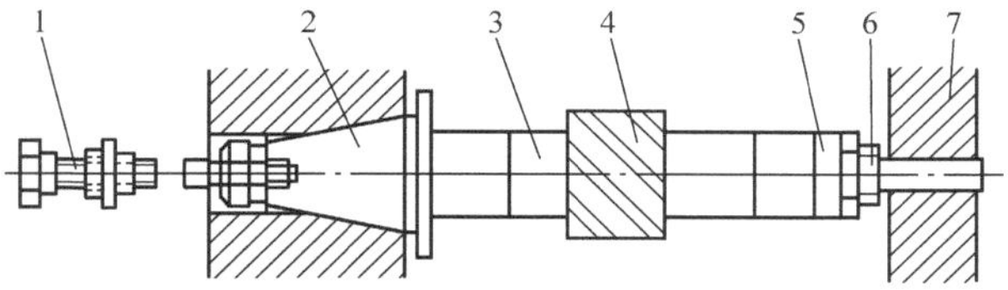

图 2-7　带孔铣刀的安装
1—拉紧螺杆　2—锥体　3—套圈　4—铣刀　5—垫圈　6—紧固螺母　7—挂架

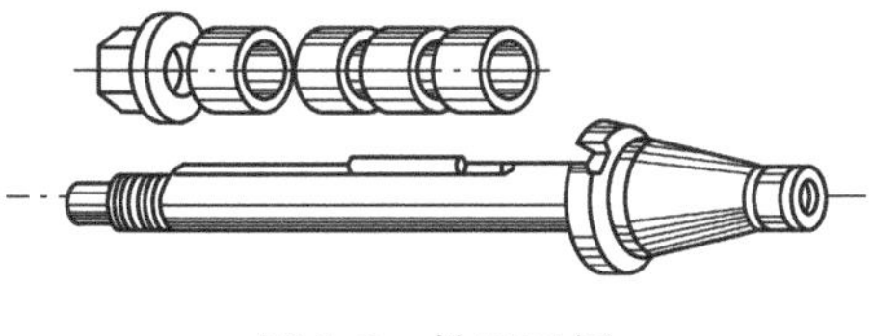

图 2-8　铣刀刀杆

安装铣刀时，应注意以下几点。

1）在工作允许的情况下，铣刀应尽量靠近床身，以减少刀杆产生弹性变形的可能性。

2）在不影响工作的条件下，挂架应尽可能靠近铣刀，以增强刀杆的刚性。

3）安装带孔铣刀时，铣刀的受力方向应是使紧固螺母拧紧的方向，否则在加工过程中，容易产生由于铣刀的旋转和力的作用，使紧固螺母松开的现象。当然，在靠近紧固螺母的垫圈或套圈内安装一个键，则可避免这种情况的发生。

4）把横梁调节到适当位置后，再把挂架挂上，并使刀杆的轴颈伸入挂架轴承内。在装上挂架之前，必须把刀杆轴颈、横梁的燕尾槽及挂架的轴承和燕尾槽内都擦干净。挂架装上后，应在挂架轴承内加注足够的润滑油，然后把固定横梁和挂架的紧固螺母旋紧。

5）旋紧刀杆上的螺母，把铣刀固定牢。特别要注意的是，必须把挂架装上，且轴颈与挂架轴承接触后，才能旋紧此螺母，否则容易把刀杆扳弯，如图 2-9 所示。

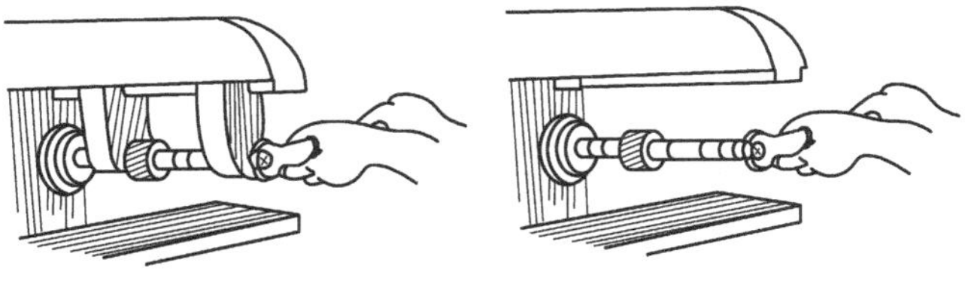

a)　　　　b)

图 2-9　紧固铣刀

a）正确　b）错误

2. 带柄铣刀的安装

（1）锥柄铣刀的安装　锥柄铣刀的柄部锥度大部分都采用莫氏锥度，若铣床主轴锥孔的锥度与铣刀柄部的锥度相同，只要把铣刀锥柄和主轴锥孔擦净后，把铣刀直接装在主轴上，后面用拉紧螺杆拉紧即可，如图 2-10 所示。但这种情况很少出现，因为国产铣床的主轴孔锥度大都采用 7:24，与莫氏锥度是不同的，所以这种情况下，应采用中间套筒来安装。中间套筒的结构如图 2-11a 所示，装好后的情况如图 2-11b 所示，安装的步骤与上面完全相同。

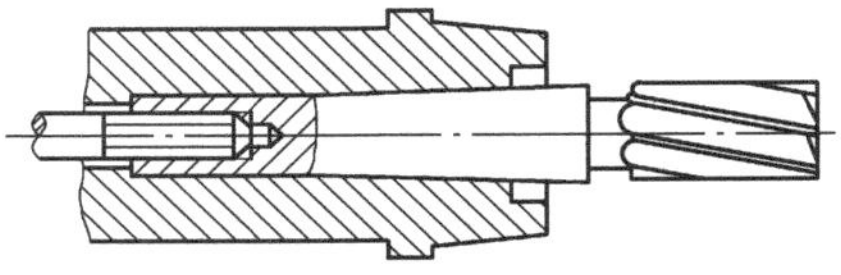

图 2-10　锥柄铣刀的直接安装

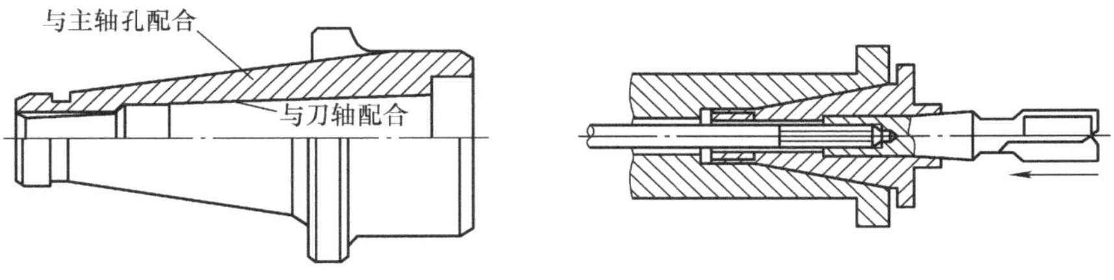

a)　　　　b)

图 2-11　利用中间套筒安装铣刀

a）中间套筒　b）安装图

（2）直柄铣刀的安装　这类铣刀的柄部直径都比较小，一般利用弹簧夹头来进行安装。弹簧夹头的种类很多，但结构都大同小异，主要由内套、螺母及外套组成，如图 2-12 所示。当把铣刀放入内套中后，旋紧螺母，内套的外锥体受挤压而直径变小，从而把铣刀夹紧。

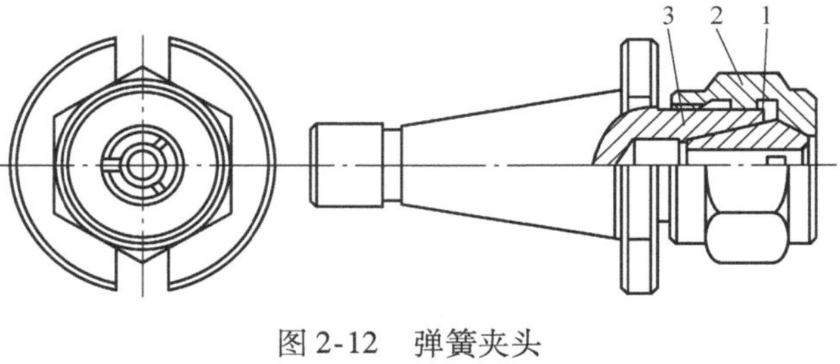

图 2-12　弹簧夹头

1—内套　2—螺母　3—外套

3. 套式面铣刀的安装

套式面铣刀有内孔带键槽和

端面带槽的两种结构形式，安装时分别采用带纵键的铣刀杆（图2-13）和带端键的铣刀杆（图2-14）。

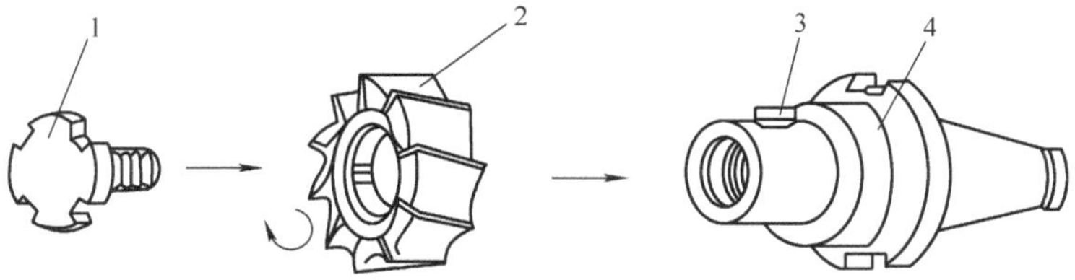

图2-13 内孔带键槽的套式面铣刀的安装
1—紧刀螺钉 2—铣刀 3—键 4—铣刀杆

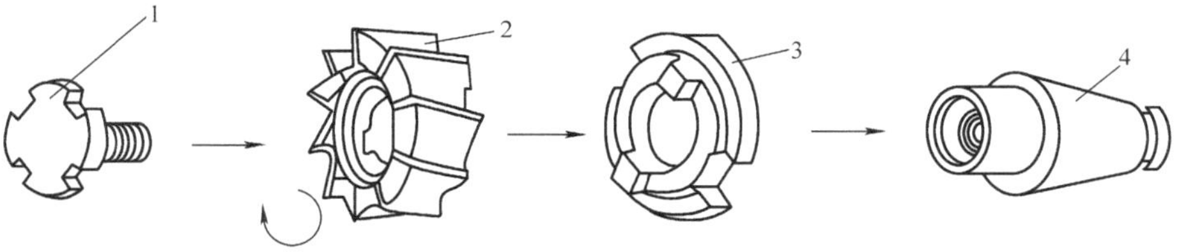

图2-14 端面带槽的套式面铣刀的安装
1—紧刀螺钉 2—铣刀 3—凸缘 4—铣刀杆

铣刀杆的安装方法与前面相同。安装铣刀时，擦净铣刀内孔、端面和铣刀杆圆柱面，使铣刀内孔的键槽对准铣刀杆的键或使铣刀端面上的槽对准铣刀杆上凸缘端面上的凸键，装入铣刀，然后旋入紧刀螺钉，并用叉形扳手将铣刀紧固。

4. 铣刀安装后的检查

所有的铣刀在安装好后，都必须进行检查。先检查各螺母是否已紧固，铣刀的旋转方向是否正确；再检查铣刀的径向圆跳动误差和端面圆跳动误差是否符合要求。在通常的加工情况下，对铣刀的圆跳动量要求不高，只要在铣床开动后，看不到铣刀有明显的跳动即可。若跳动量太大，则应拆下重新安装，并检查原因。造成铣刀跳动量过大的因素主要有下列几个方面。

1）配合部分不清洁。安装铣刀过程中的配合和接触面之间有杂物，是造成铣刀产生跳动的重要原因之一，如图2-15所示。这种情况首先应把铣刀和刀杆等全部拆下，逐件擦拭干净后，再重新装上去。

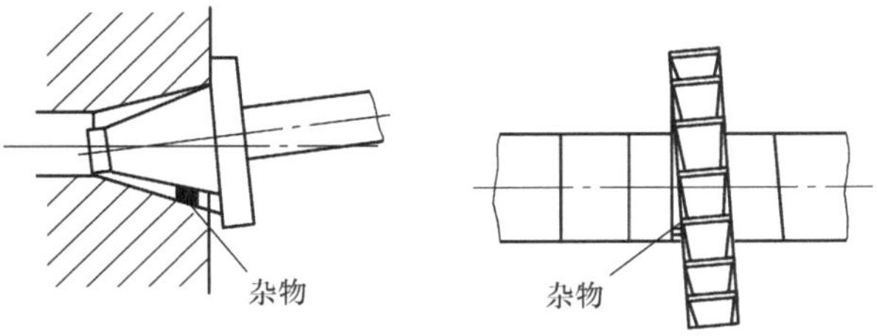

图2-15 杂物使铣刀产生偏摆

2）刀杆弯曲。在排除了由于杂物引起铣刀产生跳动的因素后，若发现铣刀仍有跳动，则应对刀杆进行检查。刀杆弯曲也是铣刀产生跳动的常见原因。检查的方法是把刀杆上的铣刀及套圈等全部取下，直接对刀杆进行检查。

3）铣刀问题。经过上面两种检查后，若发现还存在问题，一般要考虑是否铣刀存在问题了。铣刀的问题主要是铣刀各切削刃是否在同一个圆周上及铣刀切削刃圆周与铣刀的中心是否重合。若是这样的问题，则应把铣刀重新磨好。

4）主轴孔问题。主轴孔是与铣刀刀杆配合的重要部位，主轴孔若存在问题，则肯定会使铣刀产生跳动。所以，主轴孔也是重要的检查部位之一，必要时应请机修工进行修复。

2.2.2 铣刀的刃磨

铣刀的刃磨一般有机械刃磨和手工刃磨两种。机械刃磨常用高速铣刀刃磨机，如图2-16所示，其效率高、质量好、操作方便。手工刃磨灵活，对设备要求低。不管是机械刃磨还是手工刃磨，都需要对砂轮进行选择。

图2-16 高速铣刀刃磨机

1. 砂轮的选择

常用的刃磨砂轮有两种，一种是白色氧化铝砂轮，另一种是绿色碳化硅砂轮。刃磨时必须根据刀具材料来确定砂轮种类。氧化铝砂轮韧性好，比较锋利，但砂粒硬度较低，所以用来刃磨高速钢材料刀具。碳化硅砂轮硬度高，切削性能好，但较脆，所以用来刃磨硬质合金材料刀具。一般粗磨时用颗粒粗的平行砂轮，精磨时用颗粒细的杯形砂轮。

2. 焊接铣刀头的刃磨方法和步骤

焊接铣刀头刀片部分用碳化硅砂轮刃磨，刀体部分用棕刚玉砂轮刃磨，刃磨方法如下：

（1）刃磨主后刀面　两手握刀，右手在前、左手在后，刀具前刀面向上，主切削刃与砂轮圆周面基本平行，刀体自然倾斜一个后角和主偏角，适当用力使刀头的主后刀面与砂轮圆周面接触，再左右移动刀具，刃磨出主后刀面，同时磨出主后角和主偏角，如图2-17a所示。

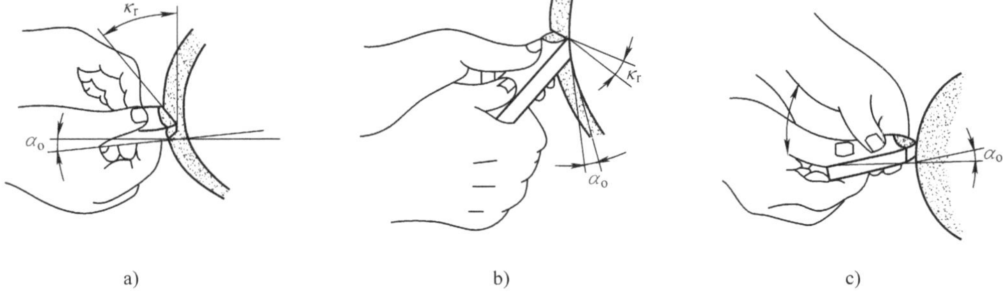

图2-17 焊接刀头的刃磨

（2）刃磨副后刀面　两手握刀，左手在前、右手在后，刀具前刀面向上，使副切削刃与砂轮圆周面基本平行，刀体自然倾斜一个副后角和副偏角，适当用力使刀头的副后刀面与砂轮圆周面接触，再左右移动刀具，刃磨出副后刀面，同时磨出副后角和副偏角，如图2-17b所示。

（3）刃磨刀尖圆弧半径　两手握刀，左手在前、右手在后，刀具前刀面向上，刀体基本垂直于砂轮圆周面，并自然倾斜一个后角，使刀尖与砂轮圆周面接触，刀体适当左右回转，刃磨出刀尖圆弧半径，如图2-17c所示。

（4）用油石修整刃口、背刀　刀具刃磨后，应用碳化硅油石研磨刀具的切削部分。研磨时，油石应贴在刀具的后刀面上，来回轻轻地用力擦动刀具的刃口及后刀面。研磨时先研磨主切削刃和主后刀面，再研磨副切削刃和副后刀面，最后研磨刀尖圆弧半径，如图2-18所示。研磨背刀过程中，应注意不要将刃口背塌，如图2-19所示。

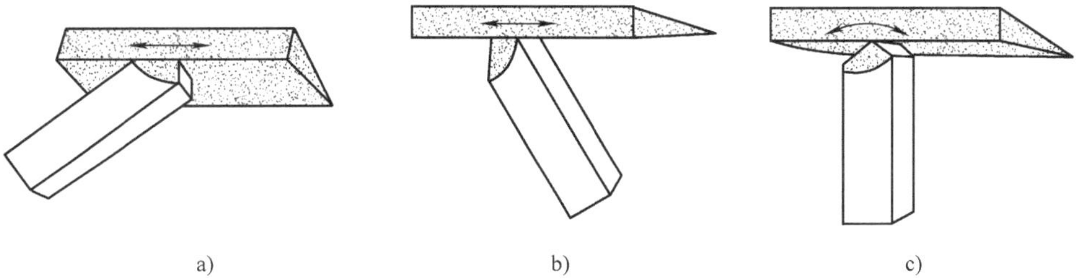

图2-18　用油石修整铣刀刃口

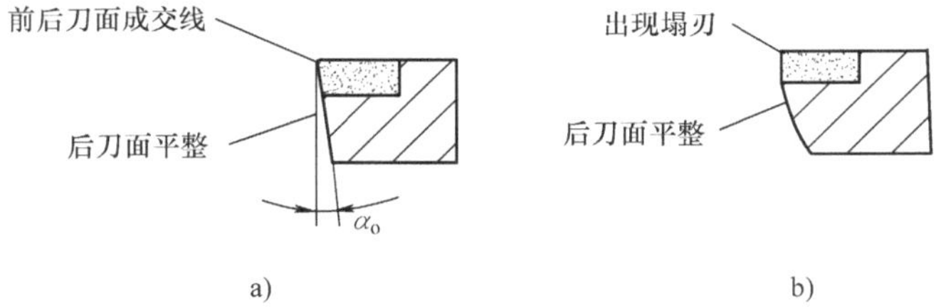

图2-19　用油石修整后的切削刃
a）正确　b）错误

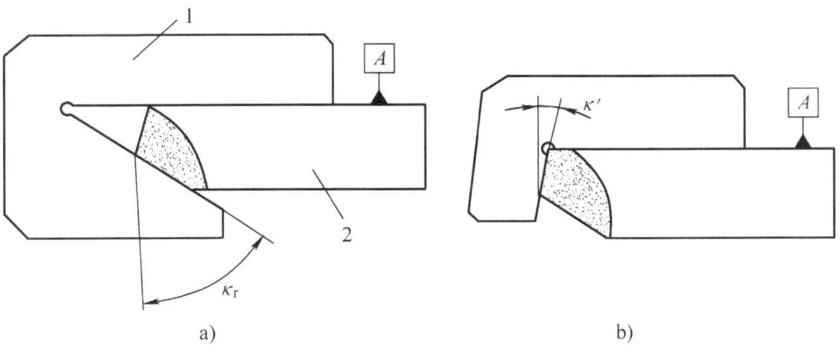

图2-20　用样板检验刃磨角度
a）检验主偏角　b）检验副偏角
1—样板　2—刀头

（5）刀头刃磨后的检查　刃磨时为了获得要求的主偏角、副偏角和后角，应用样板对刀头进行检验，如图 2-20 所示。

（6）刃磨时的注意事项　刃磨刀头时，双手动作应协调，用力要适当；磨削余量较大时，应避免温度过高，引起刀片碎裂；刃磨出的后刀面应平整，不能出现塌刃；刃磨过程中严禁蘸水冷却，以免刀片碎裂；刃磨时应戴防护眼镜。

练　习　题

一、填空题

1. 铣刀是__________刃刀具，每一个刀齿相当于一把简单的刀具。

2. 刀具在切削时，切屑沿着流出的表面称为__________面；__________面是在刀具上与已加工表面相对的面。

3. 圆柱形铣刀的主要几何角度包括____________、____________、____________、___________和__________。

4. 对于铣刀，增大前角，切削刃__________，使切削变得__________，但刀齿强度会减弱。

5. 对于铣刀，增大后角，可__________刀具后刀面与工件的摩擦，从而得到光洁的加工表面，但会使刀尖强度__________一些。

6. 面铣刀的主要几何角度包括__________和__________。

7. 铣刀的刃磨一般有__________刃磨和__________刃磨两种。

8. 刃磨时必须根据刀具__________来确定砂轮的种类。

9. 氧化铝砂轮韧性好，比较锋利，但砂粒硬度较低，所以用来刃磨__________材料刀具。

10. 一般粗磨时用颗粒__________的平行砂轮，精磨时用颗粒__________的杯形砂轮。

二、判断题

1. 前角的主要作用是影响切屑变形和切屑与前刀面的摩擦及刀具强度。（　　）

2. 高速钢铣刀抗弯强度高、冲击韧性好，其后角可比硬质合金铣刀的后角小。（　　）

3. 高速钢铣刀抗弯强度和冲击韧性较好，可取较小的前角；硬质合金铣刀抗弯强度和冲击韧性较差，应取较大的前角。（　　）

4. 对于圆柱铣刀和立铣刀来说，刀齿的螺旋角 β 也是铣刀的刃倾角 λ_s。（　　）

5. 主切削刃即前刀面与后刀面的相交线。（　　）

三、选择题

1. 圆柱形铣刀的主要几何角度不包括（　　）。

A. 前角　　B. 主偏角　　C. 螺旋角　　D. 后角

2. 刀具在切削过程承受很大的（　　），因此要求刀具切削部分的材料具有足够的强度和韧性。

A. 切削力　　B. 转矩　　C. 冲击力　　D. 振动

3. 在不影响铣削的条件下，（　　）应尽量靠近铣刀，以增加刀具的刚度。

A. 挂架　　B. 拉杆　　C. 短刀轴　　D. 长刀轴

4. 铣刀几何角度中的楔角是（　　）之间的夹角。

A. 刀面　　B. 切削力　　C. 刀面与坐标平面　　D. 坐标平面

5. 影响切屑变形的主要是铣刀的（　　）。

A. 刃倾角　　B. 偏角　　C. 前角　　D. 后角

6. 切削塑性金属材料时，在切削速度中等，较小的进给量和切削深度，刀具前角较大的条件下，容易形成（　　）。

A. 挤裂切屑　　B. 带状切屑　　C. 崩碎切屑　　D. 单元切屑

7. 增大刀具的前角，切削（　　）。

A. 变形减小　　B. 变形增大　　C. 不改变　　D. 以上全对

8. 刀具刃磨时，刀面质量如何，对切削变形和刀具的磨损影响（　　）。

A. 一般　　B. 很大　　C. 很小　　D. 两者无关

9. 高速钢铣刀的前角一般为（　　），硬质合金铣刀的前角一般要小一些。

A. 5°～10°　　B. 10°～20°　　C. 20°～25°　　D. 25°～30°

10. 细齿圆柱形铣刀的螺旋角 β 为（　　），粗齿圆柱形铣刀的螺旋角为（　　）。

A. 25°～30°　　B. 30°～40°　　C. 40°～60°　　D. 60°～65°

四、简答题

1. 铣刀的种类有哪些？
2. 铣刀的主要刀面和几何角度有哪些？
3. 铣刀直径的选用原则是什么？
4. 前角的选用原则是什么？
5. 刃磨铣刀有哪些注意事项？

五、操作题

试确定图 2-21 所示零件在铣床上加工所需的铣刀，并修磨铣刀。

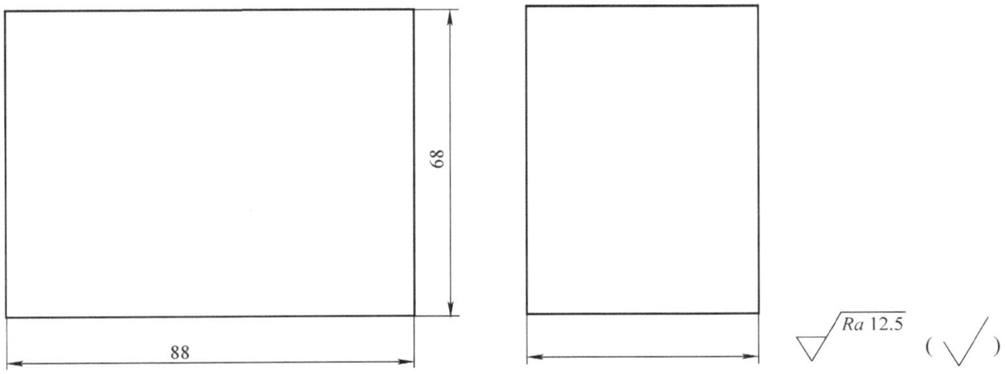

图 2-21　铣削加工零件

1. 将选定铣刀填写在表2-6中。

表2-6 选择铣刀类型

序 号	铣刀类型	铣刀规格	备注

2. 完成装夹后，按照表2-7在“学生自评”栏内填写自评结果，其余项目由教师负责评价。

表2-7 评价标准

分类	序号	评价项目	配分	学生自评	教师评价	得分
工作质量	1	正确选择铣刀类型	30			
	2	正确认识铣刀角度	10			
	3	正确修磨铣刀	20			
分类	序号	评价项目	配分	说明		得分
现场操作规范	1	安全操作	20	违反一条操作规程扣2分		
	2	工具、量具的正确使用	10	工具、量具使用错误一项扣2分		
	3	正确操作和维护保养设备	10	违反一条维护保养规程扣2分		
评分人			时间		总得分	

第3章 平面的铣削

学习目标

- ✧ 掌握周铣和端铣的概念
- ✧ 能够判断并合理选择顺铣与逆铣
- ✧ 掌握用圆柱铣刀和面铣刀铣平面的方法与步骤
- ✧ 掌握平面的检验方法及操作注意事项
- ✧ 理解影响铣平面表面质量的因素
- ✧ 熟练掌握六面体的铣削加工与检测方法

3.1 平面铣削及影响表面质量的因素

平面是构成机器零件的基本表面之一。铣床工作台的台面、机床的导轨面、机用虎钳的底面和平行垫铁的表面都是平面。铣平面是铣工的基本工作内容。

前面我们学习了铣床的结构、铣刀的刃磨和工件的装夹等铣削前的准备工作，本节将针对平面的铣削方法作全面的介绍。铣削方法的不同，会直接影响铣削平面的质量和效率。下面分别介绍用圆柱铣刀和面铣刀铣削平面的过程。

3.1.1 基本概述

在铣床上铣削平面的方法有圆周铣和端铣两种。

1. 周铣和端铣

（1）周铣和端铣的概念　用刀齿分布在圆周表面的铣刀进行铣削的方式称为周铣，如图3-1a所示；用刀齿分布在圆柱端面上的铣刀进行铣削的方式称为端铣，如图3-1b所示。

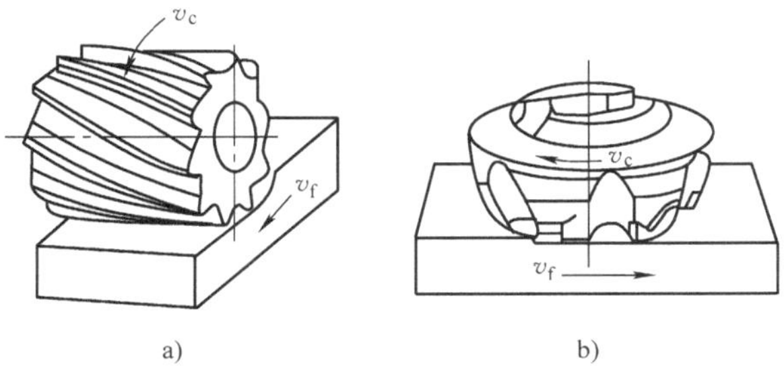

图3-1　周铣和端铣
a）周铣　b）端铣

（2）周铣和端铣的比较

1）面铣刀的刀杆伸出较短，刚性好，且同时参与切削的刀齿数较多，因此振动小，铣削较平稳。

2）面铣刀的直径可以制造得很大（能达500mm），能一次铣出较宽的工件表面而无需接刀。圆周铣时，工件加工表面的宽度受圆柱形铣刀宽度的限制不能太宽。

3）端铣时，面铣刀每个刀齿所切下的切屑厚度变化较小，因此铣削过程中铣削力变化小。

4）面铣刀的刃磨要求不像圆柱形铣刀那样严格，切削刃和刀尖在径向上的尺寸不一致或在轴向高低不齐整，对加工平面的平面度误差没有影响，只是影响平面的表面粗糙度，而圆柱形铣刀若刃磨质量差（圆柱度误差大），则直接影响加工平面的平面度误差。

5）端铣可采用较高的铣削速度和较大的进给量。圆周铣则能一次切除较大的切削层深度（即侧吃刀量 a_e）。

6）在相同的背吃刀量、侧吃刀量和每齿进给量的条件下，面铣刀若不采用修光刃和高速铣削等措施进行铣削时，圆周铣加工出的表面比端铣加工出的表面的表面粗糙度值要小。

由于用端铣方法加工平面有较多的优点，因此，平面尤其是大平面的加工，一般都用面铣刀铣削。但是，周铣对加工各种形面的适应性较广，而有些形面（如成形面等）则不能用端铣。

2. 顺铣和逆铣

周铣分为顺铣和逆铣两种方法，如图3-2所示。

（1）顺铣和逆铣的概念　铣削时，铣刀切入工件时的切削速度方向与工件的进给运动方向相同称为顺铣，如图3-2a所示。铣削时，铣刀切入工件时的切削速度方向与工件的进给运动方向相反称为逆铣，如图3-2b所示。

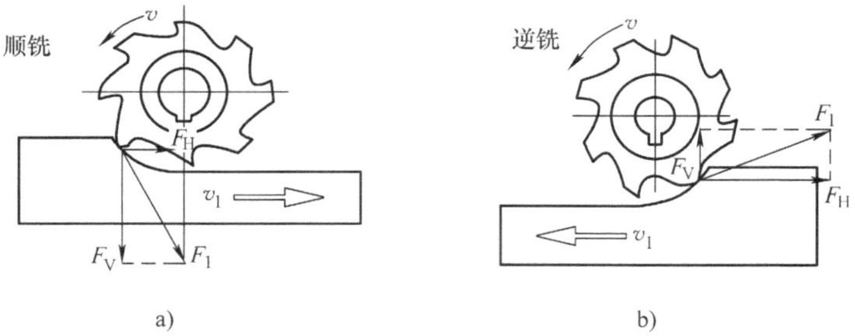

图3-2　顺铣和逆铣

a）顺铣　b）逆铣

（2）周铣时顺铣的特点

1）垂直铣削分力始终向下，有压紧工件的作用，故铣削时较平稳。

2）加工出的工件表面质量较高。

3）消耗在进给运动方面的功率较小。

4）切削刃易磨损。

5）易损坏铣刀或机床。

(3) 周铣时逆铣的特点

1) 切削刃磨损小。

2) 水平分力与工件的进给方向相反，不会拉动工作台。

3) 垂直分力有把工件从夹具内拉出来的倾向。

4) 消耗在进给运动方面的功率较大。

3. 对称铣与不对称铣

端铣分为对称铣与不对称铣。

(1) 对称铣　铣削过程中，面铣刀轴线始终位于铣削弧长的对称中心位置，上面的顺铣部分等于下面的逆铣部分，如图3-3a所示。

(2) 不对称铣　当面铣刀轴线偏置于铣削弧长对称中心的一侧时，这种铣削方式称为不对称铣，如图3-3b、c所示。

不对称铣的优点是纵向分力与进给方向相反，不会拉动工作台，而且从薄处切入，刀具体受的冲击和振动较小。所以铣削时，逆铣部分占的比例大。

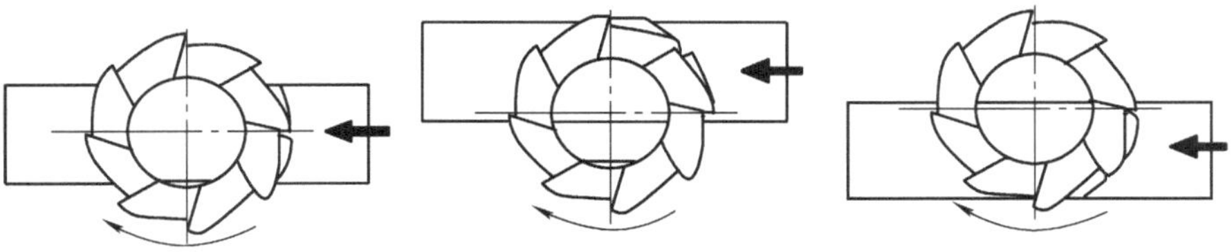

a)　b)　c)

图3-3　对称铣与不对称铣

a) 对称铣　b)、c) 不对称铣

3.1.2 用圆柱铣刀铣平面

圆柱铣刀有直齿和螺旋齿两种。螺旋齿圆柱铣刀在切削时，刀齿是逐渐切入工件的，所以切削时比较平稳。目前已经很少见到使用直齿圆柱铣刀铣削了。

铣削加工前，首先应看清零件图，详细而全面地了解工件的材料、需要铣削的部位和加工要求，并检查工件的毛坯尺寸是否符合要求，然后确定铣削的方法和步骤。在生产中，除了要看清零件图外，还必须对工序卡片作详细的了解和分析，因为在工序卡片上制订了加工的步骤、方法及加工余量。

图3-4a所示为长方体零件的毛坯图，图3-4b所示为零件图。工件材料是45钢，只加工表面粗糙度值$Ra1.6\mu m$的表面，加工余量是4mm；工件加工面的宽度是60mm，长度是150mm，件数是两件。

根据表面粗糙度的要求，要一次切除4mm而达到表面粗糙度值$Ra1.6\mu m$是比较困难的，因此必须分两次切削，第一次是粗加工，切除3.5mm；第二次是精加工，切去0.5mm。

1. 粗铣的加工步骤

(1) 铣刀的选择　铣刀规格的选择主要由铣削用量要素中的背吃刀量a_p（即铣削层

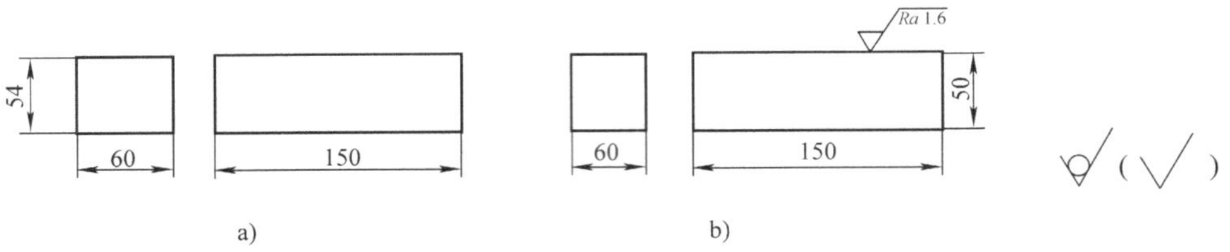

图 3-4 长方体零件

a) 毛坯图 b) 零件图

宽度 B) 和侧吃刀量 a_e (即铣削层深度 t) 来确定。

对于圆柱铣刀，其直径的选择主要考虑侧吃刀量 a_e (即铣削层深度 t)，根据表 3-1 选择 $D=80$mm 的铣刀加工。

表 3-1 圆柱铣刀直径的选择

铣削层深度 t/mm	<5	5 ~ 8	8 ~ 10
铣刀直径 D/mm	60 ~ 80	90 ~ 100	110 ~ 160

当工件不太宽时，应考虑一次切除，这样加工出来的表面质量好些。现在采用长度大于 60mm 的铣刀即可，如选用长为 63mm 的铣刀加工。这样就确定了粗铣时所用的铣刀规格，即直径 80mm、长度 63mm、孔径 32mm、齿数为 8 齿的高速钢圆柱粗铣刀。

选用直径为 32mm、长度适当的刀杆，把铣刀安装在铣床上。

(2) 选择夹具和装夹工件 用机用虎钳装夹此工件最为合适。擦干净铣床工作台面后，把机用虎钳安装在工作台上，并使钳口方向基本与刀轴垂直。安装工件时，应使工件高出钳口约 6mm (大于加工余量)，下面用适当厚度的垫铁垫好，将工件敲实后夹牢。

(3) 选择切削用量 根据工件的材料、加工余量、表面粗糙度要求及铣刀等条件来确定铣削用量。选择顺序如下：

1) 确定铣削层深度 t。考虑到机床及夹具的刚性及加工余量的数值不大，如前所述，粗加工时一次切除 3.5mm，即 $t=3.5$mm。

2) 背吃刀量 a_p (即铣削层宽度 B)，取 $B=60$mm。

3) 确定进给量。进给量的大小主要取决于刀齿的强度、铣削的性质 (粗铣或精铣)、机床和夹具的刚性及机床的动力等。根据表 3-2，现取每齿进给量 $f_z=0.12$mm/z。

4) 确定铣削速度 v_c。铣削速度的大小主要取决于铣刀的材料、工件的材料和硬度及铣削的性质等，见表 3-3。

根据表 3-3，现取铣削速度 $v_c=25$m/min。

(4) 铣床的调整 根据确定出的铣削用量，首先确定主轴的转速 n，即

$$n=\frac{1000v_c}{\pi D}=\frac{1000\times 25}{3.14\times 80}\text{r/min}\approx 100\text{r/min}$$

在 X62W 型铣床上采用 95r/min。

进给速度 v_f 为

$$v_f=f_z zn=0.12\times 8\times 95\text{mm/min}\approx 91\text{mm/min}$$

表 3-2 高速钢面铣刀、圆柱铣刀和圆盘铣刀铣削时的进给量

铣床（铣头）功率/kW	工艺系统刚度	粗铣时每齿进给量 f_z/(mm/z)							
		粗齿和镶齿铣刀				细齿铣刀			
		面铣刀与圆盘铣刀		圆柱铣刀		面铣刀与圆盘铣刀		圆柱铣刀	
		钢	铸铁与铜合金	钢	铸铁与铜合金	钢	铸铁与铜合金	钢	铸铁与铜合金
>10	大	0.2~0.3	0.3~0.45	0.25~0.35	0.35~0.50	—	—	—	—
	中	0.15~0.25	0.25~0.40	0.20~0.30	0.30~0.40				
	小	0.10~0.15	0.20~0.25	0.15~0.20	0.25~0.30				
5~10	大	0.12~0.20	0.25~0.35	0.15~0.25	0.25~0.35	0.08~0.12	0.20~0.35	0.10~0.15	0.12~0.20
	中	0.08~0.15	0.20~0.30	0.12~0.20	0.20~0.30	0.06~0.10	0.15~0.30	0.06~0.10	0.10~0.15
	小	0.06~0.10	0.15~0.25	0.10~0.15	0.12~0.20	0.04~0.08	0.10~0.20	0.06~0.08	0.08~0.12
<5	中	0.04~0.06	0.15~0.30	0.10~0.15	0.12~0.20	0.04~0.06	0.12~0.20	0.05~0.08	0.06~0.12
	小	0.04~0.06	0.10~0.20	0.06~0.10	0.10~0.15	0.04~0.06	0.08~0.15	0.03~0.06	0.05~0.10

表面粗糙度值 Ra/μm	镶齿面铣刀和圆盘铣刀	半精铣时每转进给量 f/(mm/r)					
		圆铣刀					
		铣刀直径 d_0/mm					
		40~80	100~125	160~250	40~80	100~125	160~250
		钢及铸铁			铸铁、铜及铝合金		
6.3	1.2~2.7	—					
3.2	0.5~1.2	1.0~2.7	1.7~3.8	2.3~5.0	1.0~2.3	1.4~3.0	1.9~3.7
1.6	0.23~0.5	0.6~1.5	1.0~2.1	1.3~2.8	0.6~1.3	0.8~1.7	1.1~2.1

注：1. 表中大进给量用于小的背吃刀量和侧吃刀量；小进给量用于大的背吃刀量和侧吃刀量。

2. 铣削耐热钢时，进给量与铣削钢时相同，但不大于 0.3mm/z。

表 3-3 铣削速度 v_c

加工材料				铣削速度 v_c/（m/min）	
名称	牌号	材料状态	硬度（HBW）	高速钢铣刀	硬质合金铣刀
低碳钢	Q235	热扎	131	25～45	100～160
	20	正火	156	25～40	90～140
中碳钢	45	正火	≤229	20～30	80～120
		调质	220～250	15～25	60～100
合金结构钢	40Cr	正火	179～229	20～30	80～120
		调质	200～230	12～20	50～80
	38CrSi	调质	255～305	10～15	40～70
	18CrMnTi	调质	≤217	15～20	50～80
	38CrMoAlA	调质	≤310	10～15	40～70
不锈钢	20Cr13	淬火回火	197～240	15～20	60～80
工具钢	9CrSi		197～241	20～30	70～110
	W18Cr4V		207～255	15～25	60～100
灰铸铁	HT150		163～229	20～30	80～120
	HT200		163～229	15～25	60～100
冷硬铸铁			52～55HRC		5～10
铜及铜合金				50～100	100～200
铝及铝合金				100～300	200～600

注：1. 如要延长刀具寿命时，铣削速度 v_c 要相应降低。
2. 精铣时，铣削速度 v_c 可提高 30%～50%。

在铣床上采用 v_f=95mm/min 的进给速度。

主轴转速及进给速度调整好后，为了工作方便和安全起见，应把自动停止挡铁安装好。

（5）对刀　对刀是确定铣削尺寸的重要环节，是保证工件合格不可缺少的一步，其过程如下：

1）开动机床，使铣刀旋转，并注意铣刀是否反转；然后摇动升降、纵向及横向进给柄，使工件处于铣刀下方，再小心地用手摇动升降手柄，使工件表面逐渐靠近铣刀，并使铣刀刚刚接触到工件表面；把升降手柄上的刻度盘调整到零线，再把手柄向下摇 0.5～1 圈，然后关掉机床。

2）摇动纵向工作台，使工件退出铣刀正下方；摇升降手柄，回到零线上，然后再向上摇 70 格，尺寸为 3.5mm。

铣削参数调整好后，固定横向工作台和升降工作台，开动机床使铣刀旋转，用手慢慢摇动纵向工作台，当铣刀接近工件时，开动切削液泵，浇注切削液，再使工作台纵向自动进给，进行切削。

操作者在初学阶段，应多做几次手动进给，一方面可熟悉机床的操作方法，另一方面也可避免因技术生疏而造成意外事故。

2. 精铣的加工步骤

（1）铣刀的选择　在工件数量很少的情况下，仍可用粗加工的铣刀进行精铣，只是效率比较低些。若工件的数量多，则粗加工和精加工应分为两次或在两台铣床上进行，并选用直径比较大的细齿铣刀作精加工。另外，为了提高工作效率和工件的表面质量，最好对铣刀的径向圆跳动用百分表作精确的检查和校正。

用百分表检查铣刀的径向圆跳动误差的方法如图3-5所示。检验时，使百分表的触头与铣刀刀齿垂直地接触，然后用扳手摇动主轴，使铣刀慢慢反转，观察每一个刀齿经过百分表的触头时，百分表上的大指针所指出的数值。铣刀转过一圈后，所记数值的最大和最小的差值，就是铣刀的径向圆跳动量。精加工时，铣刀的径向圆跳动量一般不超过0.03mm，否则就得重装铣刀或重磨铣刀。不仅要在一点上检查铣刀的径向圆跳动量，还要尽量在多点（铣刀轴向方向）上检查其跳动量。现在工件只有两件，所以仍用原来的铣刀进行加工。

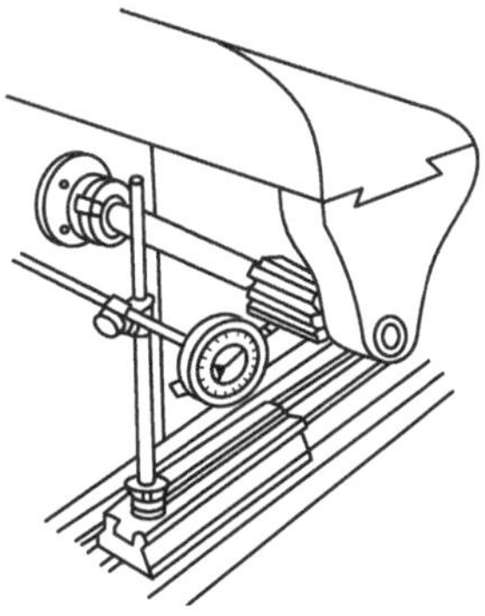

图3-5　用百分表检查铣刀径向圆跳动误差

（2）铣削用量的选择　在精加工时，一般都采用较高的铣削速度、较小的进给量和背吃刀量或侧吃刀量。

精加工时，一般考虑每转进给量。因为此时刀齿的强度已不再是主要问题，而主要问题则变为是否能达到表面质量的要求。

根据表3-4，现取每转进给量，$f=0.40\text{mm/r}$。

铣削速度 v_c 仍可在表3-3中查找。取 $v_c=25\text{m/min}$，精铣时速度提高40%后，则实际铣削速度为35m/min。则机床主轴转速 n 为

$$n=\frac{1000v_c}{\pi D}=\frac{1000\times35}{3.14\times80}\text{r/min}\approx140\text{r/min}$$

实际取150r/min。

进给速度 $v_f=fn=0.40\times150\text{mm/min}=60\text{mm/min}$。

其他操作步骤和方法与粗铣时完全相同。

表3-4　精铣平面时的每转进给量　（单位：mm/r）

表面粗糙度值 $Ra/\mu m$	高速钢铣刀		硬质合金铣刀	
	钢	铸铁	钢	铸铁
2.5~5	0.5~2	0.3~1.5	0.3~0.6	0.2~0.3
1.5~2.5	0.3~1.2	0.2~1	0.2~0.3	0.1~0.2

（3）注意事项

1）在使工作台上升0.5mm前，必须把升降台固定手柄松开。工作台上升完毕后，应把升降固定手柄锁紧。

2）工件在进给的中途，不能让工作台停止进给而只让铣刀旋转。因为在铣削时，铣刀和刀杆由于受到铣削力的作用而向上被抬起一点，当工作台停止进给后，铣刀会因铣削力减小而下降，这样在工件的加工面就被切出一个小坑，如图 3-6 所示。这种现象称为深啃，在精加工时是不允许出现的。在粗铣加工中，也应尽量避免出现这种情况。

3）在进给结束后，工件不能立即从旋转铣刀下面退回。这也是因为铣刀和刀杆因为铣削力的减小而下降，从而把已加工好的表面破坏掉。操作者应该在进给结束后，先使铣刀停止旋转，然后把工件拆下；或者把工作台下降后，再退出并拆下工件。

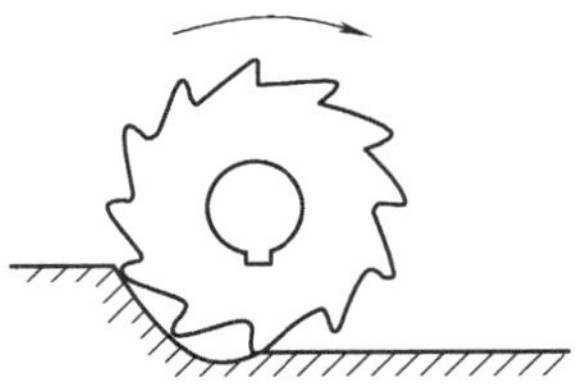

图 3-6　表面“深啃”现象

4）工作完毕后，应把铣刀、夹具和刀杆拆下，并擦干净和涂油防锈；再把铣床的各紧固手柄和螺栓松开，把各手柄放在空挡或最小位置；最后把铣床擦拭干净，滑动部位应涂油，然后关闭总电源。

3.1.3　用面铣刀铣平面

用面铣刀铣平面，既可在卧式铣床上进行（图 3-7a），此时铣出的平面与工作台面垂直，工件用压板、螺栓直接压在工作台面上；也可在立式铣床上进行（图 3-7b），此时铣出的平面与工作台面平行，工件大多用机用虎钳装夹。

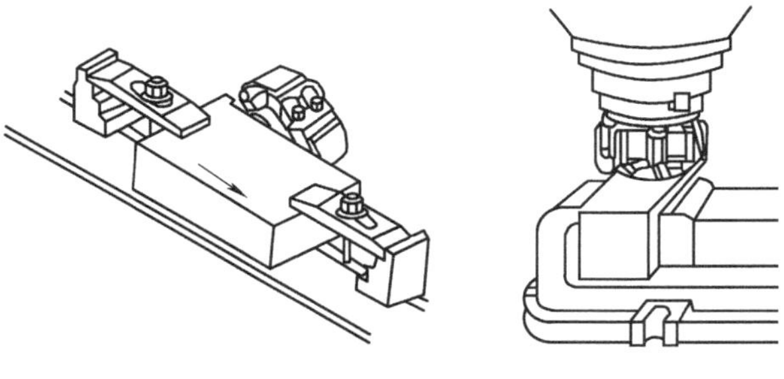

a)　　b)

图 3-7　用面铣刀铣平面

1. 操作步骤

在立式铣床上用面铣刀铣削平面的方法和步骤基本与用圆柱铣刀在卧式铣床上铣削平面的方法和步骤相同。现将主要步骤介绍如下。

仍以图 3-1 所示工件为例，加工时也要分粗铣和精铣两步。

（1）铣刀的选择和安装　面铣刀的直径应等于工件宽度的 1.2～1.5 倍。铣刀的材料既可选高速钢，也可选硬质合金。现在用直径为 80mm、齿数为 10 的高速钢面铣刀进行铣削，并用刀杆和拉紧螺杆将铣刀安装在铣床主轴上。

（2）确定铣削用量　铣削用量的选择原则与用圆柱铣刀铣削时相同。侧吃刀量 a_e = 60mm；背吃刀量粗铣时为 a_p = 3.5mm，精铣时为 0.5mm。

在用面铣刀铣削时，每齿进给量的数值应比用圆柱铣刀铣削时略小。其原因是在每齿进给量相同的条件下，用圆柱铣刀铣出的切屑较薄，而面铣刀切出的切屑较厚，如图3-8所示。

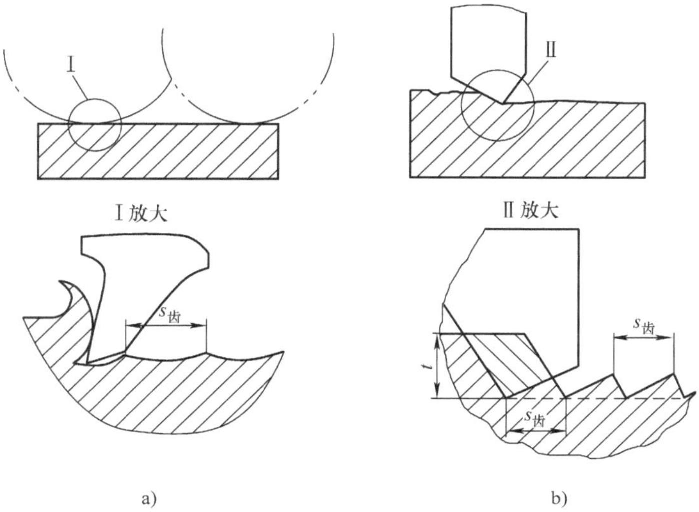

图3-8 进给量对表面粗糙度的影响
a）圆柱铣刀 b）面铣刀

从图3-8a中可以看出，由于圆柱铣刀直径大，所以其切削后产生波纹的高低相差小；而在图3-8b中，由于面铣刀刀尖比较尖，所以波纹的高低相差大。为了减小波纹的高度，在不改变刀具几何形状的情况下，必须减少进给量。

由表3-2查得，粗铣时采用每齿进给量为0.15mm/z，精铣时采用每转进给量为0.30mm/r。

由表3-3查得，用高速钢铣刀铣削时铣削速度 $v_c=28\text{m/min}$，精铣时要在此基础上提高40%，则铣削速度为39.2m/min。

所以，粗铣时主轴转速为

$$n=\frac{1000v_c}{\pi D}=\frac{1000\times 28}{3.14\times 80}\text{r/min}\approx 112\text{r/min}$$

实际取118r/min。

进给速度 $v_f=f_z zn=0.15\times 10\times 118\text{mm/min}=177\text{mm/min}$。

实际取150mm/min。

精铣时主轴转速为

$$n=\frac{1000v_c}{\pi D}=\frac{1000\times 39.2}{3.14\times 80}\text{r/min}\approx 156\text{r/min}$$

实际取150r/min。

进给速度 $v_f=fn=0.30\times 150\text{mm/min}=45\text{mm/min}$。

实际取47.5mm/min。

在用面铣刀铣削平面时，铣床的调整、铣削用量的选择及铣削注意事项（如避免“深啃”现象等)，均与用圆柱铣刀铣削平面时的情况相同。

若用硬质合金面铣刀铣削，其铣削用量的选择方法与用高速钢面铣刀铣削时基本相同。但用硬质合金面铣刀可以实现高速铣削，加工出来的表面质量也好，所以生产效率很高，在生产中经常用到。

2. 用面铣刀铣平面的优点

用面铣刀加工平面，由于刀轴短，所以强度高、刚性好，在切削时振动要比用圆柱铣刀小得多。由于面铣刀适宜于进行高速铣削及强力铣削（大的进给量和较小的切削速度），所以生产效率高、加工质量好，在生产中日益得到推广。

3.1.4 平面的检验与质量分析

平面的质量可用表面粗糙度和平面度等参数来衡量。平面度就是平面的平整程度，是对整个平面而言的；表面粗糙度是平面在极小范围内的平整程度，是平面的微观几何形状误差。

1. 平面的检验方法

（1）检验表面粗糙度　通常用标准样板进行比较。由于加工方法不同，切出的刀纹痕迹也不同，所以标准样板按不同的加工方法来分组，如用圆柱铣刀铣削的一级样板中，有从 $Ra0.63 \sim 20\mu m$ 的 5 块。若加工出的平面表面与 $Ra2.5 \sim 5\mu m$ 的一块样板很接近，则说明此平面的表面粗糙度值已符合图样要求。

（2）检验平面度　一条直线以任何方向放在平面上，则直线必须与平面紧密贴合。因此在铣好平面后，一般都用棱边（或称刀口）成直线的样板采用透光法进行检验，如图 3-9所示。

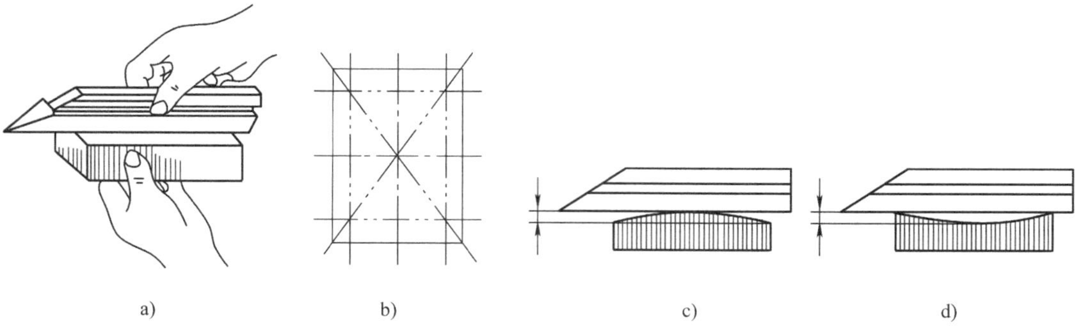

图 3-9　平面度的检验
a）检测姿势　b）不同位置检测　c）平面凸起　d）平面凹下

对于平面度要求高的平面，则可用标准平板来检验。标准平板的平面度精度比较高。检验时，在标准平板的平面上涂上红丹粉或龙胆紫溶液，再将工件上的平面放在标准平板上，进行对研，对研几次后把工件取下，观察平面的着色情况。若着色均匀而细密，则表示平面的平面度精度很好。

2. 铣平面的质量分析

（1）影响表面粗糙度的因素

1）进给量太大，吃刀量太大，这样会使振动加剧，产生明显的波纹。

2）铣刀不锋利。

3）有表面“深啃”现象。

4）铣削时有振动。

5）铣刀参数选择不当。

6）切削液使用不当。

7）铣刀跳动偏大。

（2）影响平面度的因素

1）用圆柱铣刀铣削时，造成平面不平的主要原因是铣刀的圆柱度误差过大。

2）用面铣刀铣削时，造成平面不平的主要原因是机床主轴轴线与进给方向不垂直。

例如，在立式铣床上用面铣刀铣削时，若主轴与工作台面不垂直，则纵向进给铣削时会铣出一个凹面，如图 3-10a 所示，产生的刀纹如图 3-10b 所示；而当主轴与工作台面垂直时，产生的刀纹如图 3-10c 所示。

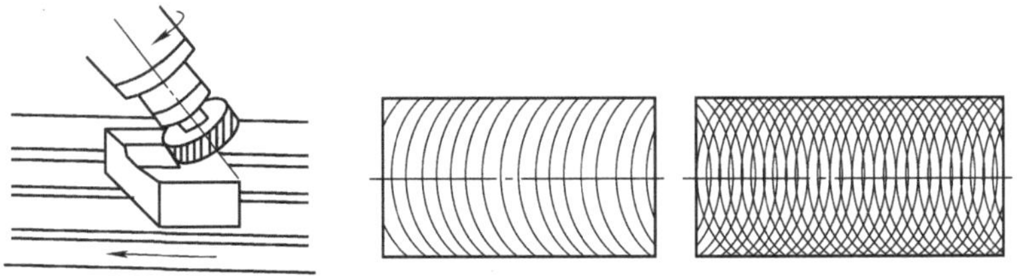

a)　　b)　　c)

图 3-10　凹面的产生及刀纹形状

3）工件在受夹紧力和铣削力后产生变形。

4）工件存在内应力，在表层切除后产生变形。

5）工件在铣削过程中由铣削热而产生变形。

6）铣床工作台进给运动的直线性差。

7）铣床主轴轴承的轴向或径向间隙大。

8）铣削时因条件限制，所用圆柱形铣刀的宽度或面铣刀的直径小于工件被加工面的宽度而接刀，产生接刀痕。

3.2　综合实训——六面体的铣削与检测

3.2.1　准备工作

长方体铣削的准备工作见表 3-5。

表 3-5　长方体铣削的准备工作

序号	项目	内　　容	结　　果
1	图样分析	读图，了解图样上有关加工部位的尺寸标注、精度要求、表面形状与位置精度和表面粗糙度要求以及其他方面的技术要求	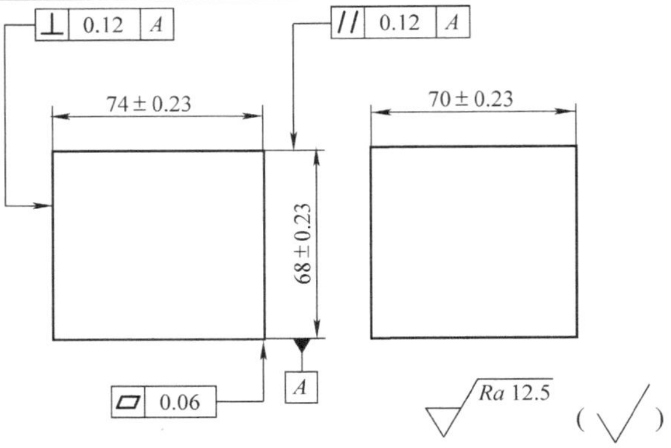 零件图表示：工件的材料是灰铸铁 HT200，表面粗糙度值全部为 Ra12.5μm，工件以面 A 为基准，有平面度要求，各相邻面有垂直度要求，各相对面有平行度要求，并保证一定的尺寸精度要求
2	检查毛坯	对照零件图样检查毛坯尺寸和形状，了解毛坯余量的大小	
3	确定基准面	选择零件上较大的面或图样上的设计基准面作为定位基准面。这个基准应首先加工，并用其作为加工其余各面时的基准面。加工过程中，这个基准面应靠向机用虎钳的固定钳口或钳体导轨面，以保证其余各加工面对这个基准面的垂直度和平行度要求	本例中选择设计基准面 A 作为定位基准面
4	铣刀选择	根据图样要求，可选择圆柱铣刀、面铣刀或立铣刀 （1）圆柱铣刀　若采用圆柱铣刀加工，粗铣时应采用粗齿铣刀；精铣时采用细齿铣刀。在加工件少以及表面质量要求不高时，都可用粗齿铣刀来完成，通常采用的规格为 80mm × 80mm × 32mm 的高速钢粗齿圆柱铣刀 （2）面铣刀　面铣刀的直径选择可按下列公式计算 $d_0 = (1.2 \sim 1.6)B$ 式中　d_0——铣刀直径（mm）； B——铣削层宽度（mm）。 根据工件尺寸和材料，可选用直径 80mm 的面铣刀，铣刀切削部分的材料，一般刀具用高速钢，大型刀具的机夹刀片一般用硬质合金 （3）立铣刀　立铣刀铣削平面时可采用环切法或行切法。由于铣刀直径较小，切削效率不高，并且表面粗糙度达不到要求，因而在本次加工中不建议采用	
5	工件的装夹	根据工件的形状和尺寸，选用适宜规格的机床用机用虎钳装夹即可	
6	铣削用量的选择	采用高速钢铣刀铣削时，铣削用量依据如下各项确定 （1）铣削层宽度 B　根据工件宽度确定 （2）背吃刀量 a_p　粗铣时为 4～4.5mm，精铣时为 0.5～1mm （3）每齿进给量 f_z　粗铣时取 f_z = 0.10mm/z，精铣时取 f_z = 0.05mm/z （4）铣削速度 v_c　粗铣时取 v_c = 16m/min，精铣时取 v_c = 2020m/min 若采用硬质合金面铣刀，切削用量可加大，背吃刀量 a_p 为 5mm，每齿进给量 f_z 为 0.15mm/z，铣削速度 v_c 为 80m/min	

3.2.2 铣削长方体的步骤

以圆柱铣刀铣削长方体为例，分析长方体铣削的步骤，见表3-6。

表3-6 圆柱铣刀铣削长方体的步骤

序号	步 骤	
1	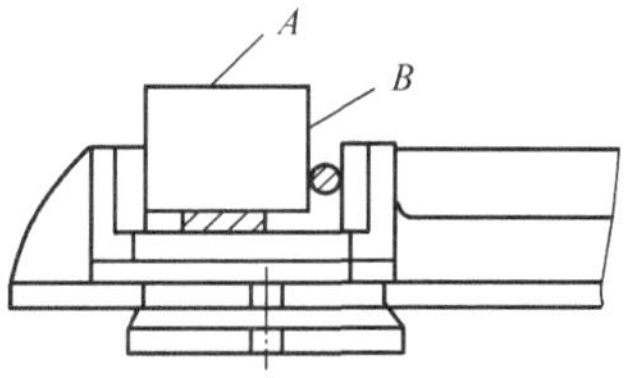	以面 B 为粗基准靠向固定钳口，在活动钳口处放置圆棒，夹紧工件。机用虎钳导轨面上应垫上适当高度的平行垫铁 开动铣床，操纵各手柄，使圆柱铣刀与工件上表面刚好接触，记录分度盘刻度；将刀具退出工件，工作台升高1mm，采用纵向进给，铣削面 A，保证平面度要求。加工时可采用粗铣一刀、再精铣一刀的方法，来提高表面加工质量
2	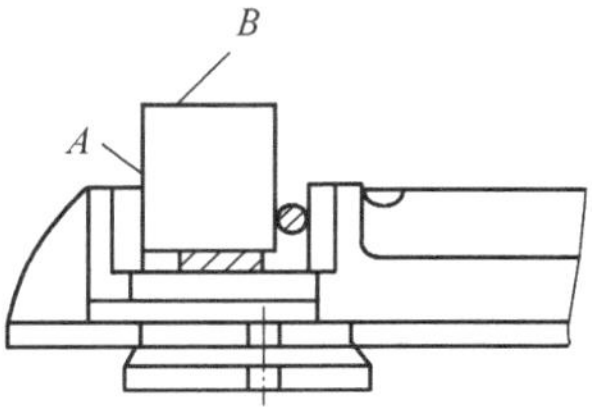	以面 A 为精基准靠向固定钳口，在活动钳口处放置圆棒，夹紧工件 开动铣床，操纵各手柄，使圆柱铣刀与工件上表面刚好接触，记录分度盘刻度；将刀具退出工件，工作台升高1mm，采用纵向进给，铣削面 B，保证平面度要求
3	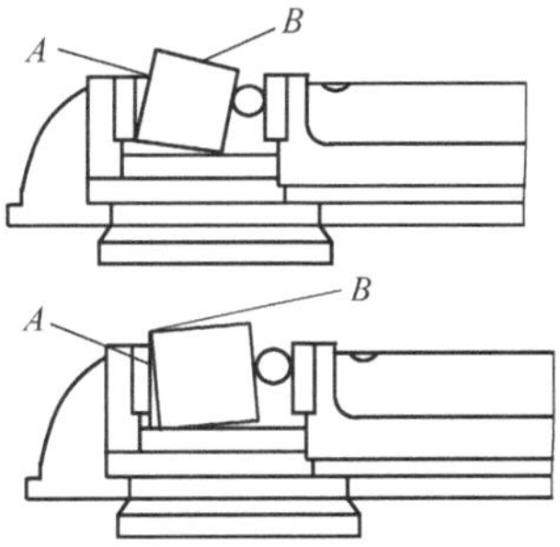	卸下工件，用宽座角尺检测面 B 对面 A 的垂直度。若不符合要求，可在固定钳口处垫纸片（或铜片）后重新装夹，垂向少量升高后再进行铣削，直到达到要求为止。若面 A 对面 B 的夹角大于90°，应在固定钳口下方垫纸片。若面 A 对面 B 的夹角小于90°，应在固定钳口上方垫纸片，如左图所示
4	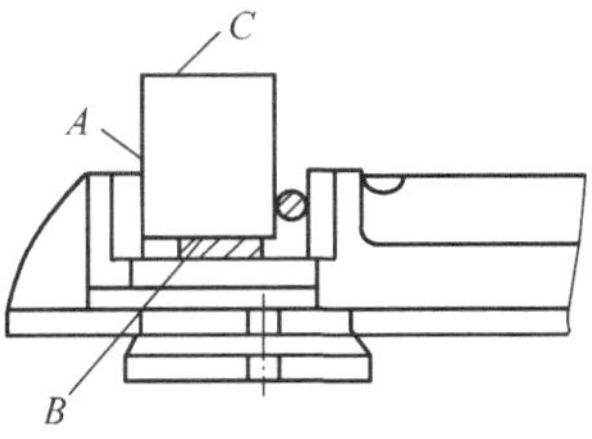	以面 A 为精基准靠向固定钳口，在活动钳口处放置圆棒，面 C 朝上夹紧工件。机用虎钳导轨面上应垫上平行垫铁，使面 B 紧靠平行垫铁；夹紧后，需用铜棒轻轻敲击，使之与平行垫铁贴紧 开动铣床，操纵各手柄，将工作台再升高2mm，采用纵向进给，铣削面 C，保证平面度要求 用千分尺检测面 B 各点对面 C 的尺寸，是否符合平行度要求。平行度超差的主要原因有圆柱铣刀的圆柱度超差；工件表面有明显的接刀痕 根据千分尺读数计算出精铣余量，升高工作台进行精铣，使工件尺寸达到60±0.15mm
5	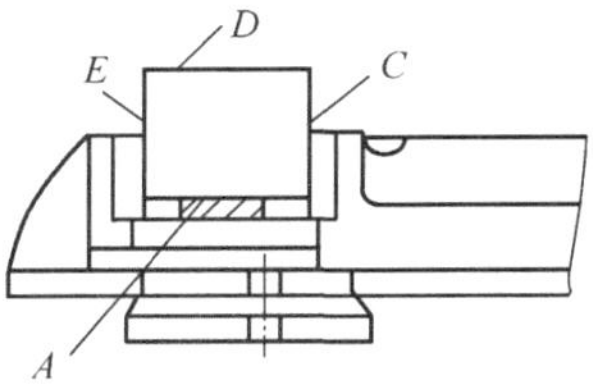	将面 B 与固定钳口贴紧，面 A 与平行垫铁贴合，面 D 朝上夹紧工件。用铜棒轻轻敲击工件，使工件与垫铁贴紧 开动铣床，操纵各手柄，调整工作台高度，采用纵向进给，粗铣面 D 用千分尺检测面 D 各点对面 A 的尺寸，是否符合平行度要求 精铣面 D，保证平面度要求，使其尺寸达到50±0.15mm

（续）

序号	步　　骤
6	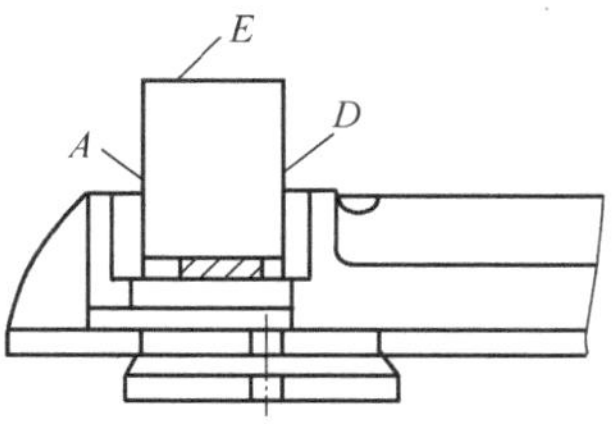 将工件面 *A* 与固定钳口贴合，面 *E* 朝上，轻轻夹紧工件 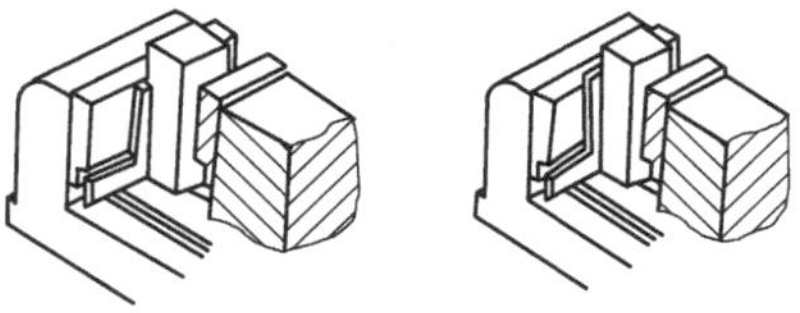 用宽座角尺找正面 *B*，将角尺的短边基面与导轨面贴合，使长边的测量面与工件面 *B* 贴合，夹紧工件 开动铣床，操纵各手柄，重新调整工作台高度，采用纵向进给，铣面 *E*
7	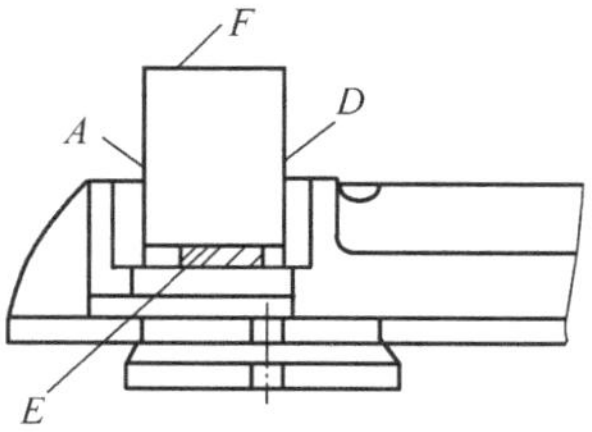 以面 *E* 为基准，检测面 *A*、面 *B* 对面 *E* 的垂直度。若误差较大，应重新装夹、找正，重新铣削至垂直度达到要求为止 将工件面 *A* 与固定钳口贴合，面 *E* 与平行垫铁贴合，面 *F* 朝上夹紧工件；用铜棒轻轻敲击工件，使之与平行垫铁贴紧 开动铣床，操纵各手柄，调整工作台高度，采用纵向进给，粗铣面 *F* 用千分尺检测面 *F* 各点对面 *E* 的尺寸，是否符合平行度要求 精铣面 *F*，保证平面度要求，控制尺寸在 70±0.15mm

3.2.3　工件的检验

工件全部铣完后，应进行全面检验。对第一个工件来说，每铣好一个面后，就应进行检验，合格后再继续加工其余面。

1. 检查尺寸

一般用游标卡尺来测量，当尺寸公差较小时，应用千分尺来测量。

2. 检验表面粗糙度值

表面粗糙度值的检验一般采用与标准样板相对比的方法进行。标准样板是按照加工方法的不同而分为不同组的。因为切削方法不同，切出的刀纹形状也不同，所以要用相同刀纹的样板来比较。假如用铣出的平面与用相同切削方式的样板中表面粗糙度值为 $Ra12.5\mu m$ 的一块非常相似，则说明这个表面的表面粗糙度值为 $Ra12.5\mu m$。

对于要求较精确的工件，应送到计量室等部门，用光学仪器进行测定。

3. 检验平面度

一般用样板平尺来检验平面度，如图 3-11 所示。

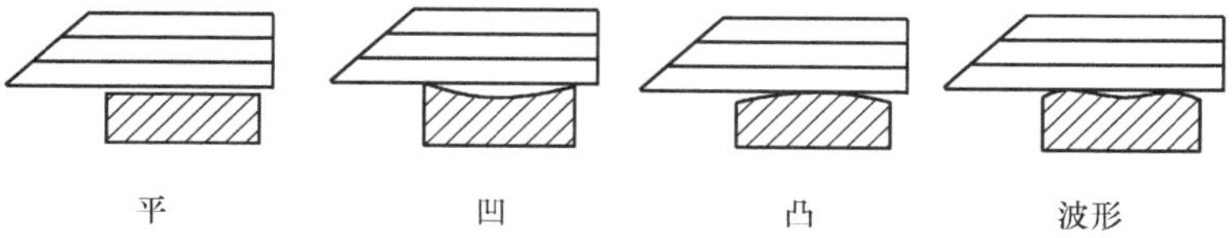

图 3-11　用样板平尺检验平面度

4. 检验垂直度

一般用90°角尺来检验垂直度，如图3-12所示。要求较精确时，也可利用百分表和方箱在平板上检验垂直度。

5. 检验平行度

检验平行度可用千分尺。测量时，用千分尺来测量工件的四角和中部，记录各部分尺寸的差值，此差值即为平行度误差。也可把工件放在平台上，用百分表来检验平行度，如图3-13所示。

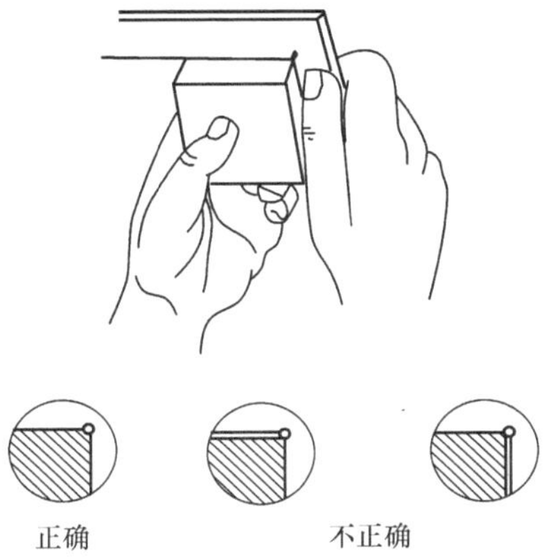

图3-12 用90°角尺检验垂直度

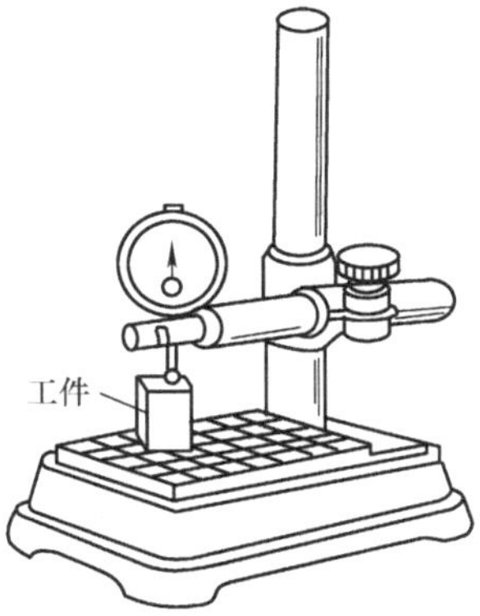

图3-13 用百分表检验平行度

3.2.4 铣削质量分析

1. 影响垂直度和平行度的因素

1）平口钳固定钳口与工作台台面不垂直，铣出的平面与基准面不垂直。

2）平行垫铁不平行或圆柱形铣刀有锥度，铣出的平面与基准面不垂直或不平行。

3）铣端面时钳口未找正，铣出的端面与基准面不垂直。

4）装夹时夹紧力过大，引起工件变形，铣出的平面与基准面不垂直或不平行。

2. 影响平行面之间尺寸精度的因素

1）看错分度盘、手柄摇过头、没有消除丝杠螺母副的间隙、直接退回，都会造成尺寸铣错。

2）读错图样上标注的尺寸，测量时错误。

3）工件或平行垫铁的平面未擦净，垫上杂物，使尺寸发生变化。

4）精铣对刀时切痕太深，调整铣削层深度时没有去掉切痕，使尺寸铣小。

3. 注意事项

1）铣削过程中每次重新装夹工件前，应及时用锉刀修整工件上的锐边和去除毛刺，但不应锉伤工件的已加工表面。

2）铣削时一般先粗铣，然后再精铣，以提高工件表面的加工质量。

3）用铜锤、木槌轻击工件时，不要砸伤工件已加工表面。

练 习 题

一、填空题

1. 在铣床上铣削平面的方法有__________和__________两种。

2. 铣削时，铣刀切入工件时的切削速度方向与工件的进给运动方向__________称为顺铣。

3. 铣削时，铣刀切入工件时的切削速度方向与工件的进给运动方向__________称为逆铣。

4. 圆柱铣刀有__________齿和__________齿两种。

5. 铣刀规格的选择主要由铣削用量要素中的__________和__________来确定。

6. 在精加工时，一般都采用较__________的进给量、背吃刀量及侧吃刀量和较__________的铣削速度。

7. 精加工时，一般考虑__________进给量。

8. 用面铣刀加工平面，由于刀轴短，所以强度高、刚性好，在切削时振动要比用圆柱铣刀__________。

9. 平面的质量可用__________和__________来衡量。

10. 用圆柱铣刀铣削时，造成平面不平的主要原因是铣刀的__________。

二、判断题

1. 用刀齿分布在圆周表面的铣刀进行铣削的方式称为周铣。 (　　)

2. 若采用圆柱铣加工，粗铣时应采用粗齿铣刀；精铣时采用细齿铣刀。 (　　)

3. 圆柱形铣刀的刀杆伸出较短，刚性好，且同时参与切削的刀齿数较多，因此振动小，铣削较平稳。 (　　)

4. 端铣时，面铣刀每个刀齿所切下的切屑厚度变化较小，因此铣削过程中铣削力变化小。 (　　)

5. 不对称端铣的优点是纵向分力与进给方向相反，不会拉动工作台，而且从薄处切入，刀具体受的冲击和振动较小。所以铣削时，顺铣部分占的比例大。 (　　)

三、选择题

1. 在卧式铣床上作周边铣削，垂直铣削力方向，逆铣时（　　），顺铣时始终向下。

A. 始终向下　　B. 始终向上　　C. 先向下、后向上　　D. 先向上、后向下

2. 在铣刀与工件已加工面的切点处，铣刀切削刃的旋转方向与工件进给方向相同的铣削称为（　　）。

A. 周铣时逆铣　　B. 周铣时顺铣

C. 端铣时的对称铣削　　D. 端铣时的不对称铣削

3. 铣削直线成形面时，应始终保持（　　），否则容易折断铣刀和损坏工件。

A. 顺铣　　B. 逆铣　　C. 对称铣削　　D. 不对称铣削

4. 在端铣进行不对称铣削时，应尽量采用（　　）方式。

A. 顺铣　　B. 逆铣　　C. 顺铣或逆铣

5. 用面铣刀铣平面可以在（　　）铣床上进行。

A. 立式　　B. 卧式　　C. 立式或卧式

四、简答题

1. 常用铣刀有哪几种类型？
2. 什么是铣削平面？铣削平面主要有哪几种方法？
3. 试比较周铣与端铣的特点及应用。
4. 试比较顺铣与逆铣的特点及应用。
5. 铣平面时，影响平面度的主要原因有哪些？

五、操作题

1. 铣削图 3-14 所示的长方体零件。

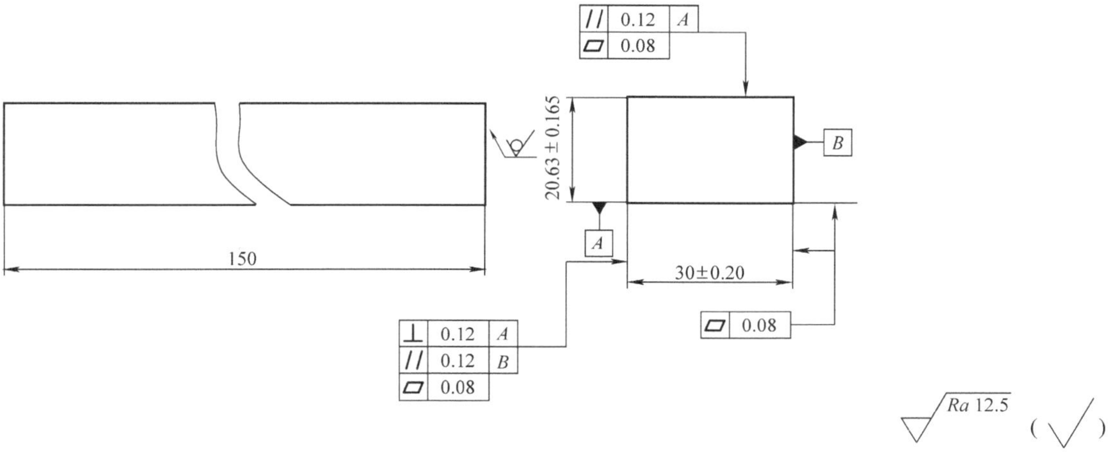

图 3-14　长方体零件（一）

制订加工工艺并填写表 3-7。

表 3-7　工艺过程

序号	工艺步骤	刀具类型	主轴转速 $n/(r/min)$	进给速度 $v_f/(mm/min)$	背吃刀量 a_p/mm

完成加工后，按照表 3-8 在“学生自评”栏内填写自评结果，其余项目由教师负责评价。

表 3-8 评价标准

分类	序号	检测项目	配分	学生自评	教师评价	得分
工作质量	1	20.63 ±0.165	10			
	2	30 ±0.20	10			
	3	// 0.12 A	5			
	4	⊥ 0.12 A	5			
	5	// 0.12 B	5			
	6	▱ 0.08 （3 处）	10			
	7	*Ra*12.5（4 处）	15			
分类	序号	评价项目	配分	说明		得分
现场操作规范	1	安全操作	20	违反一条操作规程扣 2 分		
	2	工具、量具的正确使用	10	工具、量具使用错误一项扣 2 分		
	3	正确操作和维护保养设备	10	违反一条维护保养规程扣 2 分		
评分人			时间		总得分	

2. 铣削图 3-15 所示的长方体零件。

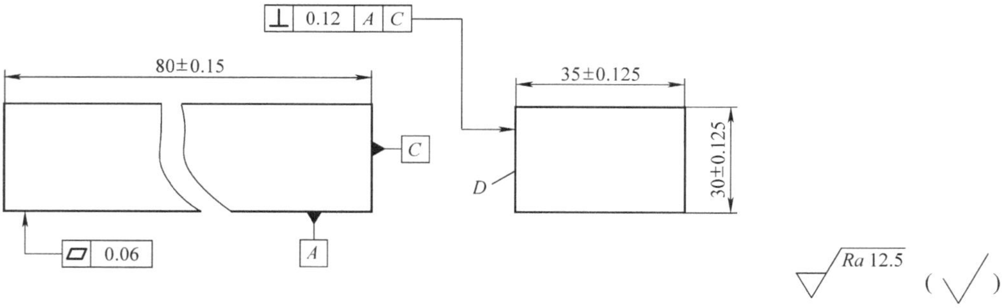

图 3-15 长方体零件（二）

制订加工工艺并填写表 3-9。

表 3-9 工艺过程

序号	工艺步骤	刀具类型	主轴转速 n/(r/min)	进给速度 v_f/(mm/min)	背吃刀量 a_p/mm

完成加工后，按照表3-10在“学生自评”栏内填写自评结果，其余项目由教师负责评价。

表3-10　评价标准

分类	序号	检测项目	配分	学生自评	教师评价	得分
工作质量	1	80 ±0.15	10			
	2	35 ±0.125	10			
	3	30 ±0.125	10			
	4	⏥ 0.06	5			
	5	⊥ 0.12 A C	10			
	6	*Ra*12.5（6处）	15			
分类	**序号**	**评价项目**	**配分**	**说明**		**得分**
现场操作规范	1	安全操作	20	违反一条操作规程扣2分		
	2	工具、量具的正确使用	10	工具、量具使用错误一项扣2分		
	3	正确操作和维护保养设备	10	违反一条维护保养规程扣2分		
评分人			时间		总得分	

第4章 阶台和槽的铣削

学习目标

✧ 了解阶台、沟槽、轴上键槽、V形槽、T形槽及燕尾槽的种类和特点

✧ 掌握阶台、沟槽、轴上键槽、V形槽、T形槽及燕尾槽铣削时的刀具选择和操作步骤

✧ 能对阶台、沟槽、轴上键槽、V形槽、T形槽及燕尾槽进行检验和质量分析

4.1 阶台和直角沟槽的铣削

阶台和直角沟槽是铣削加工的主要内容之一，其工作量仅次于铣平面。图4-1所示为常见的带阶台的零件——T形键。

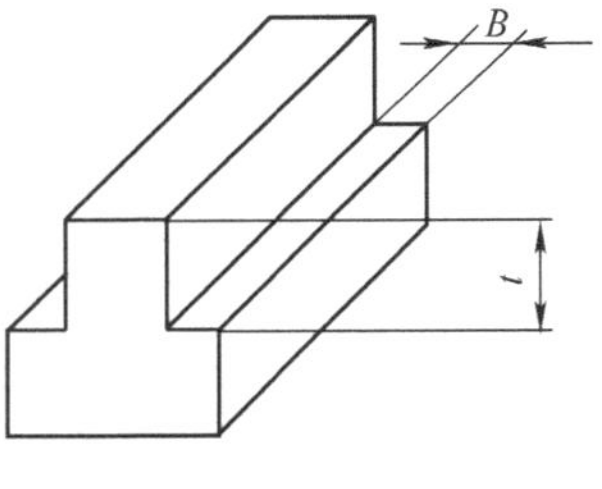

图4-1 T形键

4.1.1 阶台和直角沟槽的主要技术要求

阶台和直角沟槽主要由平面组成。这些平面应具有较高的平面度精度和较小的表面粗糙度值。对于与其他零件相配合的阶台、直角沟槽的侧面，除了应达到更高的平面度精度和更小的表面粗糙度值要求外，还必须满足下列技术要求。

1）较高的尺寸精度（根据配合精度要求确定）。

2）较高的位置精度（平行度、垂直度、对称度和倾斜度等）。

4.1.2 阶台的铣削方法

零件上的阶台，根据其结构的尺寸大小不同，通常可在卧式铣床上用三面刃铣刀和在立式铣床上用面铣刀或立铣刀进行加工。

1. 用三面刃铣刀铣阶台

三面刃铣刀有直齿和错齿两种，如图4-2所示。直径大的错齿三面刃铣刀大多是镶齿式结构，当某一刀齿损坏后，只对该刀齿进行更换即可。由于三

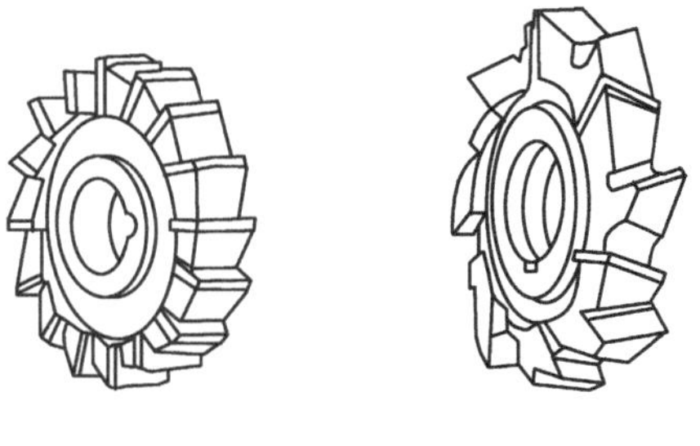

a) b)

图4-2 三面刃铣刀

a）直齿三面刃铣刀 b）错齿三面刃铣刀

面刃铣刀的直径和刀齿尺寸都比较大，容屑槽也较大，所以刀齿的强度大，排屑、冷却较好，生产效率较高，因此在铣削背吃刀量不太大（受三面刃铣刀规格限制，一般 $B<25$mm）的阶台时，一般都采用三面刃铣刀加工。铣削时，三面刃铣刀的圆柱面切削刃起主要的切削作用，两个侧面切削刃起修光作用。

（1）用一把三面刃铣刀铣阶台（图4-3）

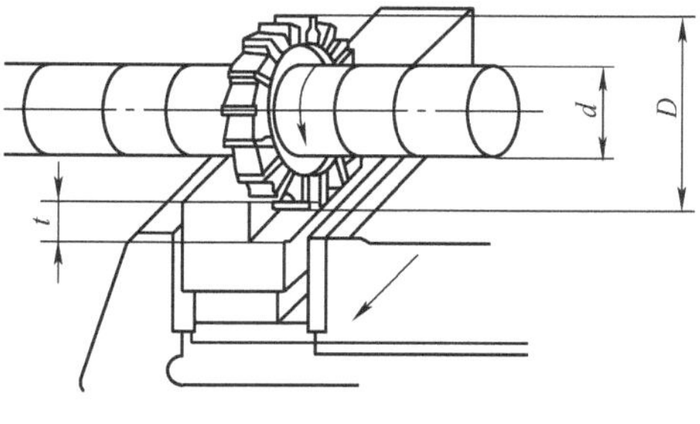

图4-3　用一把三面刃铣刀铣阶台

1）铣刀的选择。三面刃铣刀的选择主要根据两个参数，即宽度 L 和直径 D。三面刃铣刀的宽度应大于阶台宽度，即 $L>B$，以便在一次进给中铣出阶台的宽度。铣削中，为使阶台的上平面能在回转的铣刀杆下通过，三面刃铣刀的直径应按下式计算确定，即

$$D>d+2t \tag{4-1}$$

式中　D——三面刃铣刀的直径（mm）；

d——铣刀杆垫圈的直径（mm）；

t——阶台深度（mm）。

在满足上式的条件下，应选用直径较小的三面刃铣刀。

2）工件的装夹和找正。一般情况下，工件可用机用虎钳装夹，尺寸较大的工件可用压板装夹，形状复杂的工件或大批量生产时可用专用夹具装夹。采用机用虎钳装夹工件时，应找正固定钳口与铣床主轴轴线垂直。装夹工件时，应使工件的侧面靠向固定钳口，使工件的底面靠向钳体导轨面，铣削的阶台底面应高出钳口的上平面，以免铣削中铣刀铣削钳口。

3）铣削方法见表4-1。

表4-1　用一把三面刃铣刀铣阶台的方法

序号	1	2	3	4
示意图	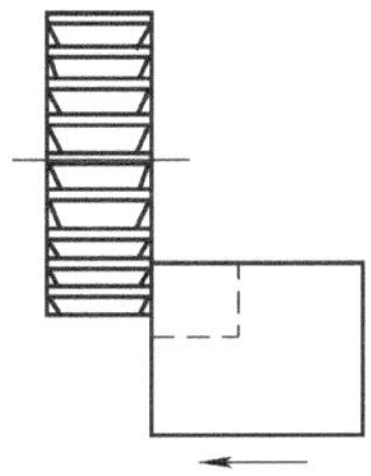	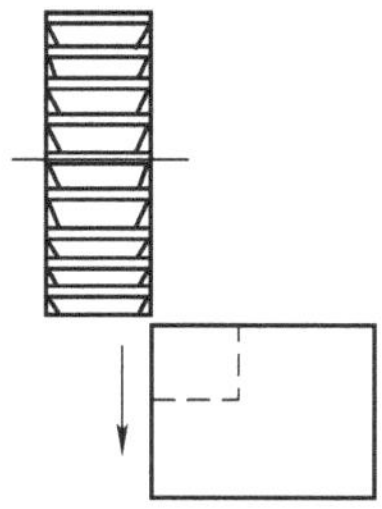	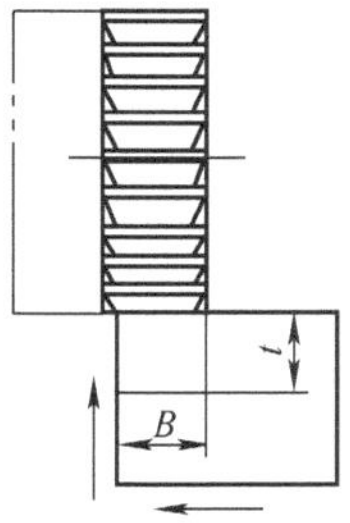	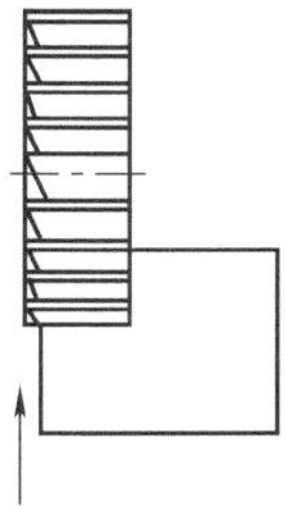
过程说明	工件装夹找正后，手摇各进给手柄，使回转中的铣刀的侧面刃擦着阶台侧面的贴纸	垂直降落工作台	横向移动工作台一个阶台宽度的距离 B，并紧固横向进给，再上升工作台，使铣刀的圆柱面切削刃轻擦工件上表面的贴纸	手摇工作台纵向进给手柄，退出工件，上升工作台一个阶台深度 f，摇动纵向进给手柄使工件靠近铣刀，手动或自动纵向进给铣出阶台
注意事项	阶台的深度较深时，可将阶台侧面留有0.5～1.0mm余量，分次铣出阶台深度，最后一次进给时，可将阶台底面和侧面同时精铣到要求，如图4-4所示			

4）用一把三面刃铣刀铣双面阶台。铣削时，可先铣出一侧的阶台，并保证尺寸要求，然后退出工件，将工作台横向进给移动一个距离 $A(A=L+C)$，紧固横向进给后，铣出另一侧阶台，如图4-5所示。

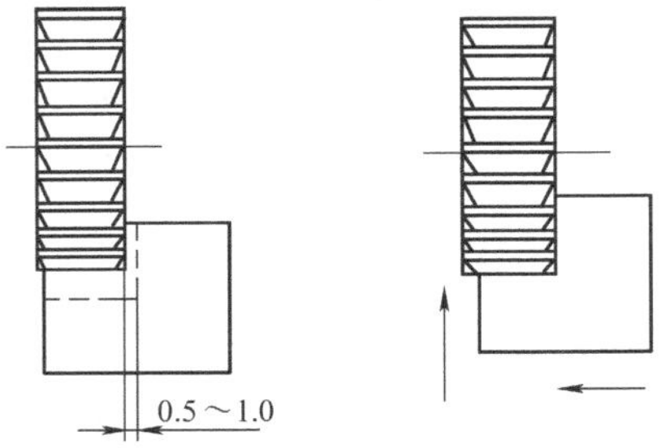

图4-4 铣较深的阶台

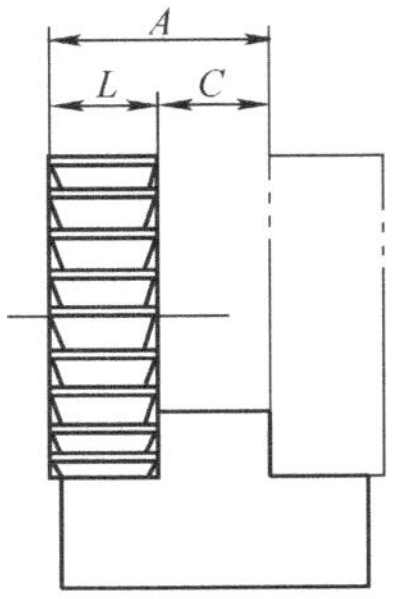

图4-5 用一把三面刃铣刀铣双面阶台

也可以在一侧的阶台铣好后，松开机用虎钳，把工件调转180°后重新装夹，再铣另一侧阶台。用这种方法铣削，阶台的凸台宽度尺寸受工件宽度尺寸精度的影响较大，但铣出的两阶台能获得很高的对称度精度。

（2）用组合三面刃铣刀铣阶台 成批生产时，常采用两把三面刃铣刀组合铣削双面阶台工件，如图4-6所示。此方法不仅可提高生产效率，而且操作简单，并能保证工件质量。

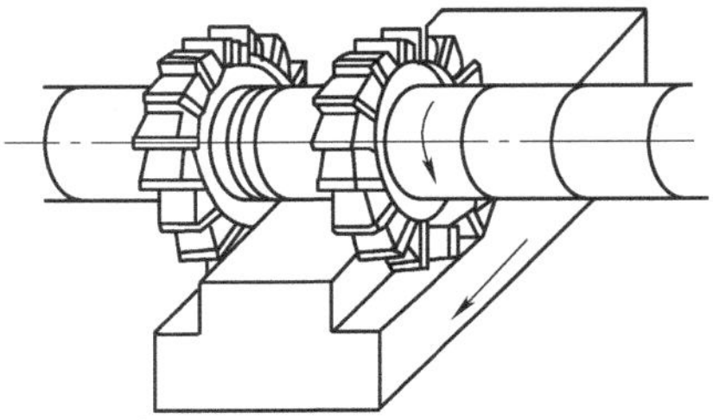

图4-6 用组合三面刃铣刀铣阶台

用组合三面刃铣刀铣削，两把三面刃铣刀的直径应相同（必要时应一起装夹同时刃磨外圆），直径大小根据式（4-1）确定。用铣刀杆垫圈调整两把三面刃铣刀内侧切削刃间的距离，使其等于阶台凸台的宽度尺寸。装刀时，两把铣刀应错开半个齿，以减小铣削中的振幅。加工前，应使用废料进行试铣，确认两三面刃铣刀组合的间距符合工件要求时，才可正式铣削。

2. 用面铣刀铣阶台

宽度较宽且深度较浅的阶台常使用面铣刀在立式铣床上加工。面铣刀刀杆刚度大，铣削时切屑厚度变化小，切削平稳，加工表面质量好，生产效率较高。铣削时，所选用面铣刀的直径应大于阶台宽度，一般可按 $D=(1.4\sim1.6)B$ 选取，如图4-7所示。

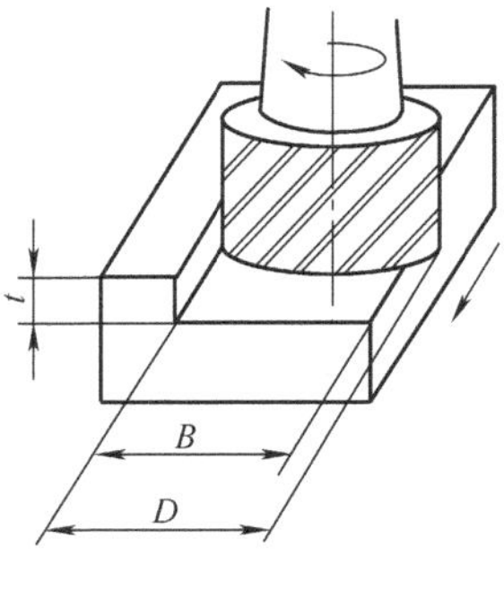

图4-7 用面铣刀铣阶台

3. 用立铣刀铣阶台

深度较深的阶台或多级阶台可用立铣刀在立式铣床上加工。铣削时，立铣刀的圆周刃起主要切削作用，端面切削刃起修光作用。由于立铣刀刚度小，强度较弱，铣削时选用的切削用量比使用三面刃铣刀铣削时要小，否则容易产生“让刀”现象，甚至折断铣刀。因此，在条件许可的情形下，应选择直径较大的立铣刀，以提高铣削效率，如图 4-8 所示。

4. 阶台的测量

阶台的测量较为简单，阶台的宽度和深度一般可用游标卡尺及深度卡尺测量。对于两边对称的阶台的凸台宽度，当阶台深度较深时，可用千分尺测量；阶台深度较浅不便使用千分尺测量时，可用极限量规测量，如图 4-9 所示。

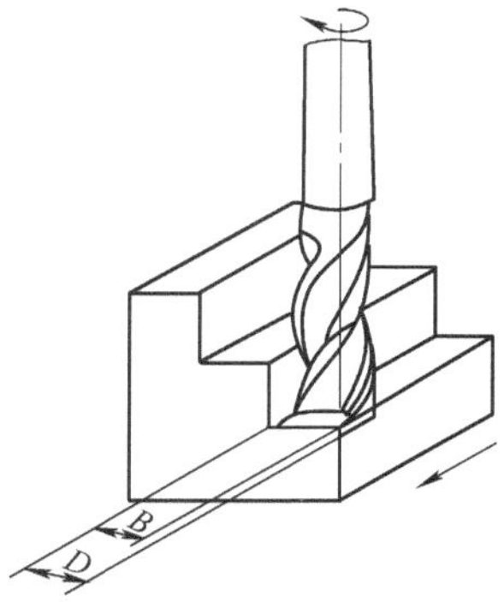

图 4-8　用立铣刀铣阶台

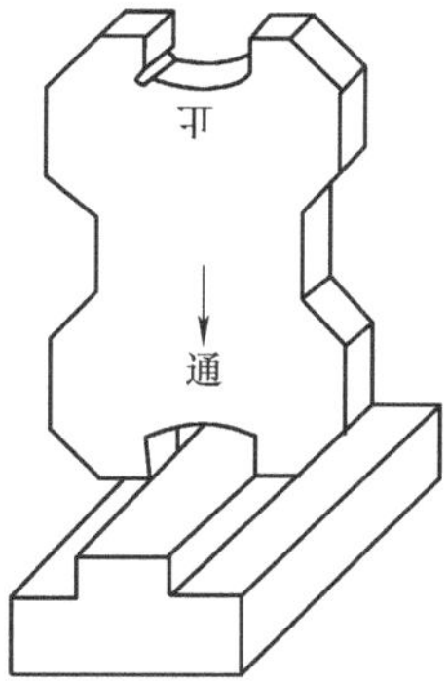

图 4-9　用极限量规测量阶台凸台的宽度

4.1.3　直角沟槽的铣削方法

直角沟槽有通槽、半通槽和封闭槽三种形式，如图 4-10 所示。直角通槽主要用三面刃铣刀铣削，也可用立铣刀、槽铣刀和合成铣刀等铣削，半通槽和封闭槽则采用立铣刀或键槽铣刀铣削。

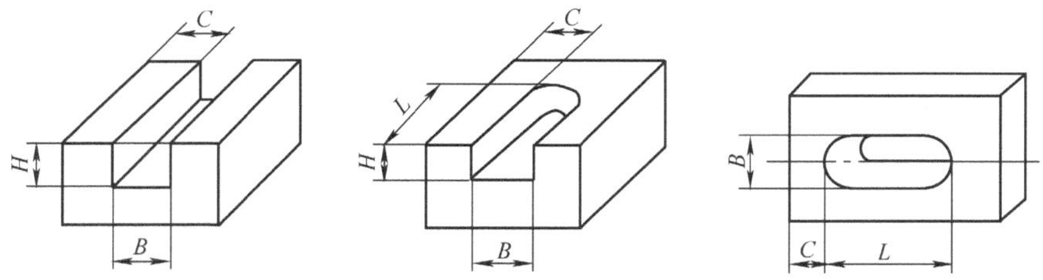

a)　b)　c)

图 4-10　直角沟槽的种类
a）通槽　b）半通槽　c）封闭槽

1. 用三面刃铣刀铣削直角通槽（图 4-11）

（1）铣刀的选择　如图 4-12 所示，选择铣刀时，应使用宽度 L 等于或小于所加工的槽宽 B（即 $L \leqslant B$）的三面刃铣刀。三面刃铣刀的直径 D 应大于铣刀杆垫圈直径 d 与两倍的沟槽深度 H 之和，即 $D > d + 2H$。对槽宽 B 尺寸精度要求较高的沟槽，通常选择宽度小于槽宽的三面刃铣刀，并采用扩大法，分两次或两次以

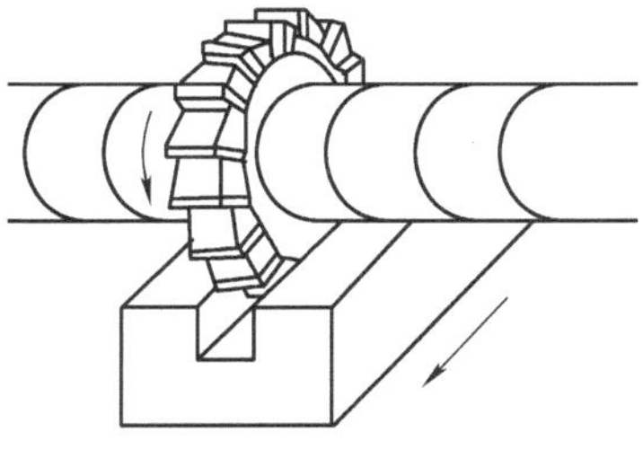

图 4-11　用三面刃铣刀铣削直角通槽

上铣削至要求。

（2）工件的装夹与找正　一般情况下，采用机用虎钳装夹工件。在窄长的工件上铣削长直角通槽时，机用虎钳的固定钳口应与铣床主轴轴线垂直；在窄长的工件上铣削与工件长度方向垂直的直角通槽时，机用虎钳的固定钳口应与铣床主轴轴线平行。这样，可保证铣出的直角通槽两侧面与工件的基准侧面平行或垂直。

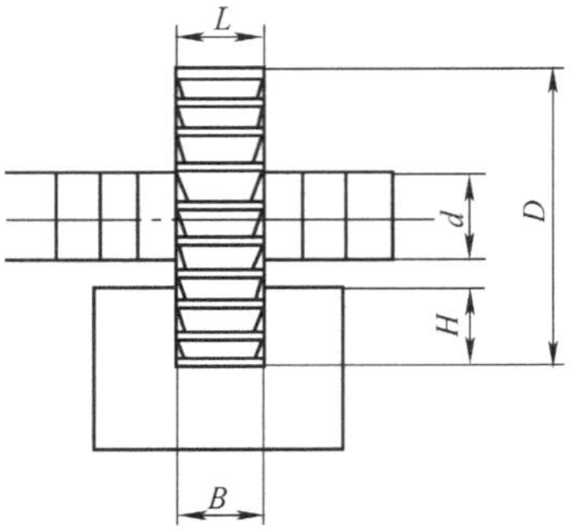

图 4-12　铣刀参数的选择

（3）对刀的方法　常用的对刀方法有两种。

1）划线对刀法。在工件的加工部位划出直角通槽的尺寸、位置线，装夹找正工件后，调整铣床，使三面刃铣刀的侧面切削刃对准工件上所划的宽度线，将横向进给紧固后，分次进给铣出直角通槽。

2）侧面对刀法。对于直角通槽平行于侧面的工件，在装夹找正工件后，调整机床，使回转中的三面刃铣刀侧面切削刃轻擦工件侧面贴纸，垂直降落工作台，横向移动工作台一个铣刀宽度 L 加工件侧面到槽侧的距离 C 的位移量 A，即 $A=L+C$，如图 4-13 所示，将横向进给紧固后，调整好侧吃刀量 a_e（即槽深 H），铣出直角通槽。

2. 用立铣刀铣削半通槽和封闭槽

用立铣刀铣削半通槽时，所选择的立铣刀直径应等于或小于槽的宽度。由于立铣刀刚性较差，铣削时容易产生“偏让”现象，因此加工深度较深的槽时，应分几次铣到要求深度，以免受力过大引起铣刀折断。铣到深度后，再将槽两侧扩铣到尺寸。扩铣时应避免顺铣，防止损坏铣刀和啃伤工件，如图 4-14 所示。

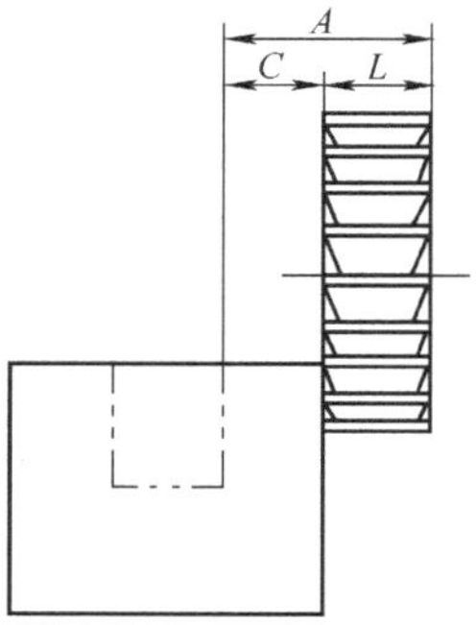

图 4-13　侧面对刀铣削直角通槽

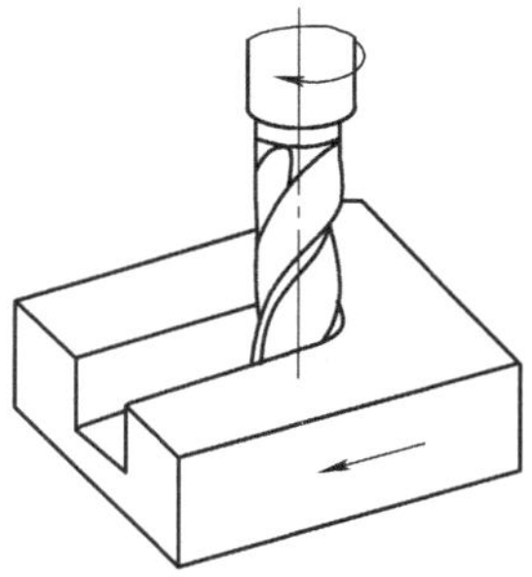
图 4-14　用立铣刀铣削半通槽

用立铣刀铣削穿通的封闭槽时，如图 4-15 所示，由于立铣刀的端面切削刃没有通过刀具中心，不能垂直进给铣削工件，因此铣削前应在封闭槽的一端预钻一个直径略小于立铣刀直径的落刀孔，由此孔落刀铣削。

宽度大于 25mm 的直角通槽也大都采用立铣刀铣削。

3. 用键槽铣刀铣削半通槽和封闭槽

精度较高、深度较浅的半通槽和封闭槽可用键槽铣刀铣削。键槽铣刀的端面切削刃能在垂直进给时切削工件，因此用键槽铣刀铣削穿通的封闭槽时，可不必预钻落刀孔。

4. 直角沟槽的测量

直角沟槽的长度、宽度和深度的测量一般使用游标卡尺及深度卡尺，尺寸精度较高的槽可用极限量规（塞规）检查。直角沟槽的对称度误差可用游标卡尺或杠杆百分表检验。用杠杆百分表检验对称度误差时，工件分别以侧面 A、B 为基准面，放在检验平板上，然后使表的触头触在槽的侧面上，移动工件进行检测，指针读数的最大差值即为对称度误差，如图 4-16 所示。

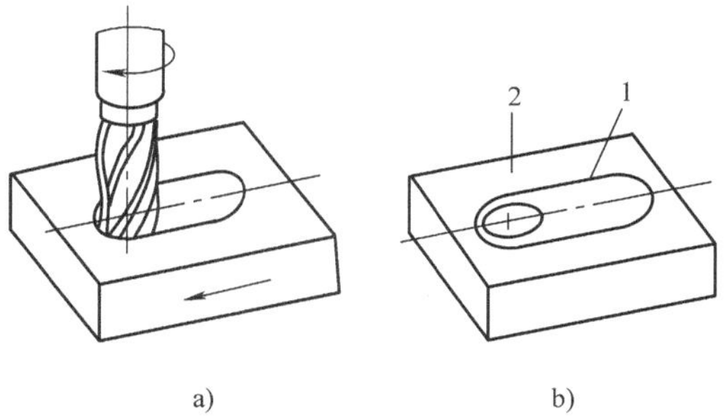

图 4-15 用立铣刀铣削封闭槽
1—封闭槽加工线 2—预钻落刀孔

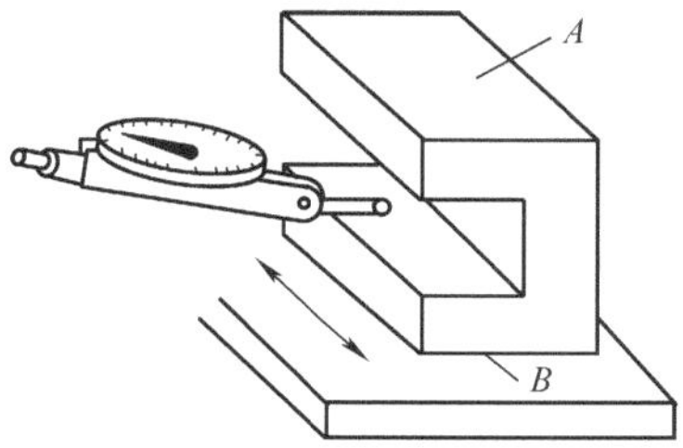

图 4-16 用杠杆百分表检测沟槽的对称度误差

4.1.4 阶台、直角沟槽铣削的质量分析

1. 阶台铣削的质量分析

（1）影响阶台尺寸的因素

1）工作台移动调整尺寸时摇得不准。

2）测量不准。

3）铣削中，铣刀受力不均匀出现“让刀”现象。

4）铣刀摆差太大。

5）工作台“零位”不准，用三面刃铣刀铣削阶台，会使阶台上部尺寸变小（上窄下宽）。

（2）影响阶台几何精度的因素

1）机用虎钳固定钳口未找正，或用压板装夹时工件未找正，铣出的阶台产生歪斜。

2）工作台“零位”不准，用三面刃铣刀铣削时，不仅阶台上窄下宽，而且阶台侧面铣成凹面。

3）立铣头“零位”不准，纵向进给用立铣刀铣削时，阶台底面产生凹面。

（3）影响阶台表面粗糙度的因素

1）铣刀变钝。

2）铣刀摆差太大。

3）铣削用量选择不当，尤其是进给量过大。

4）铣削钢件时没有使用切削液或切削液使用不当。

5）铣削时振动太大，未使用的进给机构没有紧固，工作台产生蹿动现象。

2. 直角沟槽铣削的质量分析

（1）影响沟槽尺寸的因素

1）铣刀尺寸选择不正确，使槽宽尺寸铣错。

2）铣刀切削刃的径向圆跳动和端面圆跳动的跳动量过大，使槽宽尺寸铣大。

3）用立铣刀铣削时，产生“让刀”现象，或来回数次进给切削工件，将槽宽铣大。

4）测量不准或摇错分度盘数值。

（2）影响沟槽形状和位置精度的因素

1）机用虎钳固定钳口未找正，选择的平行垫铁不平行，装夹工件时工件未找正，使铣出的沟槽歪斜（槽侧面与工件侧面不平行、槽底面与工件底面不平行）。

2）工作台“零位”不准，用三面刃铣刀铣削时，沟槽两侧出现凹面，两侧面不平行。

3）对刀时对偏、扩铣时将槽侧铣偏、测量不准使槽铣偏等，使铣出沟槽的两侧与工件中心不对称。

影响沟槽表面粗糙度的因素与铣削阶台时相同。

4.1.5 项目实训——阶台和直角沟槽的铣削

1. 铣削阶台实训（表 4-2）

表 4-2 铣削阶台

步骤		过程内容	注意事项
1	读零件图	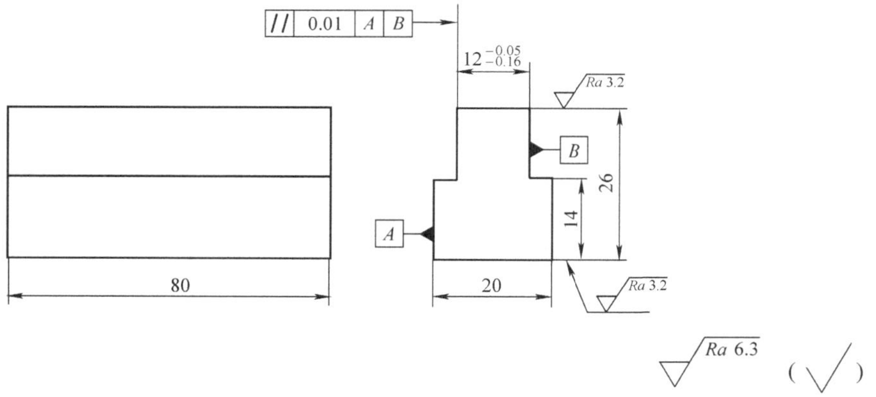	
2	铣刀的选择与安装找正	1）选择宽度为 12mm、孔径 ϕ27mm、外径 ϕ80mm、铣刀齿数 z 为 12 的三面刃铣刀 2）安装三面刃铣刀。铣刀安装完毕后检测其径向圆跳动的跳动量	根据工件的加工精度判定铣刀的径向圆跳动应在公差范围内
3	装夹工件	1）根据工件外形和大小选用机用虎钳进行装夹 2）把机用虎钳安装在工作台上并进行找正。必须使固定钳口与工作台纵向进给方向平行 3）把工件在机用虎钳上进行夹紧。必须在工件下面垫上适当厚度的平行垫铁，使工件高出钳口约 14mm	1）安装机用虎钳时，应擦净工作台面和钳底平面 2）平行垫铁的厚度不能太高，防止切削时工件被拉出机用虎钳

（续）

步骤		过程内容	注意事项
4	选择铣削用量	1）选取主轴转速为95r/min	
		2）选取进给速度为47.5mm/min	
5	铣削阶台	1）开动机床，调整各方向手柄，使铣刀外圆切削刃刚擦到工件表面。开动机床前，应先检查铣刀及工件的装夹是否牢固	1）装夹时切削力应压向机用虎钳的固定钳口，人应避开切屑飞出的方向 2）对刀和调整吃刀量应在开车时进行 3）铣削时采用逆铣，注意进给方向，以免发生事故
		2）退出工件，上升工作台，把背吃刀量调到11.5mm，进行粗铣。工作台上升后，可在垂直进给盘上用粉笔做上记号。尽量采用自动进给，使进给速度均匀	
		3）上升工作台0.5mm，进行精铣。工作台上升后，应及时取下垂向操作手柄，以防发生事故	
		4）横向移动工作台，使铣刀出在工件的外侧	
		5）贴上一张浸过油的薄纸，然后开动机床，使铣刀的一侧面擦到薄纸。工件即将碰到铣刀时，应缓慢摇动操作手柄，防止碰到工件	
		6）纵向移动工作台，将工件退出，再根据侧吃刀量使工作台横向移动6.5mm。阶台侧面留0.5mm的精铣余量	
		7）把工作台横向紧固后，进行铣削	
		8）测量阶台实际尺寸，调整工作台进行精铣。当工件即将碰到铣刀时，应缓慢摇动操作手柄，防止碰撞工件	
		9）纵向移动工作台，将工件退出，使工作台横向移动28.5mm。工作台横向移动的距离＝铣刀宽度(12mm)＋阶台尺寸(16mm)＋精铣余量(0.5mm)	
		10）用相同的方法铣出另一侧阶台。铣另一侧阶台时，应按试切后的实际测量所得尺寸，将工作台横向调整准确再进行铣削	
6	阶台的检测	1）测量阶台宽度。可用游标卡尺或千分尺测量，宽度17.89～18mm为合格	
		2）测量阶台尺寸。可用游标卡尺或千分尺测量，宽度12.82～13mm为合格	
		3）测量对称度误差。将阶台基面放在平板上，用杠杆百分表测量	

2. 铣削直角沟槽实训（表4-3）

表4-3　铣削直角沟槽

步骤		过程内容	注意事项
1	读零件图	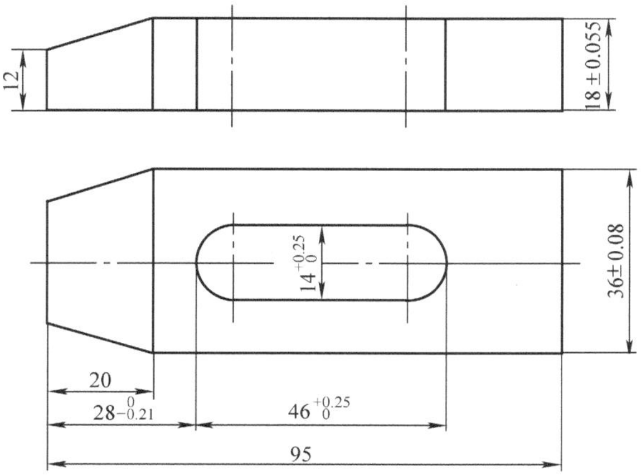	

（续）

步骤		过程内容	注意事项
2	钻落刀孔	1）选择 ϕ12mm 的麻花钻钻落刀孔	1）根据压板的加工精度，固定钳口与工作台纵向进给方向应在公差之内 2）夹紧工件后，须将平行垫铁取出，以防铣坏垫铁
		2）用高度尺在工件上划出 14mm 的对称槽宽线及 12mm 槽深线，并打上样冲眼	
		3）把机用虎钳安装在工作台上进行找正，用百分表找正固定钳口与纵向工作台进给方向平行	
		4）在工件下面垫适当厚度的平行垫铁，使工件高出钳口约 5mm	
3	选择钻削用量	1）选取主轴转速为 $n=375\text{r/min}$，垂向手动进给	
		2）选取进给速度为 37.5mm/min	
4	铣削直角沟槽	1）开动机床，调整各方向刀柄，调整钻头处于样冲眼中心位置	1）选用立铣刀铣削时，外径尺寸要符合要求 2）立铣刀的径向圆跳动量不宜过大
		2）先钻出 0.5mm 左右的深度，调整孔位置处于划线中心	
		3）上升工作台，采用自动进给，钻出落刀孔。在即将钻出时应采用手动进给	
5	选择铣削用量	1）粗铣时选取主轴转速为 $n=375\text{r/min}$，精铣时选取主轴转速为 $n=600\text{r/min}$	
		2）选取进给速度为 23.5mm/min	
6	铣削直角沟槽	1）调整各方向手柄，使铣刀大致处在铣削位置	1）铣刀装夹应牢固，以免在铣削中产生松动 2）粗铣中进给速度不能过大，以免产生严重的“让刀”现象而造成废品 3）非机动进给方向工作台应予紧固
		2）开动机床，目测使铣刀处于划线的中间	
		3）垂直微量上升工作台使工件表面切出圆痕。观察圆痕周边与线条两边的距离是否相等。工作台横向位置找准后应及时锁紧	
		4）摇动纵向移动工作台手柄，使铣刀对准落刀孔	
		5）上升工作台，使铣刀切入 0.5mm 左右深度。工件即将碰到铣刀时，应缓慢摇动垂向进给手柄，防止碰撞工件	
		6）纵向移动工作台，粗铣出槽长度，下降垂向工作台，退出工件。沟槽两侧面留 1mm 精铣余量。可在纵向分度盘上做好记号	
		7）测量沟槽实际尺寸，精调工作台位置。若槽的对称度偏差过大，须调整横向工作台	
		8）换 ϕ14mm 的锥柄立铣刀，检测铣刀的直径应在公差范围内。找正铣刀的径向圆跳动误差在 0.04mm 之内	
		9）铣出槽的端部。根据测得的实际尺寸，移动纵向工作台至顶端记号处紧固，垂向手动铣出槽顶端	
		10）铣出槽长尺寸。松开纵向工作台紧固螺钉，纵向自动进给至粗铣记号前改为手动进给	
7	沟槽的检测	1）测量沟槽边距。可用游标卡尺，边距尺寸满足 27.79～28mm 为合格	
		2）测量沟槽长度。可用游标卡尺，长度尺寸满足 46～46.25mm 为合格	
		3）测量沟槽宽度。可用游标卡尺，宽度尺寸满足 14～14.25mm 为合格	

4.2 轴上键槽的铣削

键联接是通过键将轴与轴上零件（如齿轮、带轮和凸轮等）结合在一起，实现周向固定，并传递转矩。键联接属于可拆卸连接，具有结构简单、工作可靠、装拆方便和已经标准化等特点，故得到了广泛的应用。键联接中使用最普遍的是平键联接。平键是矩形截面的连接件，置于轴和轴上零件的键槽内。平键是标准件，它的两侧面是工作面，用以传递转矩。轴上的键槽习惯上称为轴槽，轴上零件上的键槽习惯上称为轮毂槽。在平键联接中，轴槽与轮毂槽都是直角沟槽。轴槽多用铣削的方法加工。

4.2.1　轴上键槽的主要技术要求

轴上键槽的技术要求与直角沟槽的技术要求相一致。就其工作性质来讲，由于轴槽的两侧面与平键两侧面相配合，以传递转矩，是主要工作面，因此轴槽宽度的尺寸精度要求较高（IT9 级），轴槽两侧面的表面粗糙度值较小（*Ra* 3.2μm），轴槽对轴的轴线的对称度也有较高的要求（GB/T 1184—1996 中附表 4 对称度公差 7 ~ 9 级）。其他如轴槽的深度、长度尺寸要求较低，槽底面表面粗糙度值较大。

4.2.2　轴上键槽的铣削方法

轴上键槽有通槽、半通槽和封闭槽三种，如图 4-17 所示。轴上的通槽和槽底一端是圆弧形的半通槽，一般选用盘形槽铣刀铣削，轴槽的宽度由铣刀宽度保证，半通槽一端的槽底圆弧半径由铣刀半径保证。轴上的封闭槽和槽底一端是直角的半通槽，用键槽铣刀铣削，并按轴槽的宽度尺寸来确定键槽铣刀的直径。

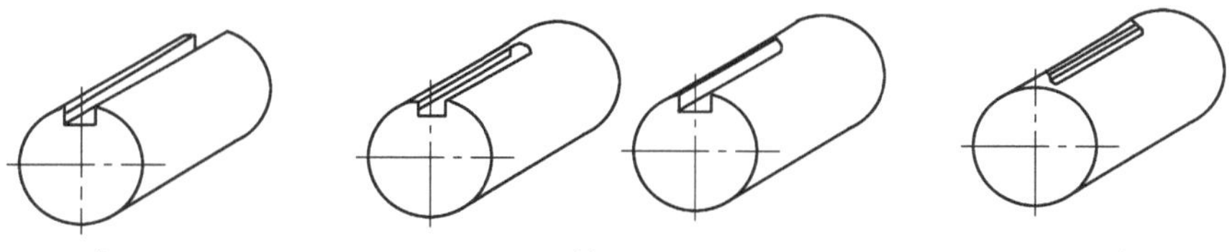

图 4-17　轴上键槽的种类
a）通槽　b）半通槽　c）封闭槽

1. 工件的装夹与找正

装夹工件，不但要保证工件稳定可靠，还要保证工件的轴线位置不变，以保证轴槽的中心平面通过轴线。常用的工件装夹方法有以下几种。

（1）用机用虎钳装夹　用机用虎钳装夹工件，装夹简便、稳固，但当工件直径有变化时，工件轴线在左右（水平位置）和上下方向都会产生变动，如图 4-18 所示，影响轴槽的深度尺寸和对称度的精度。因此，机用虎钳装夹工件一般适用于单件生产。对轴的外圆已精加工过的工件，由于一批轴的直径变化很小，用机用虎钳装夹时，各轴的轴线位置变动很小，在此条件下，也适用于批量生产。

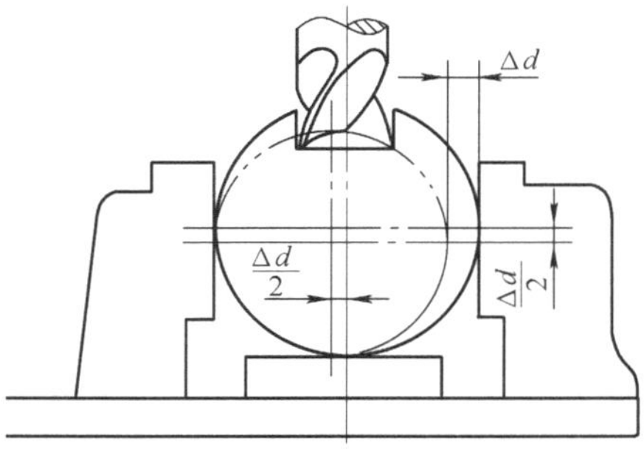

图 4-18　用机用虎钳装夹轴类零件

为保证铣出的轴槽两侧面和底面都平行于工件的轴线，必须使工件的轴线既平行于工作台的纵向进给方向，又平行于工作台台面。用机用虎钳装夹工件时，应使用百分表找正固定钳口与工作台纵向进给方向平行，装夹工件时，还应找正工件上素线与工作台台面平行。

（2）用V形块装夹　把圆柱形工件放置在V形块内，并用压板紧固的装夹方法，是铣削轴上键槽的常用装夹方法。其特点是工件的轴线只在V形槽的对称平面内随工件直径的变化而上下变动，如图4-19所示。因此，当键槽铣刀的轴线或盘形槽铣刀的对称平面与V形槽的对称平面重合时，能保证一批工件上轴槽的对称度精度要求。当一批工件的直径因加工误差而有变化时，虽然对轴槽的深度有影响，但变化量一般不会超过槽深的尺寸公差。

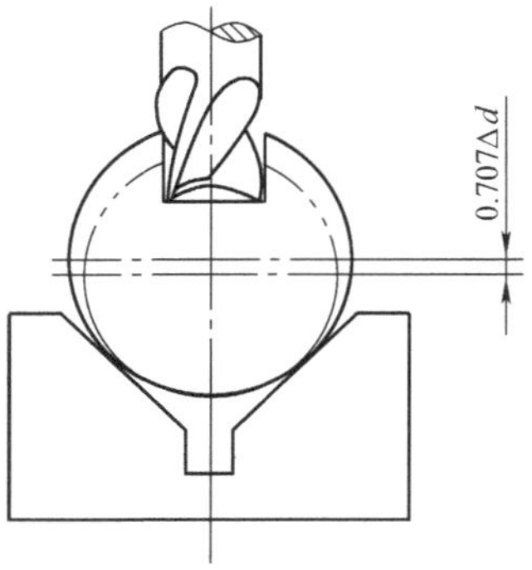

图4-19　用V形块装夹工件铣轴上键槽

对直径在20～60mm范围内的长轴，可将工件直接在工作台中央的T形槽上定位，用压板压紧，铣削轴上键槽。此时，中央T形槽槽口的倒角起V形槽的作用，如图4-20所示。

安装V形块时，应选用标准的量棒放入V形槽内，用百分表找正其上素线与工作台台面平行、其侧素线与工作台纵向进给方向平行，如图4-21所示。

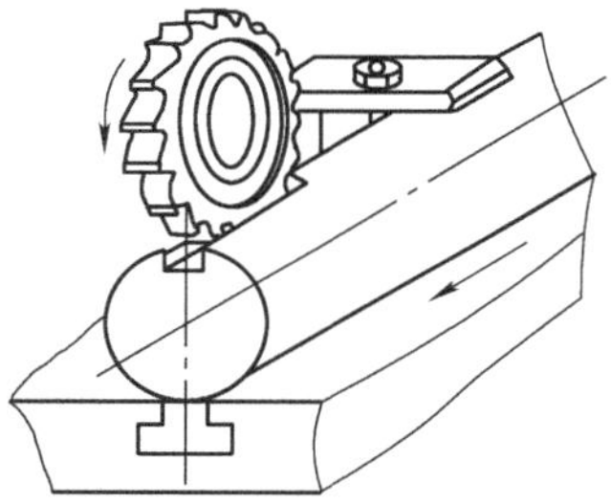
图4-20　用中央T形槽装夹长轴铣轴上键槽

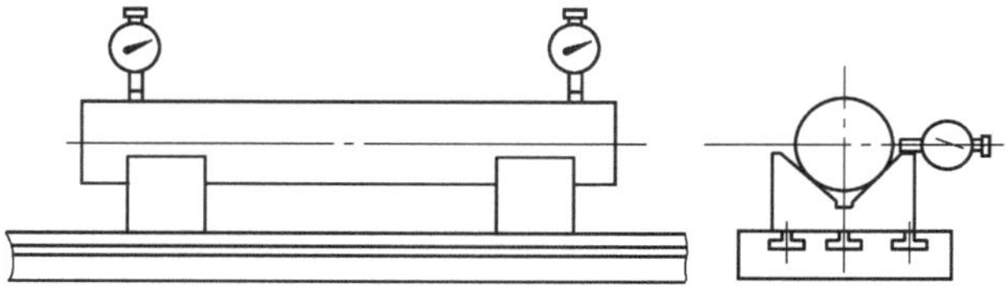
图4-21　用百分表找正V形块

（3）用分度头装夹　用分度头主轴和尾座的两顶尖或用自定心卡盘和尾座顶尖的一夹一顶方法装夹工件，如图4-22所示，工件的轴线始终在两顶尖或自定心卡盘中心与后顶尖的连心线上，工件轴线的位置不因工件直径的变化而变化，因此轴上键槽的对称性不会受工件直径变化的影响。

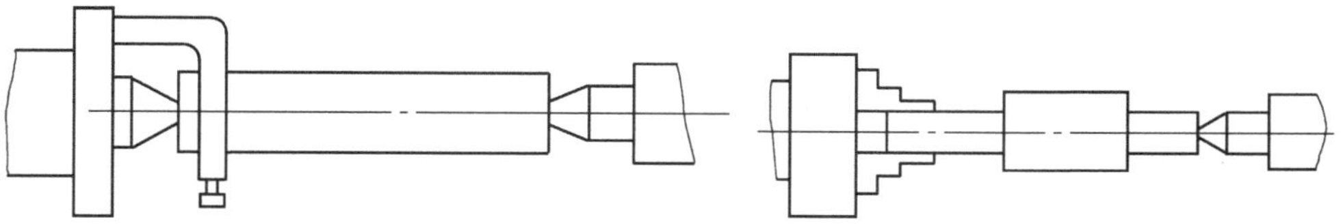
a)　　b)

图4-22　用分度头定中心装夹
a）用两顶尖装夹　b）用自定心卡盘和后顶尖装夹

安装分度头和尾座时，也应用标准量棒在两顶尖间或一夹一顶装夹，用百分表找正其上素线与工作台台面平行、其侧素线与工作台纵向进给方向平行。

在成批生产中，采用一次调整、定距切削铣削轴上键槽，工件直径的变化 $\Delta d = d_{max} - d_{min}$。上述三种装夹方法对轴槽误差的影响见表 4-4。

表 4-4　装夹方法对轴上键槽误差的影响

装夹方法	机用虎钳装夹	V 形块装夹	分度头、尾座装夹
工件轴线位置	上下、左右变动	上下变动、左右不变	不变动
轴槽深度最大误差	Δd	$0.707\Delta d$	$0.5\Delta d$
轴槽对称度最大误差	Δd	0	0

2. 铣刀切削位置的调整（对中心）

为保证轴上键槽对称于工件轴线，必须调整铣刀的位置，使键槽铣刀的轴线或盘形槽铣刀的对称平面通过工件的轴线（俗称对中心）。常用的调整方法有下面几种。

（1）按切痕调整对中心　这种方法对中精度不高，但使用简便，是最为常用的一种方法。

1）盘形槽铣刀的切痕调整方法。先把工件大致调整到盘形槽铣刀的对称中心位置上，开动机床，在工件表面上铣出一个接近铣刀宽度的椭圆形切痕，然后横向移动工作台，使铣刀宽度落在椭圆的中间位置，如图 4-23a 所示。

2）键槽铣刀切痕调整方法的原理和方法与盘形槽铣刀切痕调整的方法相同，只是键槽铣刀铣出的切痕是个边长等于铣刀直径的四方形小平面。对中时，使铣刀在旋转时落在小平面的中间位置，如图 4-23b 所示。

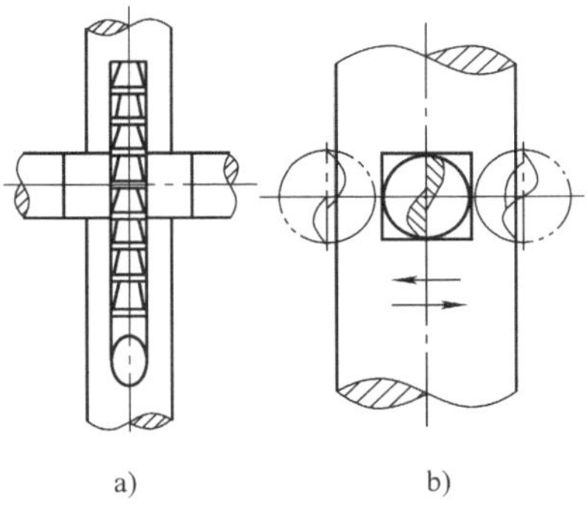

图 4-23　按切痕调整对中心
a）盘形槽铣刀切痕对中心
b）键槽铣刀切痕对中心

（2）擦侧面调整对中心　这种方法对中精度较高，适用于盘形槽铣刀直径较大或键槽铣刀较长（相对工件直径而言）的场合。调整时，先在工件侧面贴一层薄纸，开动机床，使回转的铣刀逐渐靠向工件，当铣刀的切削刃擦到薄纸后，降下工作台退出工件，再将工作台横向移动一个距离 A，实现对中，如图 4-24 所示。

距离 A 可按式（4-2）和式（4-3）计算。

用盘形槽铣刀时

$$A = \frac{D + L}{2} + \delta \tag{4-2}$$

用键槽铣刀时

$$A = \frac{D + d}{2} + \delta \tag{4-3}$$

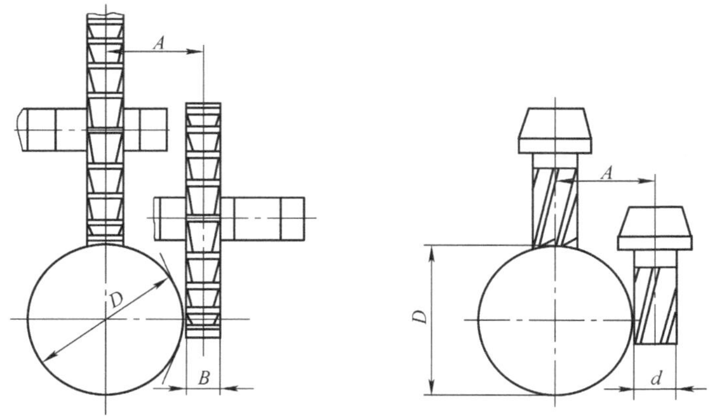

a)　　　　b)

图 4-24　擦侧面调整对中心
a）盘形槽铣刀切痕对中心　b）键槽铣刀切痕对中心

式中　D——工件直径（mm）；

L——盘形槽铣刀的宽度（mm）；

d——键槽铣刀的直径（mm）；

δ——纸厚（mm）。

（3）用杠杆百分表调整对中心　这种方法对中精度高，适合在立式铣床上采用，可对用分度头装夹的工件，装夹工件的机用虎钳和 V 形块进行对中心调整，如图 4-25 所示。调整时，将杠杆百分表固定在立铣头主轴上，用手转动主轴，观察百分表在工件两侧、钳口两侧和 V 形块两侧的读数，横向移动工作台使两侧读数相同。

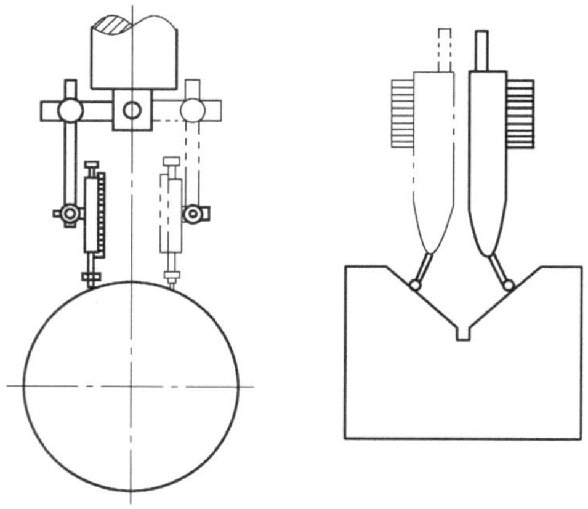

a)　　　　b)

图 4-25　用杠杆百分表调整对中心

3. 轴上键槽的铣削方法

（1）铣削轴上通键槽　轴上键槽为通槽（如普通车床的光杠上的键槽）或一端为圆弧形的半通槽（如铣刀杆上的键槽），一般都采用盘形槽铣刀来铣削。这种长的轴类零件，若外圆已经磨削准确，则可采用机用虎钳装夹进行铣削，如图 4-26a 所示。为避免因工件伸出钳口太多而产生振动和弯曲，可在伸出端用千斤顶支承。若工件直径只经粗加工，则采用自定心卡盘和尾顶尖来装夹，且中间需用千斤顶支承。

工件装夹完毕并调整对中心后，应调整侧吃刀量 a_e（即铣削层深度）。调整时先使回转的铣刀切削刃和工件圆柱面（上素线）接触，然后退出工件，再将工作台上升 a_e 到轴槽的深度，便可开始铣削。当铣刀开始切到工件时，应手动慢慢移动工作台，不浇注切削液，并仔细观察在背吃刀量 a_p（即铣削层宽度）接近铣刀宽度时，轴的一侧是否有先出现阶台的现象。若有如图 4-26b 所示的情况，则说明铣刀还未对准中心，应将工件有阶台一侧向铣刀作横向移动调整，直至对准中心为止。

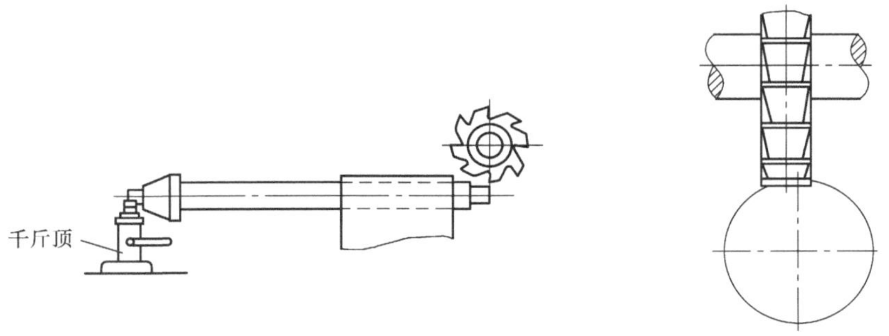

a)　　b)

图 4-26　铣削轴上通键槽

当工件采用 V 形块或工作台中央 T 形槽加压板装夹时，可先将压板压在距工件端部 60 ~ 100mm 处，由工件端部向里铣出一段槽长，如图 4-20 所示，然后停车，将压板移到工件端部，垫上铜皮重新压紧工件，如图 4-27 所示，观察确认铣刀不会碰到压板后，再开车继续铣削全长。

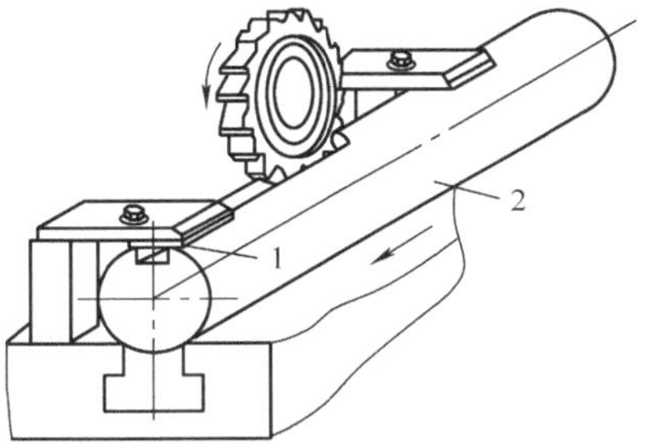

图 4-27　移动压板夹紧工件铣轴上键槽
1—薄铜皮　2—工件

（2）铣轴上封闭键槽　轴上键槽是封闭槽或一端为直角的半通槽，通常用键槽铣刀铣削。铣削时，通常不采用一次铣准轴槽深度的铣削方法，因为当铣刀用钝时，其切削刃磨损的轴向长度等于轴槽深度，如刃磨圆柱面切削刃，会使铣刀直径磨小而不能再用于精加工。因而，一般采用磨去端面一段的方法，但磨损长度太长对铣刀使用不利。用键槽铣刀铣削轴上封闭槽常用的方法有下面几种。

1）分层铣削法。用符合键槽宽度尺寸的铣刀分层铣削键槽，如图 4-28 所示。安装铣刀后，先在废料上试铣，检查所铣键槽的宽度尺寸符合图样要求后，再装夹、找正工件并对好中心，才可加工工件。铣削时，每次背吃刀量 a_p 为 0.5 ~ 1.0 mm，手动进给由轴槽的一端铣向另一端，然后以较快的速度手动将工件退至原位，再进给，重复铣削。铣削时注意轴槽两端应各留 0.2 ~ 0.5mm 余量，逐次铣到轴槽深度尺寸后，再将轴槽两端的余量铣去，使其符合长度要求。分层铣削法的优点是铣刀用钝后，只需刃磨端面，磨短不足 1mm，铣刀直径不受影响；铣削时也不会产生明显的“让刀”现象。缺点是在普通铣床上进行加工时，操作不方便，生产效率低。因此，分层铣削法主要适用于轴槽长度尺寸较短、生产数量不多的轴槽的铣削。

2）扩刀铣削法。先用直径较小的键槽铣刀（比槽宽尺寸小 0.5mm 左右）进行分层往复粗铣至槽深，深度留余量0.1～0.3mm，槽长两端各留余量0.2～0.5 mm，再用符合宽度尺寸的键槽铣刀精铣，如图4-29所示。精铣时，由于铣刀的两个切削刃的径向力能相互平衡，所以铣刀偏让量较小，轴上键槽的对称性好。

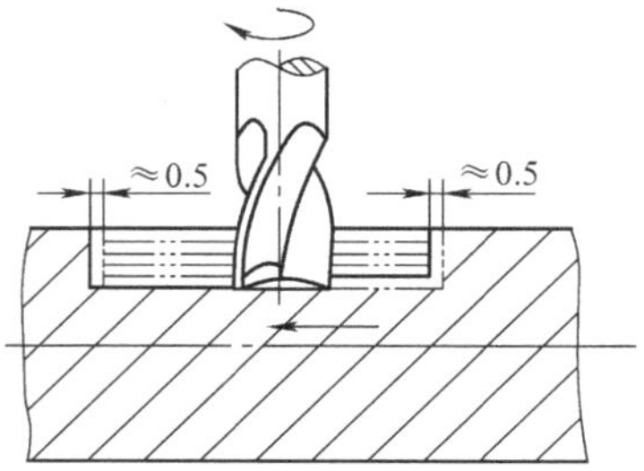

图4-28　分层铣削轴上键槽

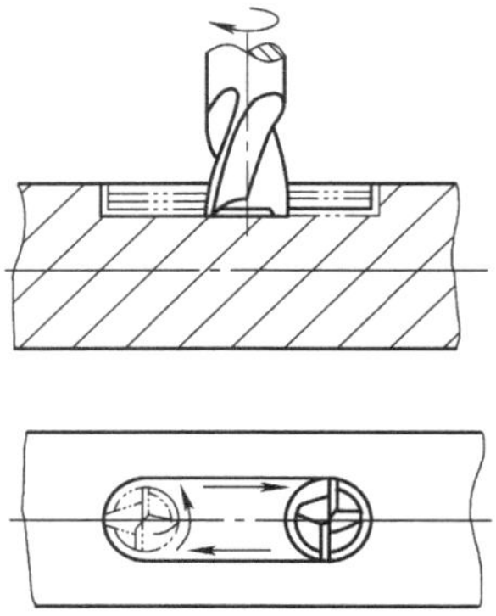

图4-29　扩刀铣削轴上键槽

4.2.3　轴上键槽的检测和铣削质量分析

1. 轴上键槽的检测方法

（1）轴槽宽度的检测　常用塞规或塞块检测，如图4-30所示。

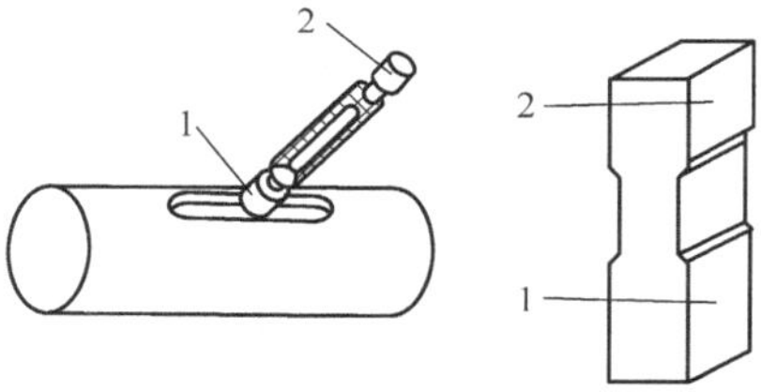

图4-30　轴上键槽宽度的检测
1—通端　2—止端

（2）轴槽的长度和深度的检测　轴上键槽的长度和深度一般都用游标卡尺来检测。封闭槽的槽深可用图4-31所示的方法检测。用游标卡尺测量时，可在轴槽内放一块比槽深略高的长方体（量块），量得尺寸减去长方体的高度尺寸即为槽底到圆柱面的尺寸。宽度大于千分尺测量杆直径的轴槽，可用千分尺直接测量。

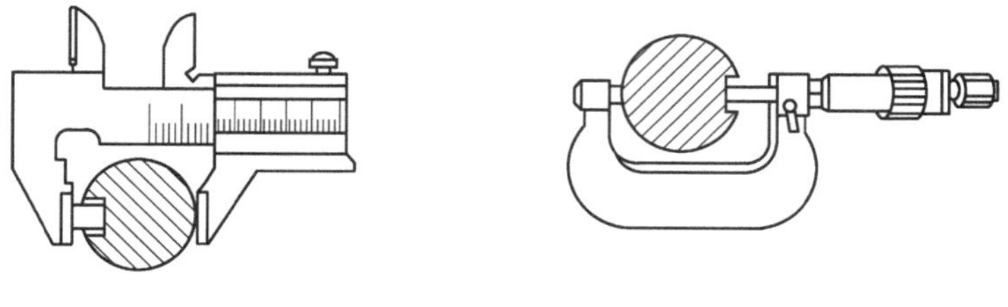

a)　　b)

图4-31　轴上键槽深度的检测
a）用量块配合游标卡尺测量槽深　b）用千分尺测量槽深

（3）轴槽中心平面对轴线对称度误差的检测　将工件置于V形块内，选择一块与轴槽宽度尺寸相同的塞块塞入轴槽内，并使塞块的平面大致处于水平位置，用百分表检测塞块的A面与平板（或工作台台面）平面平行并读数，然后将工件转动180°，用百分表检

测塞块 B 面与平板平面平行并读数。两次读数的差值，就是轴上键槽的对称度误差，如图 4-32所示。

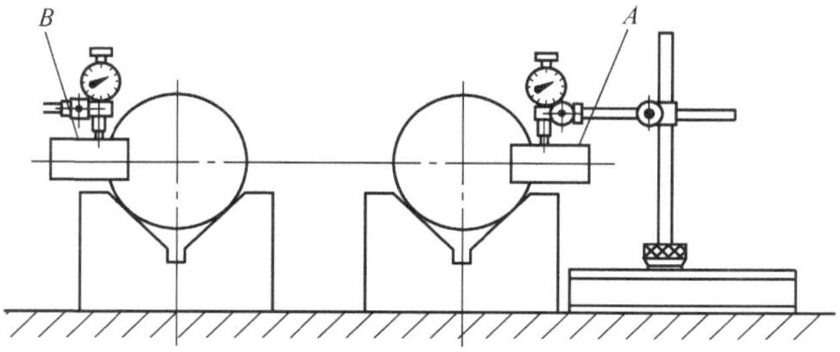

图 4-32　轴上键槽对称度误差的检测

2. 轴上键槽铣削的质量分析

（1）轴槽宽度尺寸不合格的影响因素

1）没有经过试铣检查铣刀尺寸，就直接铣削工件，铣刀宽度尺寸或直径尺寸不合适。

2）铣刀有摆差，用键槽铣刀铣槽，铣刀径向圆跳动的跳动量过大；用盘形槽铣刀铣槽，铣刀轴向圆跳动的跳动量过大，导致将轴槽铣宽。

3）铣削时，吃刀量过大，进给量过大，产生“让刀”现象，将槽铣宽。

（2）轴槽两侧与工件轴线不对称的影响因素

1）铣刀对中不准。

2）铣削中，铣刀让刀量太大。

3）成批生产时，工件外圆尺寸公差太大。

4）轴槽两侧扩铣余量不一致。

（3）轴槽两侧与工件轴线不平行的影响因素（图 4-33）

1）工件外圆直径不一致，有大小头。

2）用机用虎钳或 V 形块装夹工件时，机用虎钳或 V 形块没有找正好。

（4）轴槽槽底与工件轴线不平行的影响因素（图 4-34）

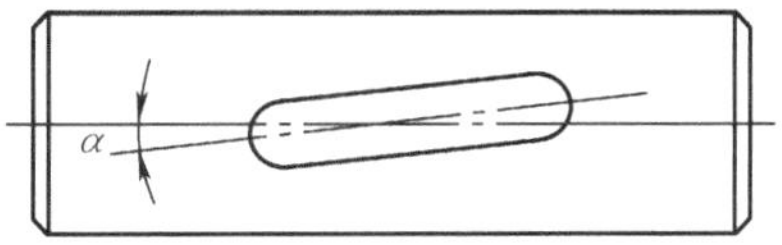

图 4-33　轴槽两侧与工件轴线不平行

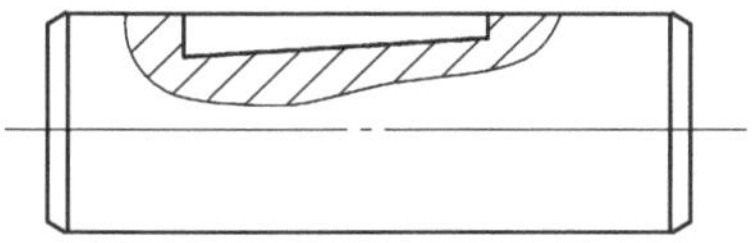

图 4-34　槽底与工件轴线不平行

1）工件的上素线未找准水平。

2）选用的垫铁不平行，或选用的两 V 形块不等高。

4.2.4　项目实训——轴上键槽的铣削

轴上键槽的铣削见表 4-5。

表 4-5 轴上键槽的铣削

步骤		过程内容
1	读零件图	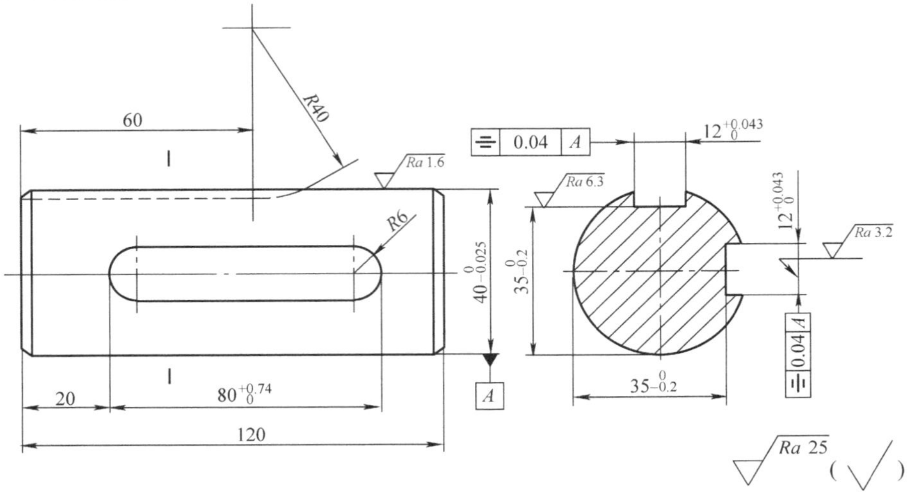 材料为 45 钢，毛坯为圆钢经精车或磨削，单件生产
2	在立式铣床上铣轴上封闭键槽	1）安装机用虎钳，找正固定钳口与工作台纵向进给方向平行
		2）选择并安装钻夹头和键槽铣刀
		3）调整切削用量，取主轴转速 $n=475\text{r/min}$，每次进给时的背吃刀量 $a_p=0.2\sim0.3\text{mm}$，手动进给铣削
		4）试铣检查铣刀尺寸
		5）安装并找正工件
		6）用杠杆百分表调整对中心
		7）铣削封闭槽，先用 $d=10\text{mm}$ 的键槽铣刀分层粗铣，槽深留余量 0.2mm，槽两端各留 0.5mm 余量。换 $d=12\text{mm}$ 的键槽铣刀扩刀精铣至规定要求
		8）测量，卸下工件
3	在卧式铣床上铣轴上半通键槽	1）安装机用虎钳，找正固定钳口与主轴轴线垂直
		2）选择并安装铣刀（80mm × 12mm × 27mm 盘形槽铣刀或三面刃铣刀）
		3）调整切削用量，取主轴转速 $n=95\text{r/min}$，$v_f=47.5\text{mm/min}$，a_e = 槽深（一次铣到深度）
		4）试铣检查铣刀尺寸
		5）安装并找正工件
		6）对中心，铣削
		7）测量，卸下工件

4.3 V 形槽的铣削

常见的特形沟槽有 V 形槽、T 形槽和燕尾槽等。特形沟槽一般用刃口形状与沟槽形状相应的铣刀铣削。下面介绍 V 形槽的铣削。

4.3.1 V形槽及其铣削方法

1. V形槽的主要技术要求

V形槽广泛应用于机床夹具中，机床的导轨也有采用V形槽的结构形式。图4-35所示是具有V形槽的V形块。

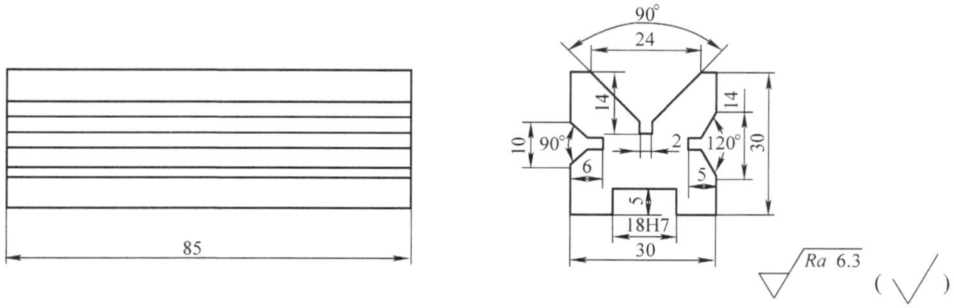

图4-35 V形块

V形槽两侧面间的夹角一般为90°或60°，以夹角为90°的V形槽最为常用。

V形槽的主要技术要求如下：

1）V形槽的中心平面应垂直于长方体的基准面（底面）。

2）长方体的两侧面应对称于V形槽中心平面。

3）V形槽窄槽两侧应对称于V形槽中心平面。窄槽槽底应略超出V形槽两侧面的延长交线。

2. V形槽的铣削方法

（1）调整立铣头，用立铣刀铣削V形槽 夹角大于或等于90°的V形槽，可在立式铣床上调转立铣头用立铣刀铣削，如图4-36所示。铣削前应先铣出窄槽，然后调转立铣头，用立铣刀铣削V形槽。铣完一侧V形面后，将工件松开，调转180°后夹紧，再铣削另一侧V形面。也可以将立铣头反方向调转角度后铣削另一侧V形面。铣削时，夹具或工件的基准面应与工作台横向进给方向平行。

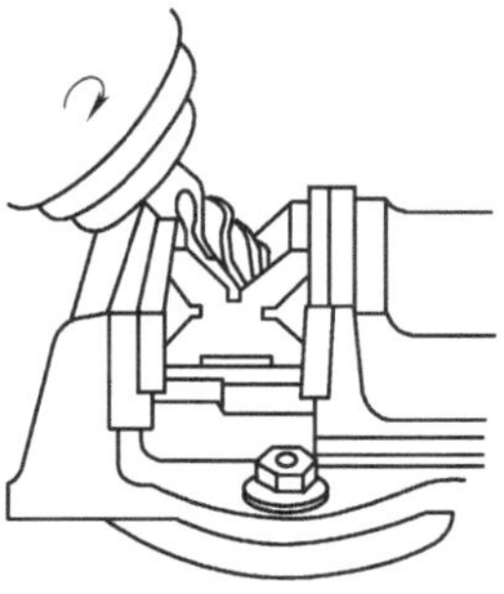

图4-36 调整立铣头铣削V形槽

（2）调整工件铣削V形槽 夹角大于90°且精度要求不高的V形槽，可按划线找正V形槽的一个侧面，使之与工作台台面平行装夹，铣削完一侧后，重新找正装夹另一侧，再铣削成形，如图4-37所示。对夹角等于90°且尺寸不太大的V形槽，则可一次装夹铣削成形。

（3）用角度铣刀铣削V形槽 夹角小于或等于90°的V形槽，一般采用与其角度相同的对称双角铣刀在卧式铣床上铣削。铣削前应先用锯片铣刀铣出窄槽，夹具或工件的基准面应与工作台纵向进给方向平行，如图4-38所示。

如无合适的对称双角铣刀，可用两把刃口相反、规格相同的单角铣刀组合起来进行铣削。组合时，两把单角铣刀中间应垫适当厚度（小于窄槽宽度）的垫圈或铜皮，或使两把单角铣刀的刃口错开，以免将铣刀的端面刃口夹坏。

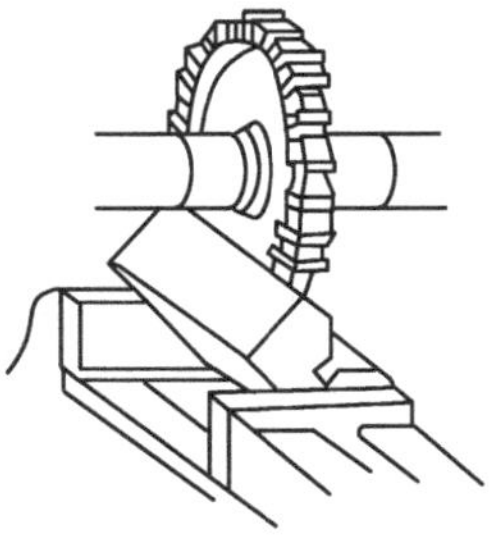

图 4-37 调整工件角度铣削 V 形槽

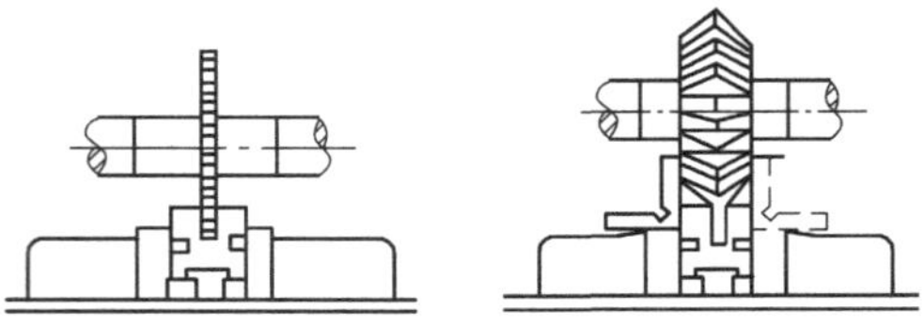

a) b)

图 4-38 用对称双角铣刀铣削 V 形槽

a）用锯片铣刀铣窄槽 b）铣削 V 形槽

V 形槽也可用一把单角铣刀来铣削。单角铣刀的角度等于 V 形槽夹角的 1/2。铣削完一侧后，将工件转 180°后铣削另一面。此方法较费时，但能获得较好的对称度精度。不转工件而将单角铣刀翻身装夹后也可铣削另一面，但比转工件法费时，且需要重新对刀，对称度精度也较差，所以一般不采用此法。

3. V 形槽的检测方法

V 形槽的检测项目有 V 形槽宽度 B、槽角 α 和对称度误差。

（1） V 形槽宽度 B 的检测

1） 用游标卡尺直接测量槽宽 B，测量简便，但检测精度差。

2） 用标准量棒间接测量槽宽 B，测量精度较高，如图 4-39 所示。测量时，先间接测得尺寸 h，然后根据下式计算得出 V 形槽的宽度 B，即

$$B = 2\tan\frac{\alpha}{2}\left[\frac{R}{\sin\frac{\alpha}{2}} + R - h\right] \tag{4-4}$$

式中 R——标准量棒半径（mm）；

α——V 形槽槽角（°）；

h——标准量棒上素线至 V 形槽上平面的距离（mm）。

（2） V 形槽槽角 α 的检测

1） 用角度样板测量。通过观察工件与样板间的缝隙判断 V 形槽槽角 α 是否合格。

2） 用游标万能角度尺测量。如图 4-40 所示，测量角度 A 或 B，间接测出 V 形槽半槽角 $\alpha/2$。

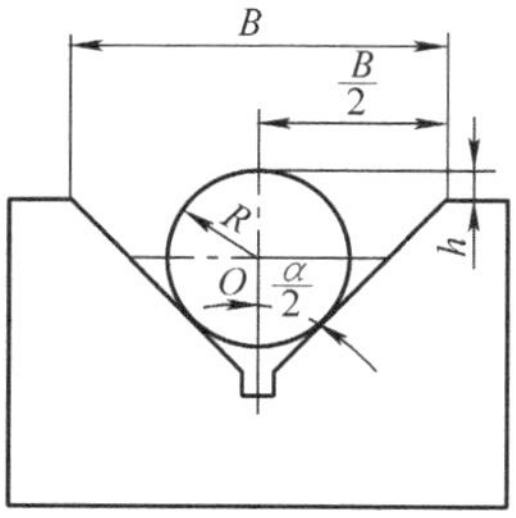

图 4-39 V 形槽宽度 B 的测量计算

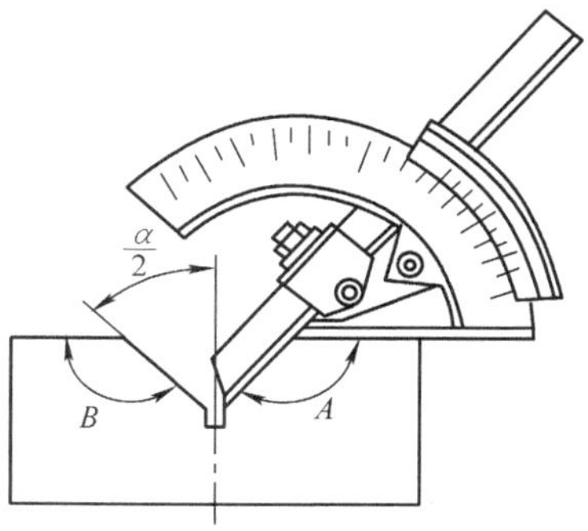

图 4-40 用游标万能角度尺测量 V 形槽槽角 α

3）用标准量棒间接测量槽角 α。此法测量精度较高，如图4-41所示，测量时，先后用两根不同直径的标准量棒进行间接测量，分别测得尺寸 H 和 h，然后根据下式求出槽角 α 的实际值，即

$$\sin\frac{\alpha}{2}=\frac{R-r}{(H-R)-(h-r)} \tag{4-5}$$

式中 R——较大标准量棒的半径（mm）；

r——较小标准量棒的半径（mm）；

H——较大标准量棒上素线至V形架底面的距离（mm）；

h——较小标准量棒上素线至V形架底面的距离（mm）。

（3）V形槽对称度误差的检测　测量时，在V形槽内放一标准量棒，分别以V形架两侧面为基准，放在平板平面上，用杠杆百分表测量量棒最高点，若两次测量的读数相同，则V形槽的中心平面与V形架中心平面重合（对称），两次测量读数之差即为对称度误差，如图4-42所示。如用高度游标卡尺测量量棒最高点，则可求得V形槽中心平面至侧面的实际距离。

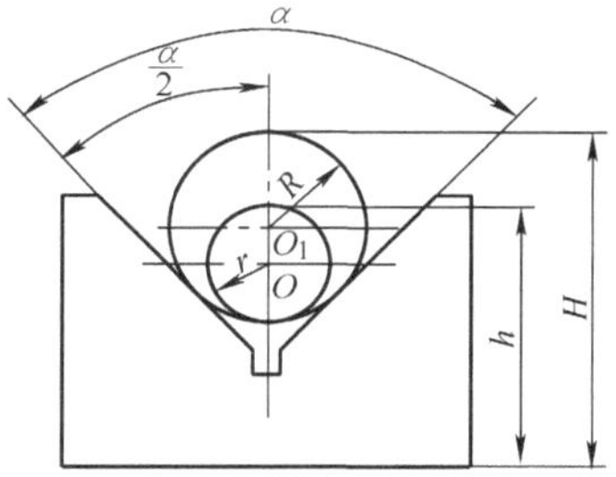

图4-41　V形槽槽角的测量计算

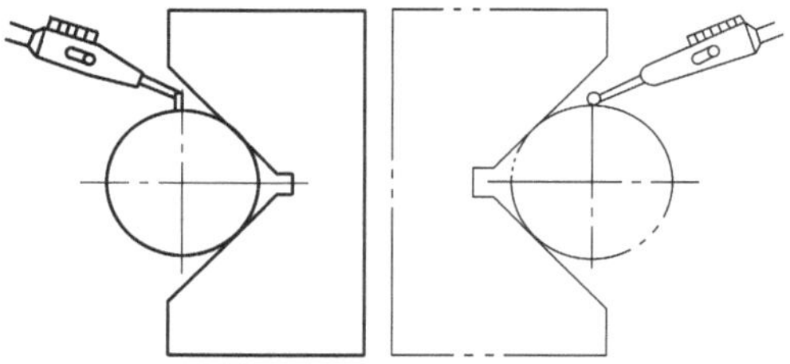

图4-42　V形槽对称度误差的检测

4. V形槽铣削的质量分析

（1）槽宽不一致的原因

1）工件上平面与工作台面不平行。

2）工件装夹不牢固，铣削时产生位移。

（2）对称度超差的原因

1）对刀不准确。

2）测量有误差。

（3）V形槽角度不准确或角度不对称的原因

1）刀具角度不准确。

2）工件上平面未找正。

（4）V形槽与工件两侧面不平行的原因

1）固定钳口与纵向进给方向不平行。

2）工件装夹时有毛刺或脏物。

4.3.2 项目实训——V 形槽的铣削

现以 V 形块零件为例，介绍用双角铣刀铣削 V 形槽的方法，操作步骤见表 4-6。

表 4-6 V 形槽的铣削

<table>
<tr><th colspan="2">步骤</th><th>过程内容</th></tr>
<tr><td>1</td><td>读零件图</td><td>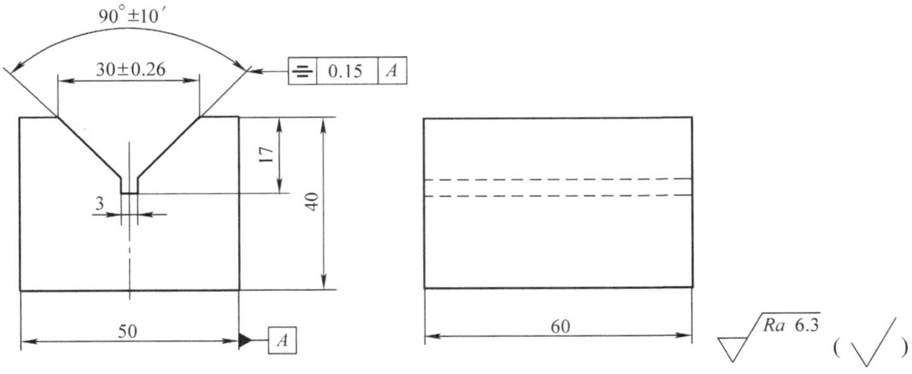
</td></tr>
<tr><td rowspan="6">2</td><td rowspan="3">选择铣刀</td><td>1）选择宽度为 3mm，外径为 100mm 的中齿锯片铣刀</td></tr>
<tr><td>2）安装锯片铣刀</td></tr>
<tr><td>3）选择切削用量，调整主轴转速 $n=60$r/min</td></tr>
<tr><td rowspan="3">装夹工件</td><td>1）工件安装前，按图样划出对称的窄槽和 V 形槽线</td></tr>
<tr><td>2）把机用虎钳安装在工作台上并进行找正，如图 4-43 所示。必须使固定钳口与工作台纵向进给方向平行</td></tr>
<tr><td>3）使用杠杆百分表找正工件上平面</td></tr>
<tr><td rowspan="4">3</td><td rowspan="4">铣窄槽</td><td>1）对刀，调整纵向、横向、垂向手柄，使工件的铣削位置处于铣刀下方</td></tr>
<tr><td>2）开动机床，垂向上升，使工件表面切出刀痕。用游标卡尺测量切痕到两边距离是否相等，如图 4-44 所示</td></tr>
<tr><td>3）调整背吃刀量。对刀后紧固横向工作台，根据切到工件表面的记号，垂向工作台上升 17mm</td></tr>
<tr><td>4）手动进给铣出窄槽，如图 4-45 所示</td></tr>
<tr><td rowspan="5">4</td><td rowspan="5">铣削 V 形槽</td><td>1）选择铣刀。选择角度为 90°、宽度为 32mm、外径为 100mm 的对称双角铣刀</td></tr>
<tr><td>2）安装铣刀。安装铣刀时尽量靠近主轴处，以增强刀杆刚度</td></tr>
<tr><td>3）选择铣削用量。调整主轴转速为 60r/min，进给速度为 375mm/min</td></tr>
<tr><td>4）对刀。开动机床，目测使双角铣刀刀尖处于窄槽中间，将工作台垂向少量上升，使铣刀在窄槽两侧切出刀痕，如图 4-46 所示。观察两边切出的刀痕是否相同，如不一致，可调整工作台的横向位置</td></tr>
<tr><td>5）调整背吃刀量
$$H=\frac{B-B'}{2}\arctan\frac{\alpha}{2}=\frac{30-3}{2}\times\arctan45°=13.5$$
式中 H——背吃刀量（mm）；
B——V 形槽宽度（mm）；
B'——窄槽宽度（mm）；
α——V 形槽角（°）。
背吃刀量以双角铣刀擦到窄槽开始计算</td></tr>
</table>

（续）

步骤		过程内容
4	铣削V形槽	6）铣V形槽。铣削时不能一次切去全部余量，一般可分3次进给；第一次背吃刀量为6mm，第2次背吃刀量为4mm，第3次背吃刀量为2.5mm，留1mm精铣余量 ①在第1、2次粗铣后，应用游标卡尺或金属直尺测量V形槽的对称度误差，如图4-42所示 ②粗铣完成后，应取下工件，在平板上测量对称度误差
		7）精铣V形槽。为提高V形槽的质量，可将背吃刀量和进给量适当减小，而铣削速度略微提高。可用游标卡尺或金属直尺测量来控制V形槽宽度

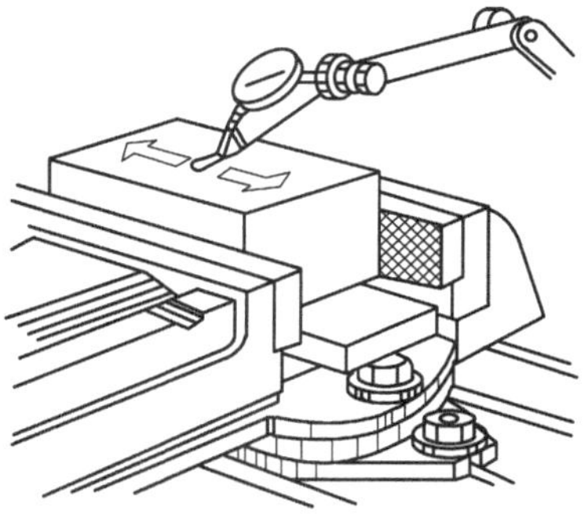

图4-43　工件的装夹与找正

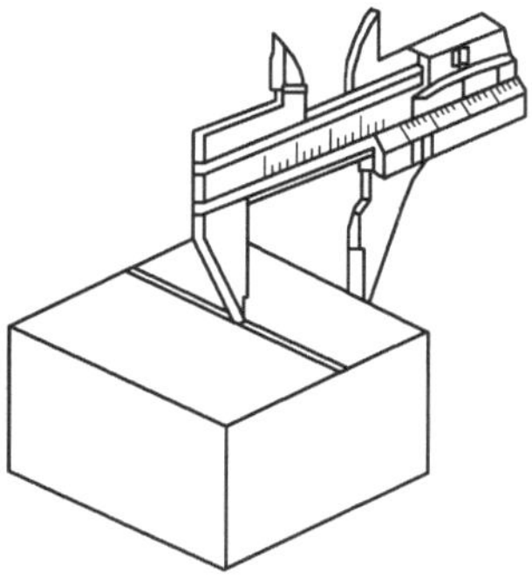

图4-44　测量切痕

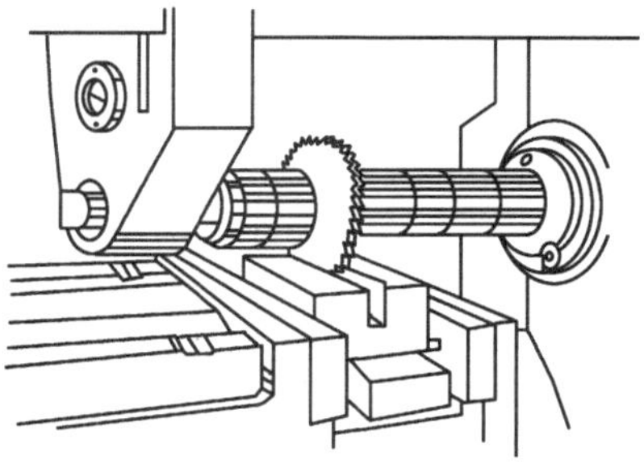

图4-45　铣窄槽

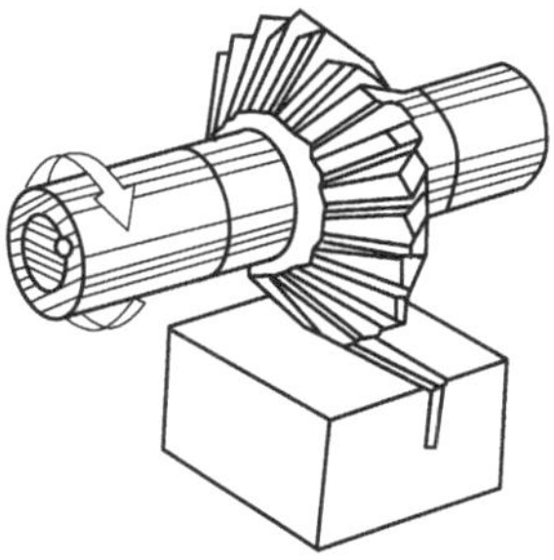

图4-46　V形槽对刀

4.4　T形槽的铣削

T形槽多用于机床（如铣床、钻床、刨床和磨床等）的工作台面上，用以与机床附件、夹具配套时定位和固定。图4-47所示为带有T形槽的工件。T形槽已标准化。

T形槽由直槽和底槽组成，根据使用要求分基准槽和固定槽。基准槽的尺寸精度和几何精度要求比固定槽高。

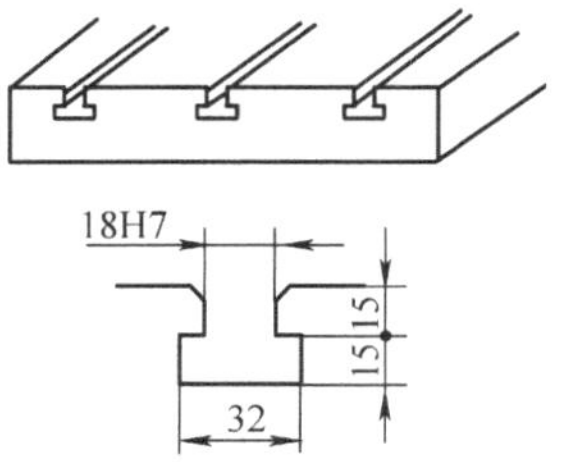

图4-47　带有T形槽的工件

4.4.1　T形槽及其铣削方法

1. T形槽的主要技术要求

1）T形槽直槽宽度尺寸精度，基准槽为IT8级，固定槽为IT12级。

2）基准槽的直槽两侧面应平行（或垂直）于工件的基准面。

3）底槽的两侧面应基本对称于直槽的中心平面。

4）直槽两侧面的表面粗糙度值，基准槽为 $Ra2.5\mu m$，固定槽为 $Ra6.3\mu m$。

2. T 形槽的铣削方法

铣削 T 形槽一般先用三面刃铣刀或立铣刀铣出直槽，槽的深度留 1mm 左右的余量，然后在立式铣床上用 T 形槽铣刀铣出底槽，深度铣至要求，最后用角度铣刀在槽口倒角。T 形槽的铣削步骤如图 4-48 所示。

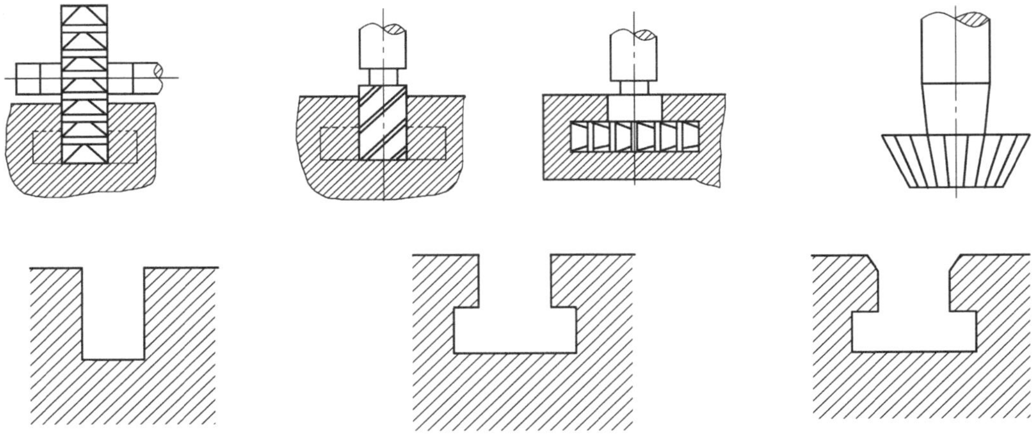

a）　　b）　　c）

图 4-48　T 形槽的铣削步骤
a）铣直槽　b）铣底槽　c）槽口倒角

T 形槽铣刀应按直槽宽度尺寸选择，其颈部直径尺寸即 T 形槽的公称尺寸（直槽宽度）。

对于两端不穿通的 T 形槽，铣削前应先在 T 形槽的一端钻落刀孔，如图 4-49 所示。落刀孔的直径应大于 T 形槽铣刀切削部分的直径，深度应大于 T 形槽底槽的深度。铣完直槽后，在落刀孔处进入 T 形槽铣刀，对中后铣出底槽。

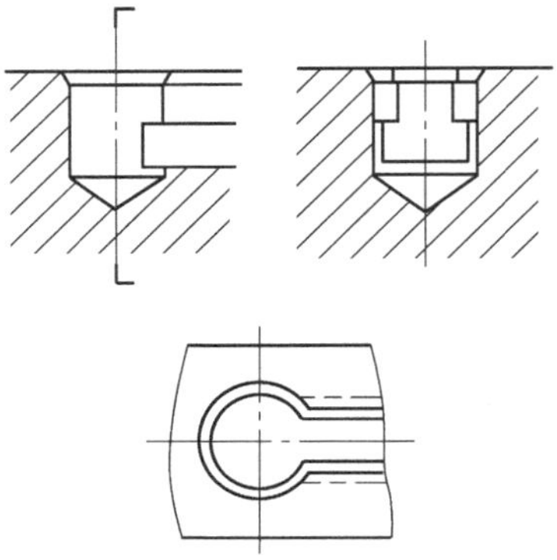

图 4-49　不穿通 T 形槽的落刀孔

3. 铣 T 形槽的注意事项

1）T 形槽铣刀在切削时切屑排出非常困难，经常把容屑槽填满而使铣刀失去切削能力，以致使铣刀折断，所以应经常清除切屑。

2）T 形槽铣刀的颈部直径较小，要注意因铣刀受到过大的铣削力和突然的冲击力而折断。

3）由于排屑不畅，切削时热量不易散失，铣刀容易发热。在铣削钢件时，应充分浇注切削液。

4）T 形槽铣刀不能用得太钝，因为钝的刀具其切削能力大为减弱，铣削力和切削热会迅速增加，所以用钝的 T 形槽铣刀铣削是铣刀折断的主要原因之一。

5）T 形槽铣刀在切削时工件的条件差，所以要采用较小的进给速度和较低的切削速度。但铣削速度不能太低，否则会降低铣刀的切削性能，增加每齿的进给量。

4. T 形槽的精度检验及质量分析

（1）T 形槽的检验　T 形槽的检测比较简单，要求不高的 T 形槽用游标卡尺可以测量全部项目，要求较高的基准槽需用内径千分尺或塞规检测。

（2）T 形槽的质量分析

1）直角槽宽度超差的原因。

① 对刀不准。

② 横向工作台未紧固，铣削时工件位移。

2）底槽与基面不平行的原因。

① 工件上平面未找正。

② 铣刀未夹紧，铣削时被铣削力拉下。

3）表面粗糙度超差的原因。

① 产生的切屑未及时清除。

② 切削时的进给量过大。

4.4.2　项目实训——T 形槽铣削

现以 T 形槽工件为例，介绍在 X5032 型立式铣床上铣削 T 形槽的方法，操作步骤见表 4-7。

表 4-7　T 形槽的铣削

步骤		过程内容
1	读零件图	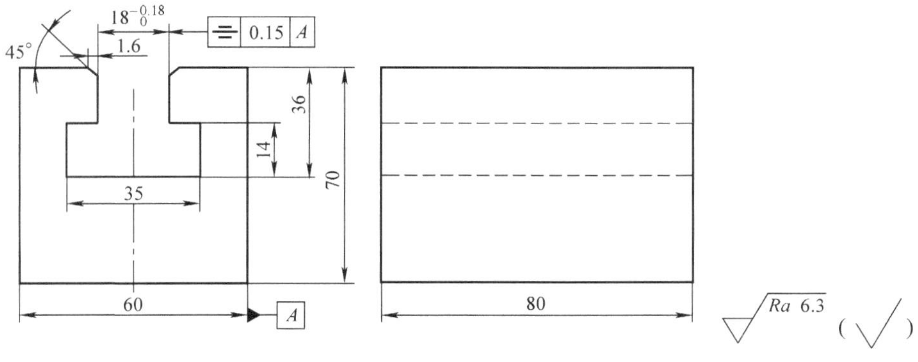
2	铣刀的选择与安装	1）选择 ϕ18mm 的立铣刀
		2）安装立铣刀。安装铣刀时，尽量不要伸出过长，以防止铣削时产生振动
		3）选择铣削用量。调整主轴转速 n = 250r/min，进给速度为 30mm/min
	装夹工件	1）工件安装前，按图样划出对称的槽宽线
		2）把机用虎钳安装在工作台上并进行找正。必须使固定钳口与工作台纵向进给方向平行
		3）使用杠杆百分表找正工件上平面

（续）

步骤		过程内容
3	铣直角槽	1）对刀。调整纵向、横向和垂向手柄，使铣刀处于铣削位置
		2）开动机床，垂向上升，使工件表面切出刀痕。用游标卡尺测量切痕到两边的距离是否相等，如有偏差，可调整横向工作台
		3）调整背吃刀量。对刀后紧固横向工作台，根据切到工件表面的记号，垂向第一次工作台上升22mm，第二次工作台升高14mm
		4）铣削直角槽
4	铣削T形槽	1）选用公称尺寸为18mm的直柄T形槽铣刀，如图4-50所示，铣刀直径 $d=32$mm，宽度 $L=14$mm
		2）安装T形槽铣刀。铣刀安装前应将刀杆及刀孔主轴擦拭干净
		3）选择铣削用量。因T形槽铣刀强度较低，排屑困难，故选择较低的切削用量，主轴转速 $n=118$r/min，进给速度 $v_f=23.5$mm/min
		4）对刀。目测使T形槽铣刀与直角槽对准，开动机床，缓缓摇动纵向工作台，使直角槽两侧同时接触铣刀，观察两边切出的刀痕是否相同。如不一致，可调整工作台横向位置
		5）调整背吃刀量。在工件表面贴一张薄纸，使垂向工作台缓缓上升，待铣刀擦去薄纸时，工件退离铣刀，工作台上升36mm
		6）铣削T形槽，如图4-51所示。铣削时，应注意如下几点：①先手动进给，待测量合格后方可继续进给；②当铣刀大部分进入工件后，才能改为自动进给；③铣削时要及时清除切屑，以免铣刀折断
5	铣倒角	1）选用外径 $d=25$mm，角度 $\theta=45°$ 的反燕尾槽铣刀，如图4-52所示
		2）用弹簧夹头或快换铣夹头安装铣刀
		3）选择铣削用量。因T形槽铣刀强度较低，排屑困难，故选择较低的切削用量，主轴转速 $n=235$r/min，进给速度 $v_f=47.5$mm/min
		4）对刀。底槽铣削后，因横向工作台未移动，中心位置不变，只需将垂向工作台上升，使铣刀与槽口接触后退离工件
		5）调整背吃刀量垂向工作台上升1.6mm
		6）铣削T形槽倒角，如图4-53所示

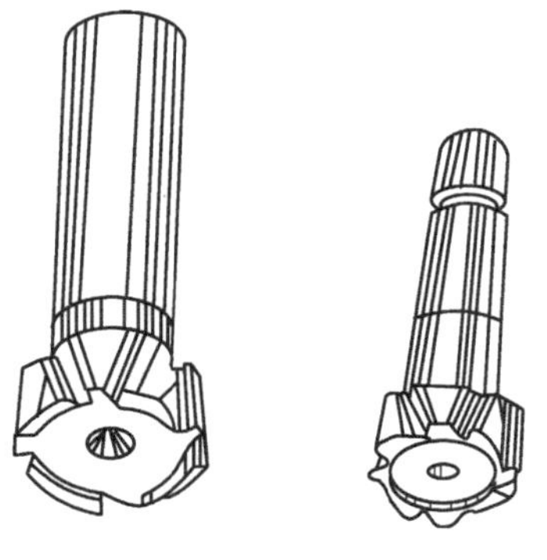

图4-50　T形槽铣刀

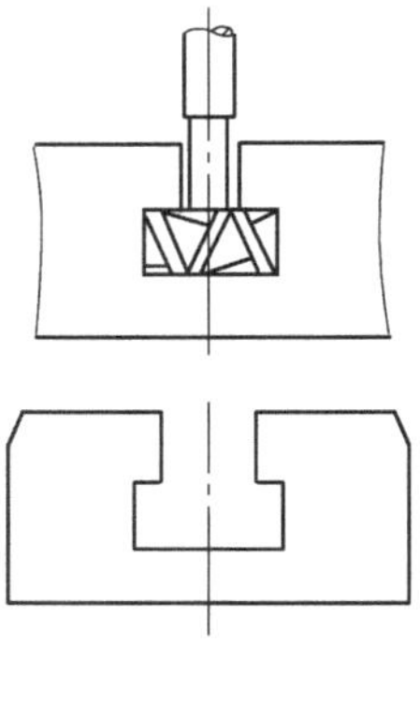

图4-51　铣削T形槽

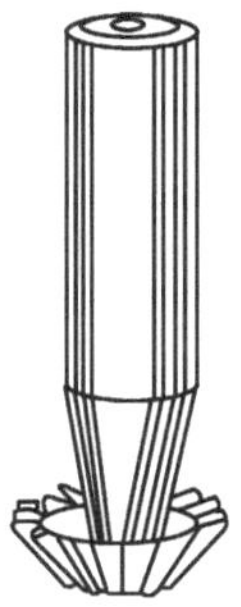

图 4-52　反燕尾槽铣刀

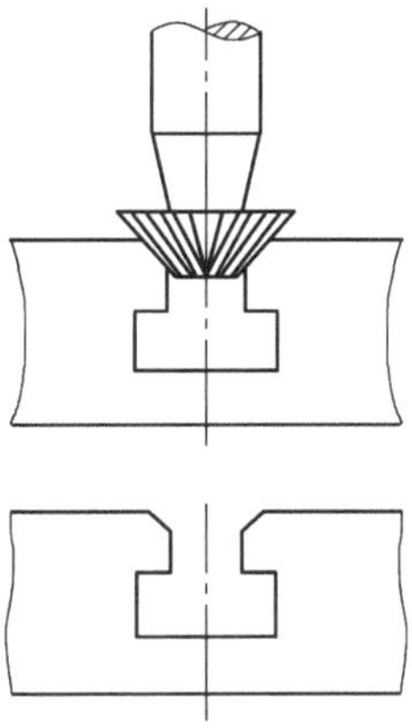

图 4-53　铣倒角

4.5　燕尾和燕尾槽的铣削

4.5.1　燕尾槽及其铣削方法

1. 燕尾槽的主要技术要求

燕尾槽与燕尾是配合使用的，如图 4-54 所示。在机械设计制造中，常采用燕尾结构作为直线运动的引导件或紧固件，如燕尾导轨等。

燕尾结构的燕尾槽和燕尾之间有相对直线运动，因此对角度、宽度、深度都具有较高的精度要求，斜面的平面度要求较高，且表面粗糙度值要小，一般为 $Ra0.4 \sim 0.8\mu m$。燕尾的角度有 45°、50°、55°和 60°等多种，一般采用 55°。

燕尾槽与燕尾在配合时，大多在中间有一块塞铁（又称镶条），用以调整配合间隙。为便于间隙的调整，也有将燕尾槽一侧的燕尾侧面制成带斜度的，如图 4-55 所示，与具有相同斜度的塞铁相配，只要沿相对直线运动方向移动塞铁，就可方便、准确地调整间隙和补偿磨损。

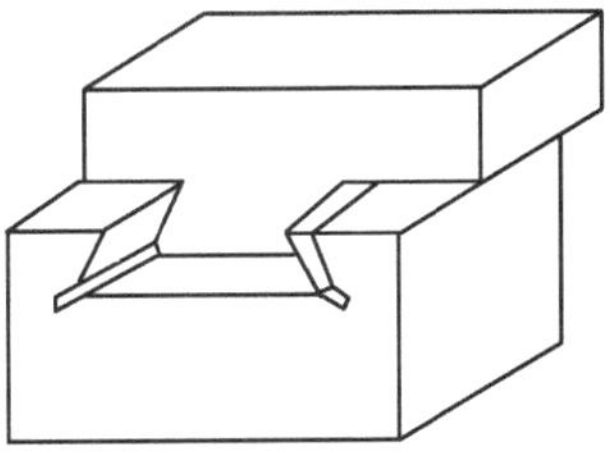

图 4-54　燕尾槽与燕尾

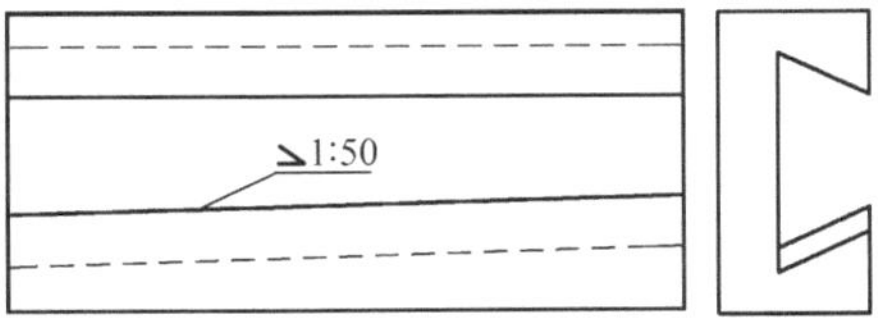

图 4-55　带斜度的燕尾槽

2. 燕尾槽和燕尾的铣削方法

燕尾槽和燕尾的铣削分两个步骤，先在立式铣床上用立铣刀或面铣刀铣直角槽或阶台，然后用燕尾槽铣刀铣出燕尾槽或燕尾，如图 4-56 所示。燕尾槽铣刀应根据燕尾的角度选择相同角度的铣刀，铣刀锥面的宽度应大于工件燕尾槽斜面的宽度。

单件生产时，若没有合适的燕尾槽铣刀，可用与燕尾角度相等的单角铣刀来铣削燕尾槽和燕尾，如图4-57所示。铣削时，立铣头应倾斜一个燕尾角度，因偏转角度较大，安装单角铣刀的刀杆长度也应适当增长。

铣削带有斜度的燕尾槽时，在铣削完直槽后，应先用燕尾槽铣刀铣削无斜度的一侧，铣好后松开压板，将工件按规定斜度调整到与进给方向成一斜角，并将工件紧固，然后铣削燕尾槽的另一侧。

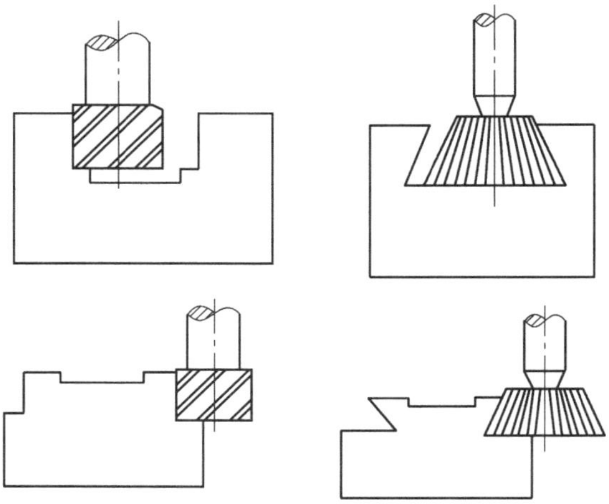

图4-56 燕尾槽和燕尾的铣削
a）铣直槽或阶台 b）铣燕尾槽或燕尾

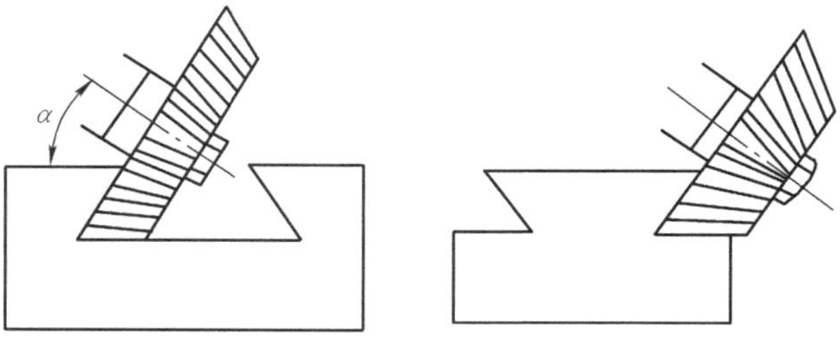

图4-57 用单角铣刀铣削燕尾槽和燕尾
a）铣削燕尾槽 b）铣削燕尾块

3. 铣削燕尾槽和燕尾的注意事项

1）铣削燕尾槽和燕尾时的铣削条件与铣T形槽时大致相同，但燕尾槽铣刀刀尖处的切削性能和强度都很差，因此铣削中转速不可过高，背吃刀量和进给量不可过大，以减小切削力，还要及时排屑，充分浇注切削液。

2）铣直槽时槽深可留0.5～1mm的余量，留待在铣燕尾槽时同时铣成槽深，以使燕尾槽铣刀工作平稳。

3）铣削燕尾槽应分粗铣和精铣两步进行，以提高燕尾斜面的表面质量。

4. 燕尾槽的精度检验及质量分析

（1）燕尾槽的精度检验

1）角度的测量。燕尾槽和燕尾的角度可用游标万能角度尺测量。

2）槽深的测量。燕尾槽的槽深和燕尾的高度可用深度卡尺测量。

3）燕尾槽和燕尾宽度的检验。由于工件有空刀槽和倒角，燕尾槽和燕尾的宽度可借用两标准量棒间接测量，如图4-58所示。用游标卡尺测得两标准量棒之间的距离尺寸M或M_1，可计算出燕尾槽的宽度A或燕尾的宽度a。

燕尾槽的宽度为

$$A = M + d\left(1 + \cot\frac{\alpha}{2}\right) - 2H\cot\alpha \qquad (4\text{-}6)$$

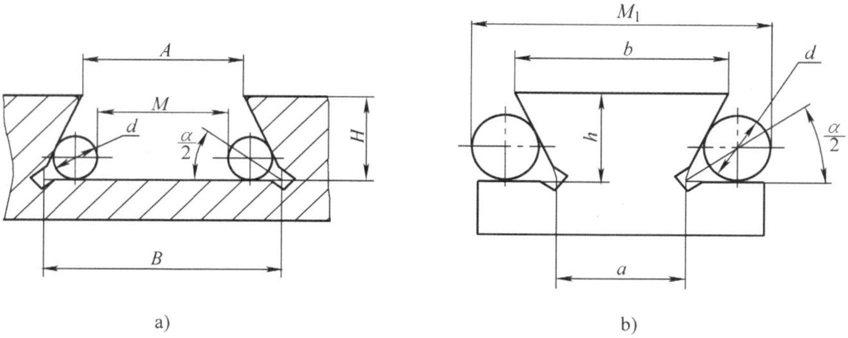

图4-58 燕尾槽和燕尾的测量
a）铣削燕尾槽 b）铣削燕尾块

$$B = M + d\left(1 + \cot\frac{\alpha}{2}\right) \tag{4-7}$$

式中 A——燕尾槽最小宽度（mm）；

B——燕尾槽最大宽度（mm）；

M——两标准量棒内侧的距离（mm）；

d——标准量棒的直径（mm）；

α——燕尾槽槽角（°）；

H——燕尾槽槽深（mm）。

燕尾的宽度为

$$a = M_1 - d\left(1 + \cot\frac{\alpha}{2}\right) \tag{4-8}$$

$$b = M_1 + 2h\cot\alpha - d\left(1 + \cot\frac{\alpha}{2}\right) \tag{4-9}$$

式中 a——燕尾最小宽度（mm）；

b——燕尾最大宽度（mm）；

M_1——两标准量棒外侧的距离（mm）；

d——标准量棒的直径（mm）；

α——燕尾角度（°）；

h——燕尾高度（mm）。

（2）燕尾槽的质量分析

1）槽宽两端尺寸不一致的原因。

① 工件上平面未找正。

② 用换面法铣削时，工件两面平行度精度较差。

2）燕尾槽宽度超差的原因。

① 测量时产生误差或出错。

② 移动横向工作台时，摇错分度盘及未消除传动间隙。

3）燕尾槽槽形角超差的原因主要是刀具角度选错或铣刀角度误差较大。

4.5.2 项目实训——燕尾槽铣削技能训练

现以燕尾槽工件为例，介绍在 X6132 立式铣床上铣削燕尾槽的操作方法，操作步骤见表 4-8。

表 4-8 燕尾槽铣削

步骤		过程内容
1	读零件图	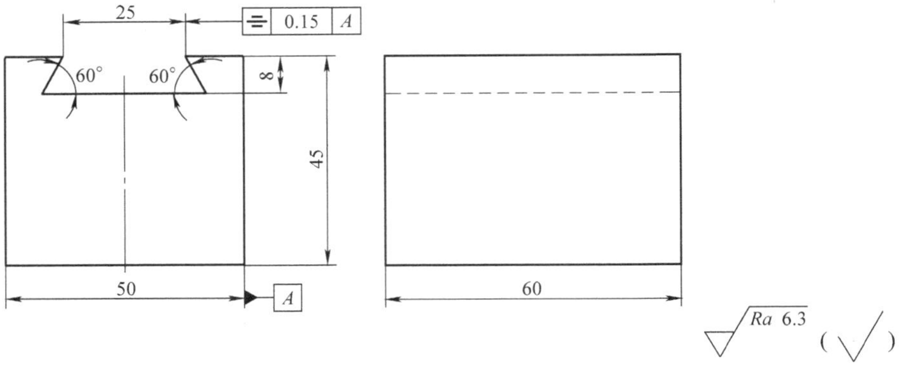
2	铣刀的选择与安装	1）选择 ϕ20mm 的锥柄立铣刀
		2）安装立铣刀
		3）选择切削用量，主轴转速 $n=250\text{r/min}$
	装夹工件	1）工件安装前，按图样划出直角槽和燕尾槽线
		2）把机用虎钳安装在工作台上并进行找正，必须使固定钳口与工作台纵向进给方向平行
		3）找正工件上平面与工作台面平行
3	铣直角槽	1）对刀。调整纵向、横向和垂向手柄，使工件铣削位置处于铣刀下方
		2）开动机床，垂向上升，使工件表面切出刀痕。切出刀痕后应在分度盘上用粉笔做上记号
		3）调整背吃刀量。对刀后紧固横向工作台，根据切到工件表面的记号，垂向工作台上升 7.8mm
		4）手动进给铣出直角通槽
4	铣削燕尾槽	1）根据槽的外形尺寸，选择角度为 60°的 I 型直柄燕尾槽铣刀
		2）安装铣刀。安装铣刀时刀柄不可伸出太长，以增强刀杆的刚度
		3）选择铣削用量。主轴转速为 190r/min，进给速度为 23.5mm/min
		4）对刀。开动机床，目测使燕尾槽铣刀与直角槽中心大致对准，上升垂向工作台，使工件槽底与铣刀端面齿相接触，再垂向升高 0.2mm，然后缓慢摇动纵向工作台，使直角槽刚好切到停机，退出工件，测量槽的深度应为 8mm
		5）铣削。对刀后，横向工作台移动的距离 S，可按下式计算，即 $S=t\cot\alpha=8\times\cot60°\text{mm}=4.618\text{mm}$ 式中 S——横向工作台移动量（mm）； t——燕尾槽深度（mm）； α——燕尾槽槽形角（°）。 铣削时应注意，在燕尾槽铣刀刚切入时进给速度一定要慢，以防止铣刀刀齿折断。同时，因工作条件较差，铣削时应采用较小的切削速度
		6）铣燕尾槽另一侧

（续）

步骤		过程内容
5	燕尾槽的检验	燕尾槽的检验主要包括角度检验、深度检验以及槽宽检验 检验燕尾槽的角度时，可用游标万能角度尺来检验；燕尾槽的深度可用游标卡尺或深度千分尺来检验；燕尾槽的宽度不容易检测，主要是因为槽的上口倒钝后，实际的尖角已不存在，所以在检验时，在槽内放入两根直径相同的标准圆棒，再用内径千分尺或精度较高的游标卡尺测量圆棒之间的尺寸，以此来计算燕尾槽的宽度 B'，如图4-58a所示
注意		横向工作台移动量 S 为4.618mm，因为铣刀强度较差，所以不能一次铣去全部余量，可分3次调整横向工作台，粗铣分别为25mm和1.6mm。然后缓慢移动纵向工作台，待铣刀切入工件后，纵向自动进给，铣削至尺寸要求。在粗铣期间，应对工件进行测量，留0.5 mm精铣余量进行精铣

练 习 题

一、填空题

1. 零件上的阶台，根据其结构尺寸的大小不同，通常可在卧式铣床上用__________铣刀和在立式铣床上用__________铣刀或__________铣刀进行加工。

2. 铣削宽度不太大（一般 $B<25$mm）的阶台时，一般都采用__________铣刀加工。

3. 铣削阶台时，三面刃铣刀的圆柱面切削刃起主要的__________作用，两个侧面切削刃起__________作用。

4. 用组合三面刃铣刀铣削，装刀时，两把铣刀应错开__________个齿，以减小铣削中的振幅。

5. 宽度较宽且深度较浅的阶台，常使用__________铣刀在立式铣床上加工。深度较深的阶台或多级阶台，可用__________铣刀在立式铣床上加工。

6. 铣削阶台时，立铣刀的圆周切削刃起主要__________作用，端面切削刃起__________作用。

7. 阶台的宽度和深度一般可用__________和__________测量。

8. 阶台深度较浅，不便使用千分尺测量时，可用__________测量。

9. 直角沟槽有__________、__________和__________三种形式。

10. 直角通槽主要用三面刃铣刀铣削，半通槽和封闭槽则采用__________铣刀或__________铣刀铣削。

11. 轴上键槽有__________、__________和__________三种。

12. 轴上的通槽和槽底一端是圆弧形的半通槽，一般选用__________铣刀铣削；轴上的封闭槽和槽底一端是直角的半通槽，用__________铣刀铣削。

13. T形槽由__________和__________组成，根据使用要求分__________和__________。

14. T形槽铣刀应按__________尺寸选择。

二、判断题

1. 用三面刃铣刀铣削阶台或直角通槽时，三面刃铣刀的宽度应大于阶台宽度或槽宽。（ ）

2. 面铣刀刀杆刚度大，铣削时，切屑厚度变化小，切削平稳，加工表面质量好，生产效率较高。（ ）

3. 铣削阶台时，所选用面铣刀的直径应大于阶台宽度，一般可按 $D=(1.4\sim1.6)B$ 选取。（　　）

4. 装夹工件时，应使工件的侧面靠向活动钳口，使工件的底面靠向钳体导轨面，铣削的阶台底面应高出钳口的上平面，以免铣削中铣刀铣削钳口。（　　）

5. 用组合三面刃铣刀铣削时，两把三面刃铣刀的直径不一定要相同。（　　）

6. 铣削阶台时，使用立铣刀选用的切削用量比使用三面刃铣刀铣削时要大，否则容易产生“让刀”现象，甚至折断铣刀。（　　）

7. 用立铣刀铣半通槽和封闭槽，扩铣时应避免顺铣。（　　）

8. 用立铣刀铣穿通的封闭槽时，可直接落刀铣削。（　　）

9. 装夹将铣削键槽的工件，只要保证工件的稳定可靠。（　　）

10. 分层铣削法主要适用于轴槽长度尺寸较短、生产数量不多的轴槽的铣削。（　　）

11. 一般T形槽的铣削，只需一把T形槽铣刀即可。（　　）

12. 两端不穿通的T形槽，铣削前应先在T形槽的一端钻落刀孔。（　　）

三、选择题

1. 铣削出的阶台上窄下宽，且阶台两侧呈凹弧形曲面，造成此形最可能是由于(　　)。

A. 切削液使用不当　　B. 夹具与工件未找正

C. 切削用量太大　　D. 工作台零位不准

2. 用三面刃铣刀铣削直沟槽时，铣削过程中，(　　)，以免损伤工件或刀具。

A. 不能中途停止进给　　B. 中途必须停止

C. 中途必须退刀一次　　D. 不能连续停止

3. 键槽宽度通常用塞规来检查，对称度要求较高时，可以用（　　）来检查对称度误差。

A. 千分尺　　B. 轴键槽对称度测量仪

C. 游标卡尺　　D. 游标万能角度尺和塞规

4. 在切断较薄工件时，最好使锯片铣刀的外圆与工件（　　），不易造成打刀。

A. 顶面相切或高于顶角　　B. 顶面相切或低于顶角

C. 底面相切或低于底角　　D. 底面相切或高于底角

5. 阶台和沟槽的（　　）要求与工件的侧面和底面平行，或成某一倾斜角。

A. 形状精度　　B. 位置精度　　C. 尺寸精度　　D. 表面粗糙度

6. 当阶台和沟槽与其他零件的相应部位配合时，其（　　）要求较高。

A. 形状精度　　B. 位置精度　　C. 尺寸精度　　D. 表面粗糙度

7. 在轴上铣键槽时，不论用哪一种夹具进行装夹，都必须将工件的轴线找正到与机床（　　）一致。

A. 铣刀轴线　　B. 机床轴线　　C. 进给方向　　D. 夹具轴线

8. 用键槽铣刀和立铣刀等成形铣刀铣削时，由于铣刀（　　），会向某一方向偏让。

A. 刚度差　　B. 受力不匀　　C. 切削时振动　　D. 切削条件恶劣

9. 阶台、直角沟槽的（　　），一般可采用不同加工痕迹的标准样板来检测。

A. 表面粗糙度　B. 宽度　C. 位置度　D. 深度

10. 采用立铣刀铣削穿通的封闭沟槽时，（　　）。

A. 应用立铣刀垂直向进给，铣通沟槽一端

B. 应用立铣刀直接铣削

C. 应用钻头在沟槽长度线一端钻一落刀圆孔，再进行铣削

D. 每次进刀均由落刀孔的一端铣向另一端，并用顺铣扩孔

11. 在立式铣床上用立铣刀铣削 V 形槽时，当铣好一侧后，应把（　　），再铣另一侧。

A. 铣刀翻身　B. 立铣刀反向转过 α 角

C. 工件转过 180°　D. 工作台转过 180°

12. 用双角度铣刀铣削 V 形槽时，一般（　　）进行铣削。

A. 只能一次进给　B. 分 3 次进给　C. 可大进给量　D. 需 5 次以上进给

13. 铣削 T 形槽时，应（　　）。

A. 先用立铣刀铣出槽底，再用 T 形槽铣刀铣出直角沟槽

B. 直接用 T 形槽铣刀铣出直角沟槽和槽底

C. 先用 T 形槽铣刀铣出直角沟槽，再用 T 形槽铣刀铣出槽底

D. 先用立铣刀铣出直角沟槽，再用 T 形槽铣刀铣出槽底

14. 铣削键槽时，选择每次背吃刀量在 0.5mm 左右，手动进给由键槽一端铣向另一端，并以较大的进给量往返进行铣削直至键槽深度，这种铣削方法称为（　　）。

A. 一次铣准法　B. 分层铣削法　C. 扩刀铣削法　D. 对刀铣削法

15. 铣键槽时，键槽产生歪斜的原因是（　　）。

A. 对刀不准　B. 铣刀偏让

C. 轴的侧素线与纵向进给方向不平行　D. 进给量太大或用钝铿刀铣削

16. 铣削半圆键槽时，需要用（　　）铣削。

A. 三面刃铣刀　B. 半圆键铣刀　C. 立铣刀　D. 键槽铣刀

17. T 形槽铣刀由于（　　），当受到过大的切削力和冲击力时，铣刀易折断。

A. 切削用量大　B. 同时铣沟槽和槽底

C. 铣削精度高　D. 强度差，尤其是颈部直径较小

18. 特形沟槽质量分析发现表面粗糙度不符合要求，其原因不会是（　　）。

A. 铣刀磨损变钝　B. 铣刀形状不准　C. 铣削时振动太大　D. 切削液不充分

19. 用 T 形槽铣刀铣削时，由于（　　）切削热量不易散发，甚至发生退火，使铣刀失去切削能力而折断。

A. 受到过大的冲击力　B. 切削用量较大

C. 排屑困难　D. 同时铣削 4 个平面

20. 特形沟槽质量分析发现尺寸公差超差，其原因不会是（　　）。

A. 铣刀尺寸不准，使 T 形槽宽度和燕尾槽宽度不准

B. 工作台移动尺寸不准

C. 切削液不够充分

D. 铣 V 形槽深度不准使槽口尺寸不准

四、简答题

1. 影响阶台几何精度的因素有哪些？
2. 影响阶台表面粗糙度的因素有哪些？
3. 影响沟槽尺寸精度的因素有哪些？
4. 影响沟槽几何精度的因素有哪些？
5. 铣削键槽常用的装夹方法有哪几种？
6. 铣削轴上键槽的过程中，铣刀切削位置的调整方法有哪几种？
7. 轴上键槽的检测项目及检测方法包括哪些？
8. V 形槽的铣削方法有哪几种？
9. V 形槽的检测有哪些检测项目及检测方法？
10. 铣削 T 形槽时有哪些注意事项？
11. 简述燕尾槽和燕尾的铣削方法。
12. 铣削燕尾槽和燕尾有哪些注意事项？

五、操作题

铣削图 4-59 所示的带有孔和燕尾的零件。

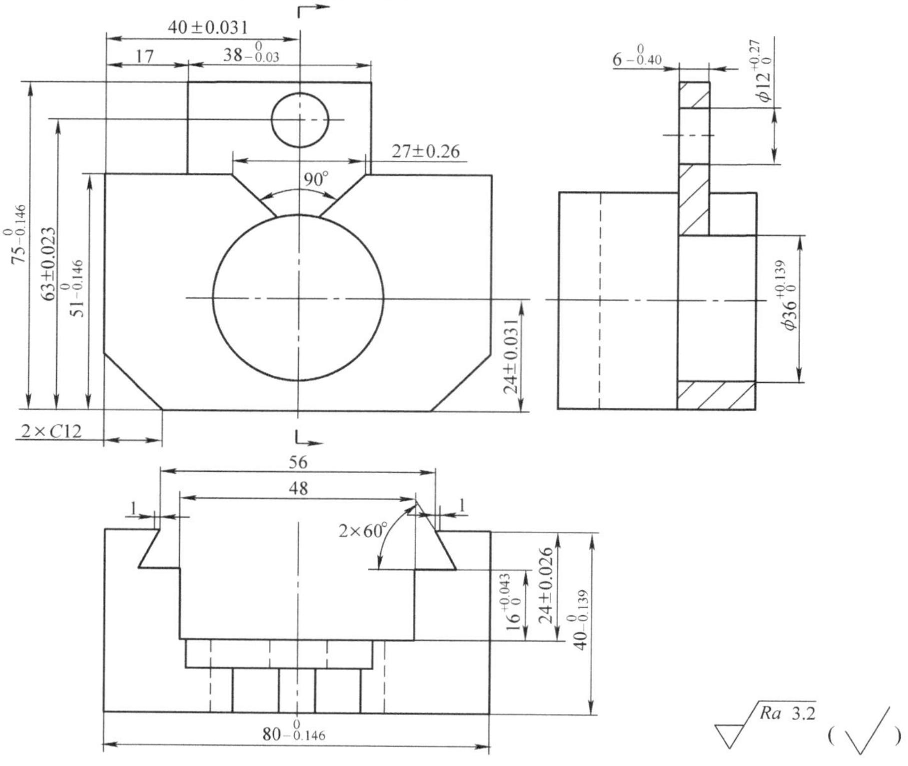

图 4-59 带有孔和燕尾的零件

1. 制订加工工艺并填写表 4-9。

表 4-9　工艺过程

序号	工艺步骤	刀具类型	主轴转速 n/(r/min)	进给速度 v_f/(mm/min)	背吃刀量 a_p/mm

2. 完成加工后，按照表 4-10 在“学生自评”栏内填写自评结果，其余项目由教师负责评价。

表 4-10　评价标准

分类	序号	检测项目	配分	学生自评	教师评价	得分
工作质量	1	$80_{-0.146}^{0}$	10			
	2	$40_{-0.139}^{0}$	10			
	3	$75_{-0.146}^{0}$	5			
	4	$51_{-0.146}^{0}$	5			
	5	$\phi36_{0}^{+0.139}$	5			
	6	$\phi12_{0}^{+0.27}$	10			
	7	$6_{-0.40}^{0}$	15			
	8	*Ra*3.2（4 处）				
分类	序号	评价项目	配分	说明		得分
现场操作规范	1	安全操作	20	违反一条操作规程扣 2 分		
	2	工具、量具的正确使用	10	工具、量具使用错误一项扣 2 分		
	3	正确操作和维护保养设备	10	违反一条维护保养规程扣 2 分		
评分人			时间		总得分	

第5章 万能分度头的应用

学习目标

- ✧ 了解万能分度头及其附件的结构和工作原理
- ✧ 了解万能分度头及其附件的维护知识
- ✧ 掌握万能分度头的简单分度法、角度分度法和差动分度法的计算
- ✧ 熟练掌握铣削六面体的方法

5.1 万能分度头与回转工作台

机械分度头（简称分度头）是万能铣床的重要精密附件之一，在其他机床（磨床、钻床、刨床和插床）上也得到广泛的应用。分度头可以把夹持在顶尖间或卡盘上的工件转动任意角度，并可把工件分成任意等分。在铣床上铣削螺旋槽和斜齿圆柱齿轮等常用到分度头。

机械分度头的形式按是否具有差动分度交换齿轮连接装置分为万能分度头（FW 型）和半万能分度头（FB 型）两种。铣床上使用的主要是万能分度头。

5.1.1 万能分度头的结构和分度原理

1. 万能分度头的型号及功用

（1）型号　万能分度头的型号由大写的汉语拼音字母和数字两部分组成，例如：

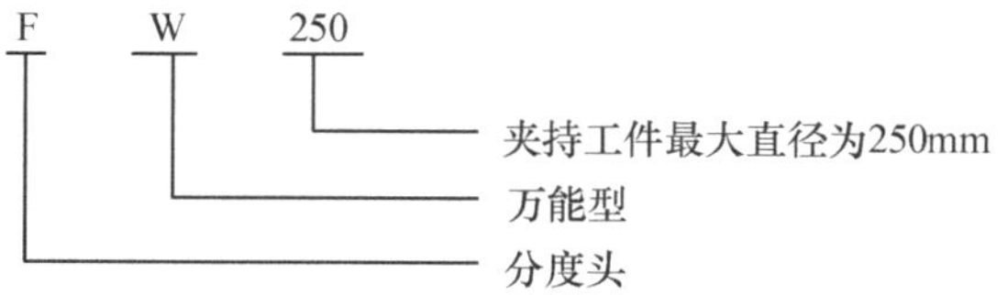

常用的万能分度头有 FW200、FW250 和 FW320 三种，其中 FW250 型万能分度头是铣床上最常用的一种。

（2）万能分度头的主要功用

1）能够将工件作任意的圆周等分或直线移距分度。

2）可把工件的轴线置放成水平、垂直或任意角度的倾斜位置。

3）通过交换齿轮，可使分度头主轴随铣床工作台的纵向进给运动作连续旋转，以铣削螺旋面和等速凸轮的型面等。

2. 万能分度头的结构

万能分度头的外部结构如图5-1所示。

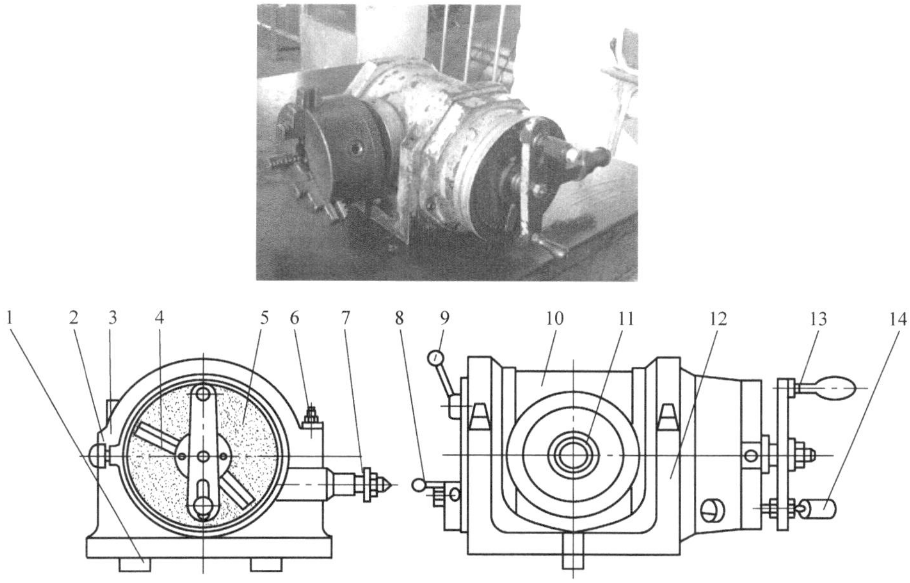

图5-1　万能分度头的外部结构

1—底座　2—分度盘紧固螺钉　3—刻度盘　4—分度叉　5—分度盘　6—紧固螺钉　7—侧轴
8—蜗轮蜗杆离合手柄　9—主轴锁紧手柄　10—回转体　11—主轴　12—基座　13—分度手柄　14—定位销

（1）基座　基座是分度头的本体，分度头的大部分零件均装在基座上。基座底面槽内装有两个定位键，可与铣床工作台面上的（中央）T形槽相配合，以精确定位。

（2）侧轴　侧轴用于与分度头主轴间或铣床工作台纵向丝杠间安装交换齿轮，进行差动分度或铣削螺旋面或直线移距分度。

（3）蜗轮蜗杆离合手柄　蜗轮蜗杆离合手柄用于脱开蜗杆与蜗轮的啮合，进行按刻度盘直接分度。

（4）主轴锁紧手柄　主轴锁紧手柄通常用于在分度后锁紧主轴，使铣削力不致直接作用在分度头的蜗杆和蜗轮上，减少铣削时的振动，保持分度头的分度精度。

（5）回转体　回转体用于安装分度头主轴等的壳体形零件。分度头主轴随回转体可沿基座的环形导轨转动，使主轴轴线在$-6°\sim90°$的范围内做不同仰角的调整。调整时，应先松开基座上靠近主轴后端的两个螺母，调整后再紧固。

（6）主轴　分度头主轴是一空心轴，前后两端均为莫氏4号锥度孔（FW250型），前锥孔用来安装顶尖或锥度心轴，后锥孔安装交换齿轮轴，用以安装交换齿轮。主轴前端的外部有一段定位锥体（短圆锥），用来安装自定心卡盘的法兰盘。

（7）刻度盘　刻度盘固定在主轴的前端，与主轴一起转动。其圆周面上有$0°\sim360°$的刻线，在直接分度时用来确定主轴转过的角度。

（8）分度手柄　摇动分度手柄，主轴按一定的传动比回转。

（9）定位销　定位销在分度手柄的曲柄一端，可沿曲柄作径向移动调整到所选孔数的孔圈圆周，与分度叉配合准确分度。

3. 万能分度头的传动原理

如图5-2所示，分度时，从分度盘定位孔中拔出定位销，转动分度手柄，通过一对齿数相同即传动比为1∶1的直齿圆柱齿轮以及传动比为40∶1的蜗杆副，使分度头主轴带动工件转动，实现分度。

此外，右侧的侧轴通过一对传动比为1∶1的交错轴传动的斜齿圆柱齿轮与空套在手柄轴上的分度盘相连。当侧轴转动时，带动分度盘转动，用以差动分度或铣削螺旋面。

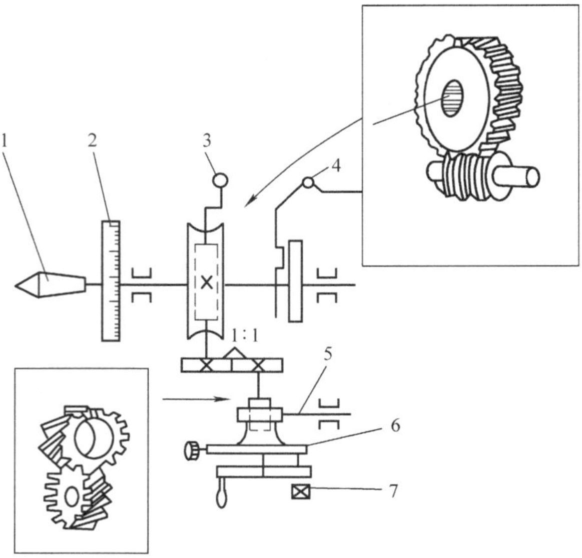

图5-2　万能分度头的传动原理
1—主轴　2—刻度盘　3—蜗轮蜗杆离合手柄
4—主轴紧固手柄　5—侧轴　6—分度盘　7—定位销

有了分度盘，就能够解决不是整数转数分度的难题，进行一般的分度工作。分度盘装在分度手柄轴上，盘上（正、反面）有若干圈在圆周上均布的定位孔，作为各种分度计算和实施分度的依据。分度盘配合分度手柄完成不是整数转数的分度工作。不同型号的分度头都配有一块或两块分度盘，FW250型万能分度头有两块分度盘。分度盘上孔圈的孔数见表5-1。

表5-1　分度盘上孔圈的孔数

分度头形式	分度盘孔圈的孔数	
带一块分度盘	正面：24、25、28、30、34、37、38、39、41、42、43 反面：46、47、49、51、53、54、57、58、59、62、66	
带两块分度盘	第1块	正面：24、25、28、30、34、37 反面：38、39、41、42、43
	第2块	正面：46、47、49、51、53、54 反面：57、58、59、62、66

在分度时，为了避免每次分度都要对孔数计数，可利用分度叉来计数。如图5-3所示，松开分度叉紧固螺钉，可任意调整两叉之间的孔数。为了防止摇动分度手柄时带动分度叉转动，用弹簧片将它压紧在分度盘上。分度叉两叉夹角之间的实际孔数，应比所需要孔距数多一个孔，因为第一孔是做起始点而不计数的。图5-3所示为每分度一次摇过5个孔距的情况。

4. 万能分度头的附件及其功用

（1）自定心卡盘　自定心卡盘的结构如图5-4所示，它与连接盘一起安装在分度头主轴上，用来夹持工件。当扳手方榫插入小锥齿轮2的方孔1内转动时，小锥齿轮就带动大锥齿轮 3 转动。大锥齿轮的背面有一平面螺纹 4，与三个卡爪 5 上的牙齿啮合，因此转动平面螺纹，三个卡爪就能同步进出移动。

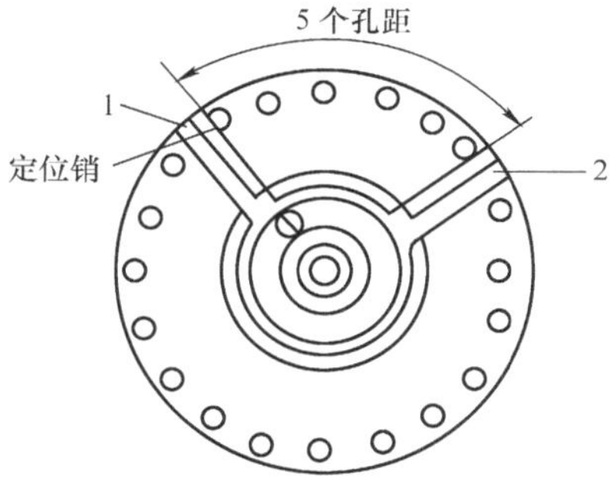

图 5-3 利用分度叉计数

（2）尾座 尾座用于配合分度头使用，装夹带中心孔的工件。转动手轮 1 可使顶尖进退，以便装卸工件；松开紧固螺钉 4、5，用调整螺钉 6 可调节顶尖升降或倾斜的角度；定位键 7 使尾座顶尖轴线与分度头主轴轴线保持同轴，如图 5-5 所示。

（3）顶尖、拨叉和鸡心夹头 用来装夹带中心孔的轴类零件。使用时，将顶尖装在分度头主轴前锥孔内，将拨叉（又称拨盘）装在分度头主轴前端端面上，然后用内六角圆柱头螺钉紧固。用鸡心夹头将工件夹紧放在分度头与尾座两顶尖间，同时将鸡心夹头的弯头放入拨叉的开口内。工件顶紧后，拧紧拨叉开口上的紧固螺钉，使拨叉与鸡心夹头连接，如图 5-6 所示。

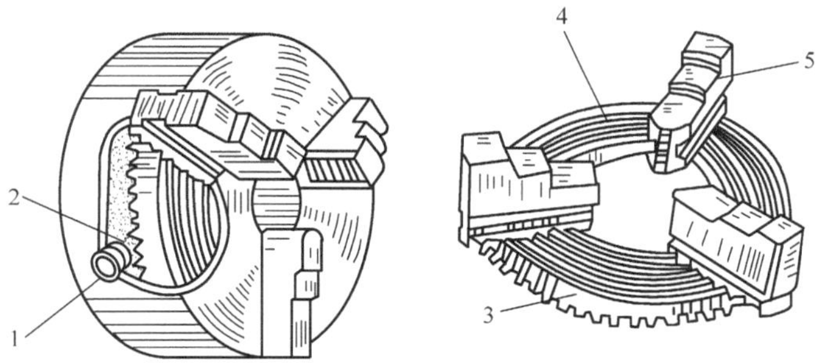

图 5-4 自定心卡盘的结构图
1—方孔 2—小锥齿轮 3—大锥齿轮 4—平面螺纹 5—卡爪

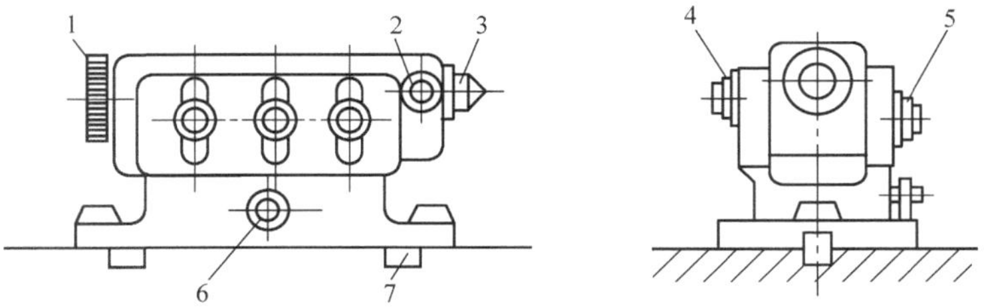

图 5-5 尾座
1—手轮 2—紧固螺钉 3—顶尖 4、5—紧固螺钉 6—调整螺钉 7—定位键

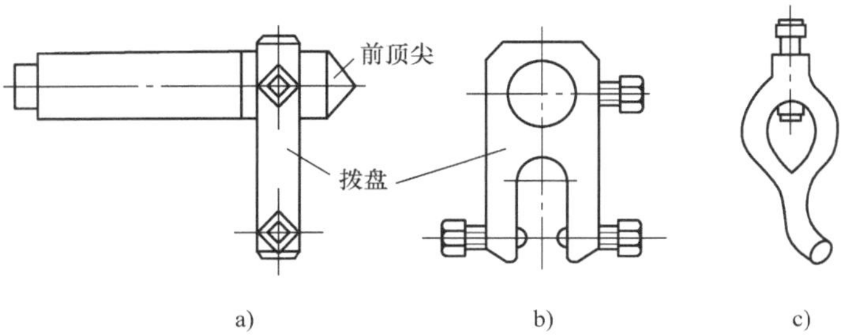

图 5-6 顶尖 、拨叉和鸡心夹头
a）顶尖 b）拨叉 c）鸡心夹头

（4）交换齿轮轴、交换齿轮架（图 5-7） 交换齿轮轴和交换齿轮架用来安装交换齿轮。交换齿轮架 1 安装在分度头的侧轴上，交换齿轮轴套 3 用来安装交换齿轮，它的另一端安装在交换齿轮架的长槽内，调整好交换齿轮后紧固在交换齿轮架上。支撑板 4 通过螺钉轴 5 安装在分度头基座后方的螺孔上，用来支撑交换齿轮架。锥度交换齿轮轴 6 安装在分度头主轴后锥孔内，另一端安装交换齿轮，如图 5-7 所示。

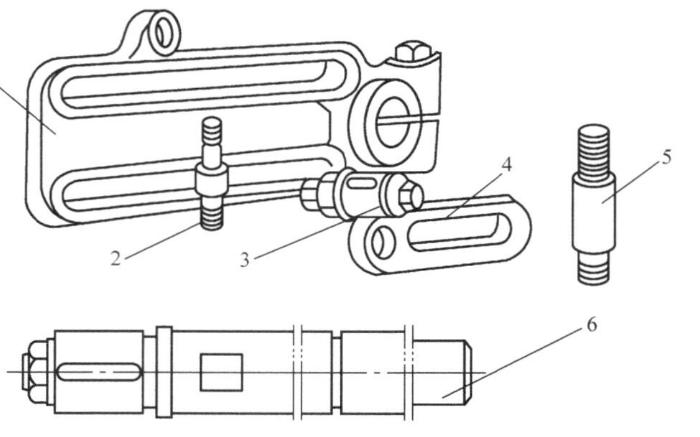

图 5-7 交换齿轮架和交换齿轮轴
1—交换齿轮架 2、5—螺钉轴
3—交换齿轮轴套 4—支撑板 6—锥度交换齿轮轴

（5）交换齿轮 FW250 型万能分度头配有 13 个交换齿轮，其齿数是 5 的整倍数，分别为 25（两个）、30、35、40、45、50、55、60、70、80、90 和 100。

（6）千斤顶 用来支持刚性较差易弯曲变形的工件，减少其变形。使用时，松开锁紧螺钉 4，转动螺母 2，使螺杆 1 上下移动，当螺杆的 V 形槽与工件接触稳固后，拧紧锁紧螺钉，如图 5-8 所示。

5. 用万能分度头及附件装夹工件的方法

（1）用自定心卡盘装夹工件

1）将工件直接用自定心卡盘装夹。

2）用百分表找正工件外圆，保证径向圆跳动误差在 0.05mm 以内，如图 5-9 所示。必要时可在高点的卡爪内垫一层铜片。

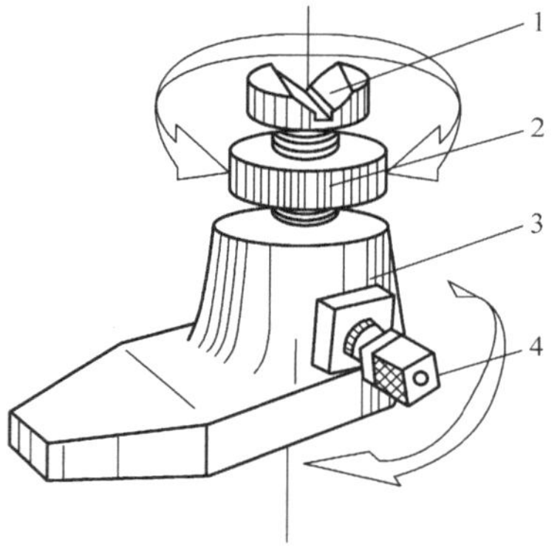

图 5-8 千斤顶的结构图
1—螺杆 2—螺母 3—底座 4—锁紧螺钉

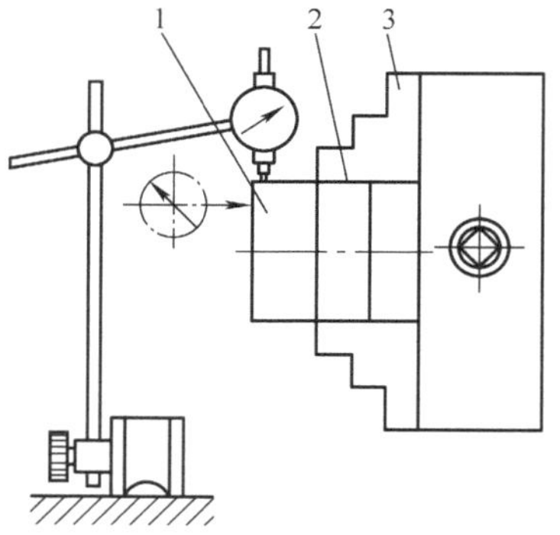

图 5-9 百分表找正工件外圆
1—工件 2—铜片 3—卡爪

3）用百分表找正工件端面，保证端面圆跳动误差在 0.05mm 以内，找正时可将高点用铜锤轻轻敲击。

（2）用两顶尖装夹工件

1）装夹工件前，应先找正分度头和尾座。找正时，将300mm长的莫氏4号锥度的检验心轴放入主轴锥孔内，用百分表检测心轴 a 点处的径向圆跳动的跳动量，如图5-10所示。

2）符合要求后，再找正心轴 a 和 a' 点处的高度误差。摇动工作台作纵向、横向移动，使百分表通过心轴的上素线，测出 a 和 a' 两点处的高度误差，调整分度头主轴角度，使 a 和 a' 两点高度相等，则分度头主轴上素线平行于工作台台面。

3）找正分度头主轴侧素线与工作台纵向进给方向平行，如图5-11所示。将百分表触头置于心轴侧素线处并指向轴心，纵向移动工作台，测出百分表在 b 和 b' 两点处的读数差，调整分度头使两点的读数一致，分度头找正完毕。

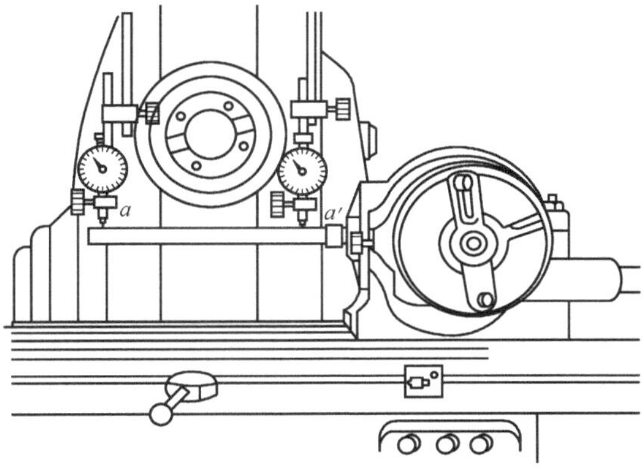

图5-10 找正分度头主轴上素线

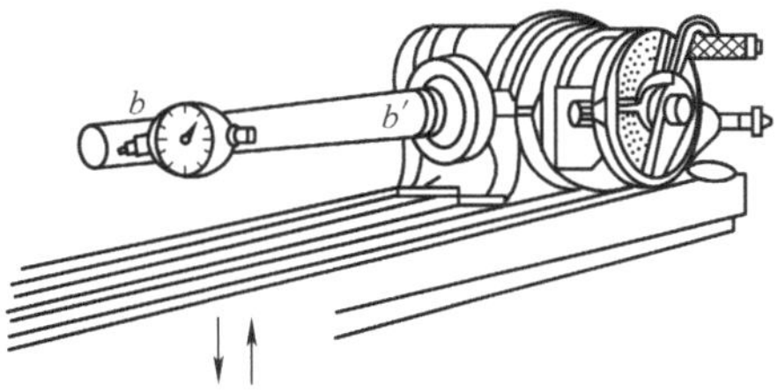

图5-11 找正分度头主轴侧素线

4）顶上尾座顶尖检测，如不符合要求，则仅需找正尾座，使之符合要求，找正方法如图5-12所示。

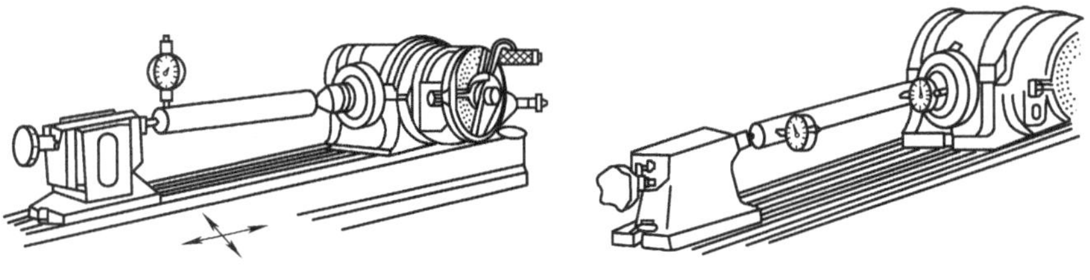

图5-12 找正尾座

（3）用一夹一顶装夹工件

1）用自定心卡盘装夹标准检验心轴，用百分表找正圆跳动误差，使其符合要求。

2）找正标准心轴的上素线、侧素线符合要求，如图5-13所示。

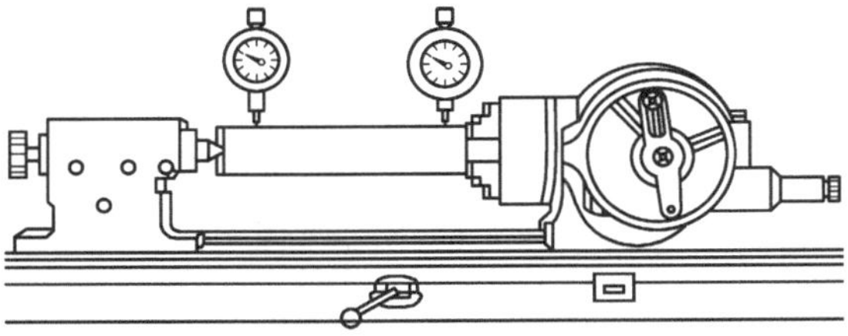

图5-13 一夹一顶装夹工件的找正

3）安装尾座顶尖并将标准检验心轴夹紧。

4）找正标准检验心轴的上素线及侧素线。若不合格，仅调整尾座顶尖，使上素线和侧素线符合要求。

5）卸下心轴，装上工件。

（4）用心轴装夹工件　心轴有锥度心轴和圆柱心轴两种，用于装夹套类工件。装夹前应先找正心轴轴线与分度头主轴轴线的同轴度，并找正心轴的上素线与侧素线。

1）用圆柱心轴在两顶尖间装夹，如图 5-14 所示，适用于多件或较长的套类工件加工，要求工件内孔与心轴配合准确，两端面平行且与内孔垂直，易于保证工件与主轴的同轴度。

2）用圆柱心轴一夹一顶装夹，如图 5-15 所示，适用于多件或较长的套类工件的加工，要求工件内孔与心轴配合准确，两端面平行且与内孔垂直，铣削刚度较好，装夹方便，但同轴度找正困难。

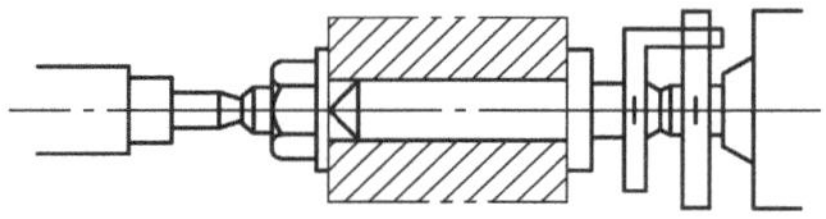

图 5-14　两顶尖间装夹

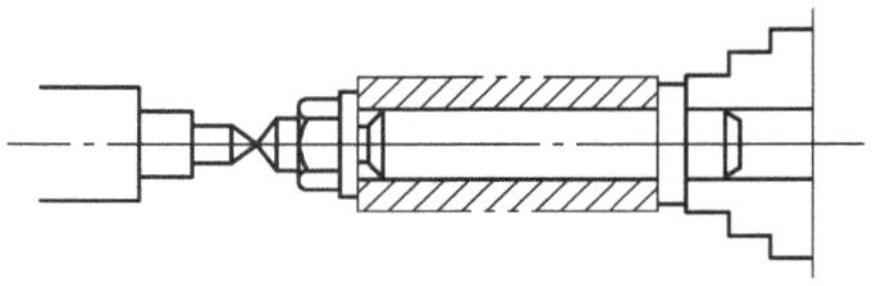

图 5-15　心轴一夹一顶装夹

3）用心轴自定心卡盘装夹，如图 5-16 所示，适用于较短的套类工件的加工，分度盘主轴能倾斜角度。心轴结构简单，但是当主轴倾斜角度较大时，机床工作台升降距离受到影响，铣削时刚度较差。

4）用锥度心轴装夹，如图 5-17 所示，适用于短的套类工件的加工，工件内孔与心轴配合要准确，主轴能倾斜角度。

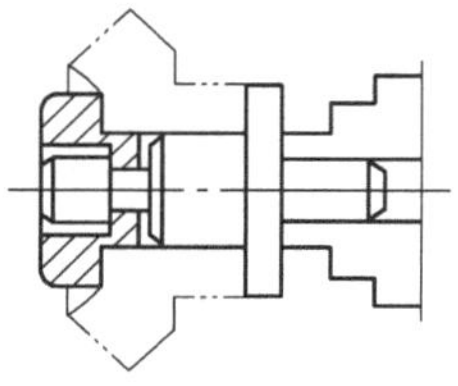

图 5-16　心轴自定心卡盘装夹

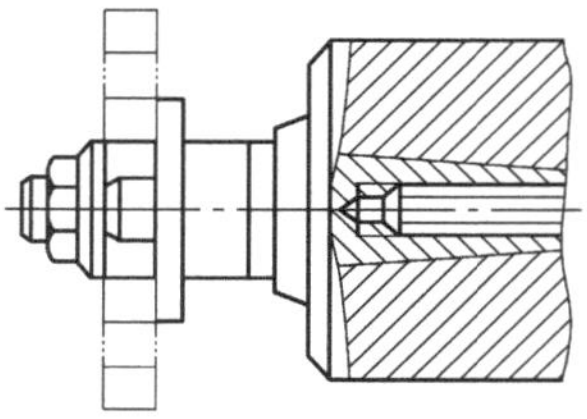

图 5-17　锥度心轴装夹

6. 万能分度头的正确使用和维护

分度头是铣床的精密附件，正确的使用及日常的维护能延长分度头的使用寿命，保持其精度，因此在使用和维护保养时必须注意下列几点。

1）分度头蜗杆和蜗轮的啮合间隙应保持在 0.02 ~ 0.04mm 的范围内，过小容易使蜗轮磨损；过大则工件的分度精度因切削力等因素而受到影响。一般通过偏心套及调整螺母来调整蜗杆蜗轮的啮合间隙。

2）分度头是一种精密附件，使用中严禁敲打。在搬运时，也应避免因碰撞而损坏分度头主轴两端锥孔和安装底面。调整分度头主轴仰角时，先松开基座主轴后部螺母，再略微松开基座主轴前部的内六角螺钉，待角度扳好后，先紧固前部螺钉，再扳紧后部螺钉，否则会使主轴位置的零位走动。

3）分度时，事先要松开主轴锁紧手柄，分度结束后再重新锁紧。但在加工螺旋面工件时，由于分度头主轴要在加工过程中连续旋转，所以不能锁紧。

4）分度时，应顺时针转动分度手柄，如手柄摇错孔位，应将手柄逆时针转动半圈以上，再顺时针转动到规定的孔位。分度定位销应缓慢插入分度盘的孔内，切勿突然将定位销插入孔内，以免损坏分度盘的孔眼和定位销。

5）在分度头上夹持工件时，最好先锁紧分度头主轴。切忌使用接长套管套在手柄上施力，以免因用力过大而损坏分度头蜗杆和蜗轮。

6）工件应装夹牢靠，在铣削过程中不得有松动现象。此外，工件装夹在分度头上时，应有足够的“退刀”距离，以免铣坏分度头及其附件。

7）要经常保持分度头的清洁，使用前应清除表面脏物，并将主轴锥孔和基座底面擦拭干净，使用后将分度头擦干净放在规定的地方。

8）经常注意分度头各部分的润滑，并按说明书上的规定，做到定期加油。合理使用分度头，严禁超载使用。

5.1.2　回转工作台

回转工作台是铣床的主要附件之一。根据回转轴线的方向，回转工作台分为卧轴式和立轴式两种。铣床上常用的是立轴式回转工作台，按对其施力方式的不同，分为手动进给和自动进给两种。手动进给回转工作台如图5-18所示，只能手动进给；自动进给回转工作台如图5-19所示，既可自动进给，又可手动进给。自动进给回转工作台的结构与手动进给回转工作台基本相同，主要差别是它的传动轴4可通过万向联轴器与铣床传动装置连接，实现自动回转进给，离合器手柄3可改变圆工作台1的回转方向和停止圆工作台的自动进给。

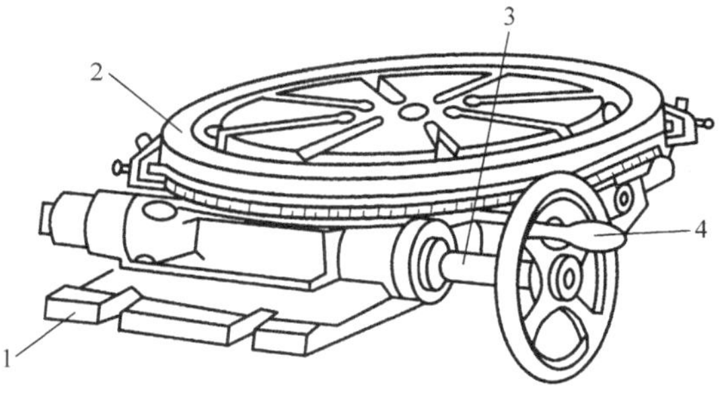

图5-18　手动进给回转工作台
1—底座　2—圆工作台　3—蜗杆轴　4—手柄

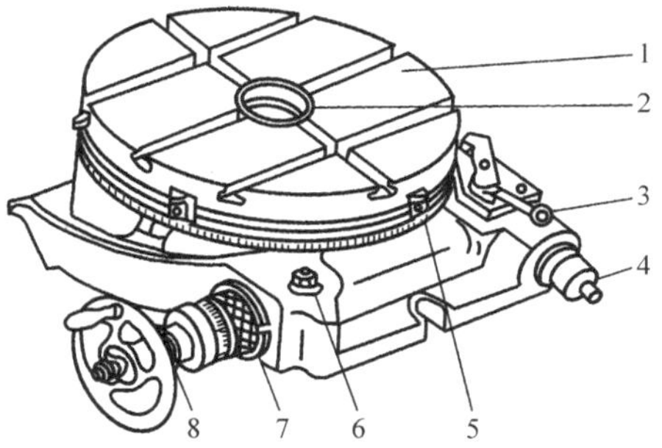

图5-19　自动进给回转工作台
1—圆工作台　2—锥孔　3—离合器手柄
4—传动轴　5—挡铁　6—螺母　7—偏心环　8—手轮

回转工作台的规格以圆工作台的外径表示，有160、200、250、320、400、500、630、800、1000（单位mm）等规格，常用规格有250、320、400、500（单位mm）四种。回转工作台的蜗杆副的传动比，常用的有60∶1、90∶1和120∶1三种，即回转工作台的手轮转一转，圆工作台相应地转过$\frac{1}{60}$转、$\frac{1}{90}$转和$\frac{1}{120}$转，也就是回转工作台的定数有60、90和120三种。

回转工作台主要用于中、小型工件的圆周分度和作圆周进给铣削回转曲面，如铣削工件上圆弧形周边、圆弧形槽、多边形工件和有分度要求的槽或孔等。

5.1.3 项目实训——用分度头及附件装夹工件的找正

用分度头及附件装夹工件的找正见表5-2。

表5-2 用分度头及附件装夹工件的找正

方法		步骤	注意事项
1	用两顶尖装夹工件的找正	1）用长度为300mm的莫氏4号锥度检验心轴插入分度头主轴锥孔内，找正分度头主轴上素线及侧素线，在300mm长度上百分表读数差应在0.03mm内	1）找正用的标准心轴，其尺寸精度以及形状、位置精度应符合要求 2）使用锥度心轴时，应将分度头主轴锥孔及心轴锥柄擦拭干净，以免影响找正精度 3）找正时，百分表测量杆应垂直指向标准心轴轴线，触头压紧量不能太大或太小，以免误读或测量不准确 4）校正时，不准用锤子敲击心轴、分度头和尾座
		2）取下锥度检验心轴，安装分度头顶尖和尾座顶尖	
		3）将标准心轴顶在两顶尖间	
		4）找正标准心轴上素线及侧素线符合要求	
2	用一夹一顶装夹工件的找正	1）在分度头主轴端安装自定心卡盘	
		2）用自定心卡盘装夹标准心轴，并用百分表找正径向圆跳动符合要求	
		3）找正标准心轴上素线、侧素线符合要求	
		4）安装尾座顶尖，并将标准心轴顶紧	
		5）找正标准心轴上素线和侧素线，若不符合要求，则仅调整尾座顶尖，使标准心轴上素线和侧素线符合要求	

5.2 分度方法及应用

常用的分度方法有三种，即简单分度法、角度分度法和差动分度法。简单分度法是最常用的分度方法。简单分度法分度时，通过手柄的转动，使蜗杆带动蜗轮旋转，从而带动主轴和工件转过一定的角度。角度分度法实际上是简单分度法的另一种形式。差动分度法是利用交换齿轮把分度头主轴和侧轴连接起来，当分度手柄转动时，分度盘随之以相同或相反的方向转动。

5.2.1 简单分度法

简单分度法又称单式分度法，是最常用的分度方法。在铣床上对工件简单分度可在万能分度头或回转工作台上进行。

1. 用万能分度头简单分度

在万能分度头上用简单分度法分度时，应先将分度盘固定，转动分度手柄，使蜗杆带动蜗轮旋转，从而带动主轴和工件转过一定的转（度）数。

（1）分度原理　由万能分度头的传动原理可知，分度手柄转过40r，分度头主轴转过1r，即传动比为40∶1，“40”称为分度头的定数。各种常用的分度头（FK型数控分度头除外）都采用这个定数。定数也就是分度头内蜗杆副的传动比。

例如，要分度头主轴转过1/2r（即把圆周两等分），分度手柄需要转过20r。如果分度头主轴要转过1/5r（即把圆周5等分），分度手柄需要转过8r。由此可知，分度手柄的转数与工件等分数的关系如下

$$40:1 = n:\frac{1}{z}\text{即 } n = \frac{40}{z} \tag{5-1}$$

式中　n——分度手柄的转数（r）；

40——分度头的定数；

z——工件的等分数（齿数或边数）。

上式为简单分度的计算公式。当计算得到的转数不是整数而是分数时，可利用分度盘上相应孔圈进行分度。具体方法是选择分度盘上某孔圈，其孔数为分母的整倍数，然后将该分数的分子、分母同时增大到整数倍，利用分度叉实现非整转数部分的分度。

【例5-1】 在FW250型万能分度头上铣削一个正八边形工件，试求每铣一边后分度手柄的转数。

解： 以$z=8$代入式（5-1）得

$$n = \frac{40}{z} = \frac{40}{8}\text{r} = 5\text{r}$$

答： 每铣完一边后，分度手柄应转过5r。

【例5-2】 在FW250型万能分度头上铣削一六角头螺栓，求铣每一面时，分度手柄应转过多少转？

解： 以$z=6$代入式（5-1）得

$$n = \frac{40}{z} = \frac{40}{6}\text{r} = 6\frac{2}{3}\text{r} = \left(6 + \frac{44}{66}\right)\text{r}$$

答： 分度手柄应转6r又在分度盘孔数为66的孔圈上转过44个孔距数，这时工件转过1/6r。

（2）分度盘和分度叉的使用　由例5-2可以看出，当按式（5-1）计算得的分度手柄转数为分数（带分数或真分数）时，其非整转数部分的分度需要用分度盘和分度叉进行。使用分度盘和分度叉时应注意以下几点。

1）选择孔圈时，在满足孔数是分母的整倍数条件下，一般选择孔数较多的孔圈。例如，例5-2中$n = 6\frac{2}{3}\text{r} = 6\frac{16}{24}\text{r} = 6\frac{20}{30}\text{r} = 6\frac{26}{39}\text{r}\cdots = 6\frac{44}{66}\text{r}$，可选择的孔圈孔数可以是24、30、…、66共8个，一般选择孔数为42或66的孔圈（分别在第一块和第二块分度盘的反

面）。因为一方面在分度盘上孔数多的孔圈离轴心较远，操作方便；另一方面分度误差较小（准确度高）。

2）分度叉两叉脚间的夹角可调，调整的方法是使两叉脚间的孔数比需摇的孔数应多一个。如图5-3所示，两叉脚间有5个孔，但只包含了5个孔距。在例5-2中，$n=6\frac{2}{3}\text{r}=6\frac{28}{42}\text{r}$ 选择孔数为42的孔圈时，分度叉两叉脚间应有 $28+1=29$ 个分度孔。

2. 用回转工作台简单分度

（1）分度原理　分度原理与万能分度头相同。回转工作台可配带分度盘，在蜗杆轴（即手轮轴）上套装分度盘和分度叉，转动带有定位销的分度手柄，则蜗杆轴转动，并带动蜗轮（即圆工作台）和工件回转，达到分度的目的。与万能分度头不同的是，在回转工作台上只能作简单分度（或角度分度），不能进行差动分度。此外，回转工作台的定数不是40。

（2）分度计算　前面已经介绍过，回转工作台的定数有60、90和120三种。根据回转工作台三种不同的定数和手柄与圆工作台转数之间的关系与万能分度头的简单分度法原理，可导出回转工作台简单分度法的计算公式，即

$$n=\frac{60}{z} \tag{5-2}$$

$$n=\frac{90}{z} \tag{5-3}$$

$$n=\frac{120}{z} \tag{5-4}$$

式中　n——分度时回转工作台手柄的转数（r）；

z——工件的圆周等分数；

60、90、120——回转工作台的定数。

【例5-3】已知工件的圆周等分数为14，求作在定数为90的回转工作台上的简单分度计算。

解：将 $z=14$ 代入式（5-3）得

$$n=\frac{90}{z}=\frac{90}{14}\text{r}=6\frac{3}{7}\text{r}=6\frac{18}{42}\text{r}$$

答：分度时，手柄在孔数为42的孔圈上转6r又18个孔距。

【例5-4】在定数为120的回转工作台上，工件的等分数 $z=22$，求作简单分度计算。

解：将 $z=22$ 代入式（5-4）得

$$n=\frac{120}{z}=\frac{120}{22}\text{r}=5\frac{5}{11}\text{r}=5\frac{30}{66}\text{r}$$

答：分度时，手柄在孔数为66的孔圈上转5r再加30个孔距。

3. 角度分度法

角度分度法是简单分度的另一种形式，只是计算的依据不同。简单分度时是根据工件

的等分数 z 作为计算分度的依据，而角度分度法是以工件所需转过的角度 θ 作为计算的依据。由于分度手柄转过40r，分度头主轴带动工件转过1r，即360°，所以分度手柄每转1r，工件转过9°或540′。因此，可得出角度分度法的计算公式。

工件角度 θ 的单位为（°）时

$$n=\frac{\theta}{9^\circ} \tag{5-5}$$

工件角度 θ 的单位为（′）时

$$n=\frac{\theta}{540'} \tag{5-6}$$

式中　n——分度手柄的转数（r）；

　　z——工件所需转的角度（°）或（′）。

【例5-5】 在FW250型分度盘上铣削夹角为38°10′的两条槽，求每铣完一齿后分度手柄应摇多少转。

$$n=\frac{\theta}{540'}=\frac{2290'}{540'}\text{r}=4\frac{13}{54}\text{r}$$

由此可知，分度手柄转4r后，又需在54的孔圈上转13个孔距。

5.2.2　差动分度法

1. 齿轮简单传动的计算

在齿轮传动中，凡两个以上的齿轮组成的传动系统称为轮系。根据传动时齿轮的组合形式，轮系可分为单式轮系和复合轮系。

（1）单式轮系　在齿轮传动中，单式轮系由一个主动齿轮、一个从动齿轮和若干中间齿轮（又名介轮、惰轮或过桥轮）组成。在轮系传动中，主要是判断主动齿轮和由它带动的任一从动齿轮（或轴）的旋转方向，以及计算出各轮（或轴）的转速。在单式轮系传动中，带动其他齿轮运动的齿轮称为主动齿轮，被主动齿轮带动的齿轮称为从动齿轮。主动齿轮和从动齿轮直接啮合时，则从动齿轮与主动齿轮旋向相反。如果有中间齿轮，中间齿轮是单数，则从动齿轮与主动齿轮的旋向相同；中间齿轮是双数，则从动齿轮与主动齿轮的旋转方向相反。中间齿轮只起改变从动齿轮方向及连接啮合的作用，对从动齿轮转速不起作用，如图5-20所示。

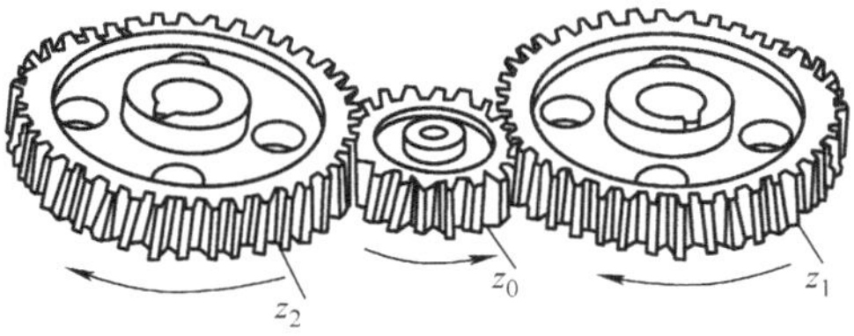

图5-20　中间齿轮传动

当主动齿轮 z_1（假定 z_1 为40齿）转一周时，通过中间齿轮 z_0 传给从动齿轮 z_2（假定 z_2 为80齿），此时 z_2 也应转过40齿。因从动齿轮 z_2 是80齿，所以只转过半周。由此可知，两轮的转数与齿数成反比，即

$$\frac{n_2}{n_1}=\frac{z_1}{z_2}\text{或}\ n_1z_1=n_2z_2 \tag{5-7}$$

可知，主动齿轮齿数乘以主动齿轮转数等于从动齿轮齿数乘以从动齿轮转数。

从动齿轮与主动齿轮转速之比称为传动比，用 i 表示。也可将传动比换成主动齿轮齿数与从动齿轮齿数之比，即

$$i=\frac{n_2}{n_1}=\frac{z_1}{z_2} \tag{5-8}$$

如图 5-21 所示轮系，两轴的速比 $i=2.5$，并且两轴的旋转方向相同，则可用公式（5-8）计算选择 z_1、z_2 的齿数。

$$i=\frac{n_2}{n_1}=\frac{z_1}{z_2}=2.5=\frac{25}{10}=\frac{100}{40}$$

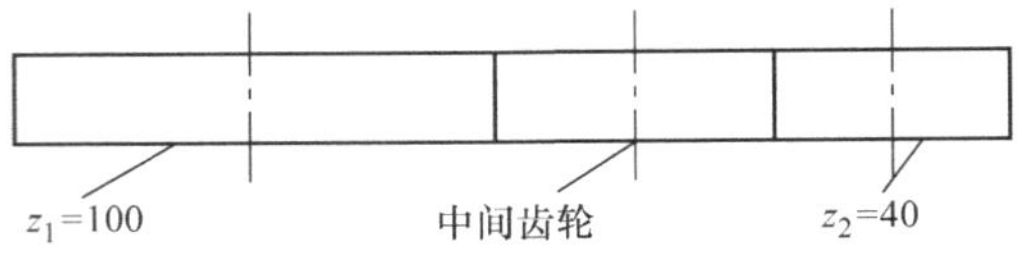

图 5-21 轮系图

（2）复式轮系 在轮系传动中，除了第一根主动齿轮轴和最后一根从动齿轮轴以外，其他各轴中至少有一根轴有两个齿轮，一个为主动齿轮，另一个为从动齿轮，这样的轮系称为复式轮系，如图 5-22 所示。装有主动齿轮 z_1 的轴称为主动轴，装有从动齿轮 z_4 的轴称为从动轴。z_1 与 z_4 间的轴称为中间轴。当中间轴为奇数时，主动轴和从动轴的转向相同；中间轴为偶数时，主动轴和从动轴的转向相反。

复式轮系的传动比 i 按下式计算，即

$$i=\frac{n_{从}}{n_{主}}=\frac{z_1z_3\cdots z_{n-1}}{z_2z_4\cdots z_n} \tag{5-9}$$

例如，在图 5-23 所示复式轮系中

$$i=\frac{z_1z_3}{z_2z_4}=\frac{80\times40}{50\times100}=0.64$$

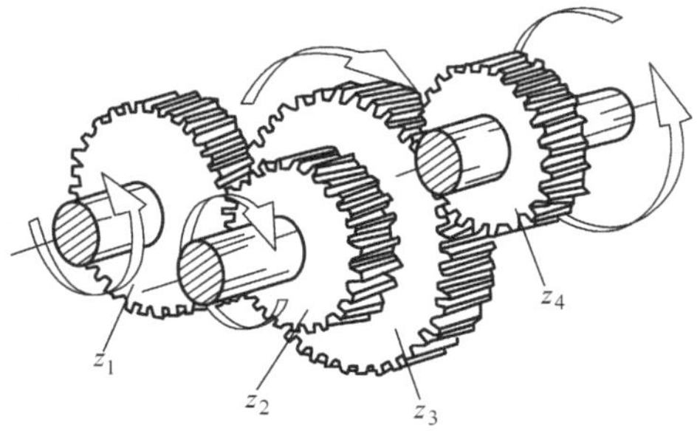

图 5-22 复式轮系图

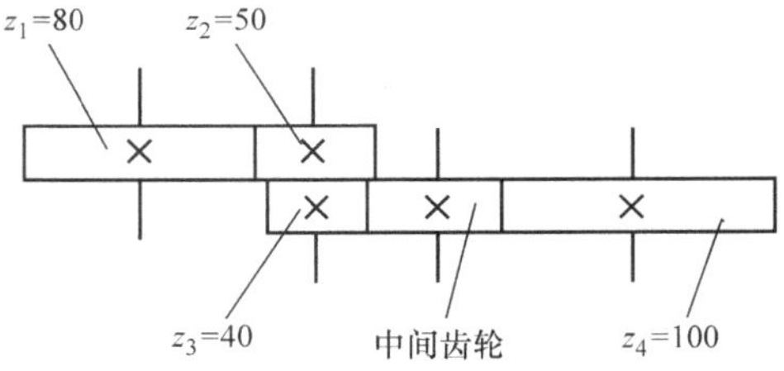

图 5-23 复式轮系结构图

由此可以判断出主动齿轮 $z_1=80$，$z_3=40$；从动齿轮 $z_2=50$，$z_4=100$。又因为中间轴是偶数，所以从动轴的转向与主动轴相反。

2. 差动分度原理

用简单分度法虽能解决了大部分的分度问题，但有时会遇到工件的等分数 z 和 40 不能相约的时候，如 $z=109$ 时，$n=\frac{40}{z}=\frac{40}{109}$，40 和 109 不能相约，分度盘上也没有孔圈数

为 109 的孔圈。这时候就不能使用简单分度法，而要用差动分度法来解决。

差动分度法是用交换齿轮把分度头主轴和侧轴连接起来，如图 5-24 所示，并松开分度盘上的紧固螺钉，这样当转动分度手柄时，分度盘以相同或相反的方向运动，则手柄的实实转数等于手柄相对孔盘的转数与孔盘转数之和，从而实现差动分度。

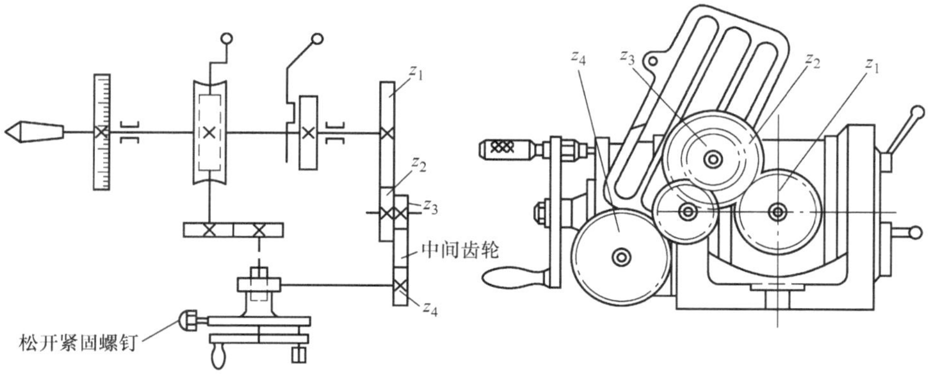

图 5-24　差动分度的传动系统及交换齿轮安装

例如，设工件的等分数 $z=109$，如前所述，不能用简单分度法去分度。此时可先取一个与 z 相近的而不能作简单分度的假设等分数 z'（如取 $z'=105$），则分度手柄相对于分度盘应转过

$$n'=\frac{40}{z'}$$

此时，分度盘是转动的，分度盘转过的圈数 $n_{盘}$ 为

$$n_{盘}=\frac{1}{z}\times\frac{z_1z_3}{z_2z_4}$$

所以，分度手柄的实际转速 $n=n'+n_{盘}$，如图 5-25 所示，n 就是实际等分数在 z 所需的分度手柄应转的圈数$\frac{40}{z}$，即

$$\frac{40}{z}=\frac{40}{z'}+\frac{1}{z}\times\frac{z_1z_3}{z_2z_4}$$

整理后得

$$\frac{z_1z_3}{z_2z_4}=\frac{40(z'-z)}{z}$$

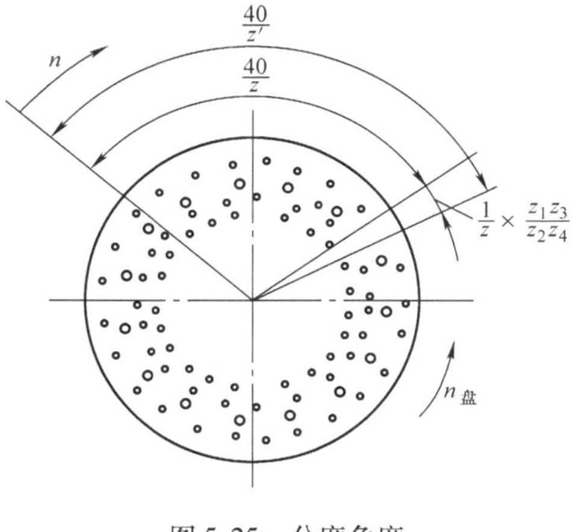

图 5-25　分度角度

式中　z_1、z_3——主动交换齿轮的齿数；

z_2、z_4——从动交换齿轮的齿数；

z——假定等分数；

z'——实际等分数。

由上述公式可知，当 $z'<z$ 时，交换齿轮传动比为负值；反之为正值。式中的正负号

仅说明分度盘的转向与分度手柄相同或相反。不难看出，当 $z'<z$ 时，两者的转向应相反；而当 $z'>z$ 时，则转向应相同。

采用差动分度法时，分度盘的转向极为重要，转向错了将产生废品，而转向的调整取决于交换齿轮中加不加中间齿轮。中间齿轮的齿数并不影响交换齿轮传动比的数值，但中间齿轮的个数却能改变从动齿轮（即分度盘）的转向。

【例 5-6】 在 F11125 型分度头上作 109 份圆周等分，试选取交换齿轮和分度盘的孔圈，并计算分度手柄的转数。

解： 设假定等分数 $z'=105$，则

$$n'=\frac{40}{z'}=\frac{40}{105}=\frac{16}{42}$$

即每分度一次，分度手柄相对分度盘在 42 孔的孔圈上转过 16 个孔距，分度叉之间应包括 17 个孔。

$$\frac{z_1z_3}{z_2z_4}=\frac{40(z'-z)}{z'}=\frac{40(105-109)}{105}=\frac{160}{105}=\frac{40\times80}{70\times30}$$

即主动齿轮 $z_1=40$、$z_3=80$；从动齿轮 $z_2=70$、$z_4=30$。负号表示分度盘和分度手柄转向应相反。

3. 差动分度表

在实际使用差动分度时，可在表 5-3 中直接查取差动分度和各项数据。此表适用于定数为 40 的万能分度盘，表中所列的数据均按 $z'<z$ 计算，在配置中间齿轮时，应使分度盘和分度手柄转向相反。

表 5-3 差动分度表（分度盘定数为 40）

工件等分数	假定等分数	分度盘孔数	转过的孔距数	交换齿轮的齿数				FW250 型分度头交换齿轮的形式
				z_1	z_2	z_3	z_4	
61 63	60	30	20	40 60			60 30	a
67	64	24	15	90	40	50	60	b
69	66	66	40	100			55	a
71 73	70	49	28	40 60			70 35	a
77 79	75	30	16	80 80	60 50	40 40	50 30	b
81 83	80	30	15	25 60			50 40	a
87	84	42	20	50			35	a
89	88	66	30	25			55	a
91 93	90	54	24	40 40			90 30	a
97 99	96	24	10	25 50			60 40	a
101 103 107	100	30	12	40 60 70			100 50 25	a

（续）

工　件 等分数	假　定 等分数	分度盘 孔　数	转过的 孔距数	交换齿轮的齿数				FW250 型分度头 交换齿轮的形式
				z_1	z_2	z_3	z_4	
109	105	42	16	80	30	40	70	b
111				80			35	a
113	110	66	24	60			55	a
117				70	55	50	25	b
119				90	55	60	30	b
121	120	54	18	30			90	a
122				40			60	
123				25			25	
126				50			25	
127				70			30	
128				80			30	
129				90			30	
131	125	25	8	80	25	30	50	b
133				80	50	40	25	
134	132	66	20	50	55	40	60	b
137				100	30	25	55	
138	135	54	16	80			90	a
139				80	30	40	90	b
141	140	42	12	40	50	25	70	b
142				40			70	a
143				30			35	a
146				60			35	a
147				50			25	a
149				90	25	50	70	b
151	150	30	8	40	50	30	90	b
153				40			50	a
154				40	60	80	50	b
157				70	30	40	50	b
158				80	30	40	50	b
159				90	30	40	50	b
161	160	28	7	25			100	a
162				25			50	
163				30			40	
166				60			40	
167				70			40	
169				90			40	
171	168	42	10	50	35	25	70	a
173				100			60	b
174				50			35	a
175				50			30	a
177	176	66	15	40	55	25	80	b
178				40	55	50	80	
179				6	55	50	80	
181	180	54	12	40	50	25	90	b
182				40			90	a
183				40			60	a
186				40			30	a
187	180	54	12	40	60	70	30	b
189				50			25	a
191				80	60	55	30	b

（续）

工件等分数	假定等分数	分度盘孔数	转过的孔距数	交换齿轮的齿数				FW250型分度头交换齿轮的形式
				z_1	z_2	z_3	z_4	
193				30	90	50	80	b
194				25			60	a
197	192	24	5	100	30	25	80	b
198				50			40	a
199				70	30	50	80	b

注：1. 交换齿轮形式：a 为单式轮系，b 为复式轮系。

2. 本表交换齿轮采用单式轮系时加两个中间齿轮，采用复式轮系时加一个中间齿轮。

5.2.3 项目实训——简单分度法铣削

毛坯为 ϕ22mm 棒料，材料为 45 钢，用圆柱形铣刀在卧式铣床上铣削六棱柱，其操作步骤见表 5-4。

表 5-4 铣削六棱柱

步骤		过程内容
1	读零件图	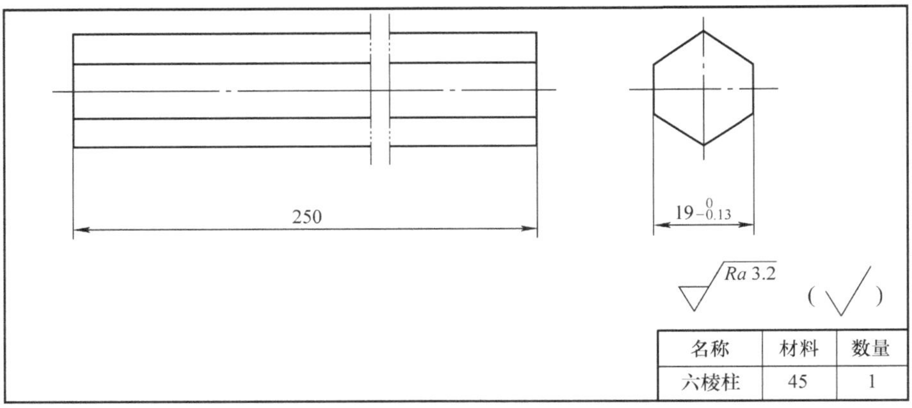
2	铣削	1）选择 ϕ27mm 的圆柱形铣刀，并将其安装在铣床铣刀杆上
		2）安装分度头和尾座，找正标准心轴上素线，在 300mm 长度上百分表读数差值在 0.05mm 以内
		3）计算分度手柄转数 $n=\frac{40}{z}$，选择孔圈，调整定位销位置和分度叉脚之间的孔距数
		4）用一夹一顶装夹工件
		5）对刀，铣削至尺寸
		6）工件掉头装夹，接刀铣削完余部
		7）检查工件质量，合格后卸下工件

练 习 题

一、填空题

1. 万能分度头的型号由__________和__________两部分组成。

2. 常用万能分度头有__________、__________和__________三种，其中__________型万能分度头是铣床最常用的一种。

3. 自定心卡盘通过__________安装在分度头主轴上，用来夹持工件。

4. __________又称单式分度法，是最常用的分度方法。

5. 常用的直线移距分度法有__________和__________两种。

6. 铣削螺旋槽时，交换齿轮的一个主动齿轮应挂在__________。

7. 分度圆与齿顶圆之间的径向距离称为__________。

8. 外花键各键的两侧需互相平行，与__________相对称且各__________必须相等。

9. 用成形铣刀铣外花键，对刀后按键槽深的__________铣一刀。

10. 在圆柱螺旋线的三要素中，导程 Ph 与螺旋角 β 的关系为__________。

二、判断题

1. 安装分度盘的菱形销时，菱形销的圆柱部分应与回转方向垂直。（　　）

2. 在安装传动轴时，必须使齿轮的轴线与离合器装配基准孔的轴线重合。（　　）

3. 加工精度较高的角度面零件时，应选用较少孔数的孔圈，以提高分度精度。（　　）

4. 通常在铣床上使用的分度头有直接分度头、简单分度头和万能分度头等，其中以直接分度头使用最广泛。（　　）

5. 当工件等分数较大（大于60）且按简单分度法不能分度时，即需要采用角度分度法分度。（　　）

6. 万能分度头采用分度叉计算孔数时，分度叉两叉角之间的实际孔数应比所需要的孔距数多一孔。（　　）

7. 采用万能分度头分度时，分度手柄应向一个方向摇动，并尽可能使速度均匀，如果摇过了预定位置，只需将分度手柄退回到规定的位置即可。（　　）

8. 利用铣床在平面上刻尺寸线时，若精度要求不高，可直接利用分度头直线移距。（　　）

9. 采用分度头主轴交换齿轮法铣削导程圆柱凸轮时，一般应摇动分度手柄进行铣削，也可用工作台进给。（　　）

三、选择题

1. 分度头的计算公式 $n=\dfrac{40}{z}$ 中，z 指的是（　　）。

A. 分度头手柄转数　B. 工件等分数　C. 蜗轮齿数　D. 蜗杆头数

2. 铣削（　　）离合器时，分度头主轴必须仰起一个角度 α，以使槽底处于水平位置。

A. 尖形齿　B. 锯形齿　C. 梯形等高齿　D. 梯形收缩齿

3. 由于分度仰角计算或调整错误，造成一对（　　）离合器接合后齿侧不粘合。

A. 螺旋形齿　B. 锯形齿　C. 梯形等高齿　D. 梯形收缩齿

4. 采用纵向进给铣削直齿锥齿轮，首先应安装并找正分度头，使分度头主轴轴线与（　　）垂直并将分度头扳起一个仰角 δ_f，δ_f 为锥齿轮的根锥角，再根据 $n=40/z$ 来进行分度。

A. 纵向工作台　　　B. 横向工作台　　　C. 铣刀刀杆　　　D. 工作轴线

5. 夹具的定位元件、对刀元件、刀具引导装置、分度机构、夹具体的（　　）所造成的误差，将直接影响工件的加工精度。为保证零件的加工精度，一般将夹具的制造公差定位在相应尺寸公差的1/5～1/3。

A. 加工　　　B. 装配　　　C. 安装　　　D. 加工与装配

6. 分度头仰角计算或调整错误，会造成一对锯齿形离合器接合后（　　）。

A. 齿侧不贴合　　　B. 贴合面积不够

C. 接合齿数太少　　　D. 齿工作面表面粗糙度达不到要求

7. 用分度头铣削圆盘凸轮，分度头主轴和水平方向成一夹角后进行铣削的方法称为（　　）。

A. 垂直铣削法　　　B. 倾斜铣削法　　　C. 靠模铣削法　　　D. 凸轮铣削法

8. 利用铣床在平面上刻尺寸线时，若精度要求不高可直接利用（　　）计数移距。

A. 手柄刻度盘　　　B. 万能分度头　　　C. 直接分度头　　　D. 简单分度头

四、简答题

1. 简述分度头的使用注意事项？

2. 举例说明分度头型号的组成及其含义。

3. 万能分度头的主要功用有哪些？

4. 分度头常用的附件有哪些？

5. 用分度头装夹工件的方法有哪些？用两顶尖装夹工件时，如何找正分度头与尾座？

6. 什么是分度头的定数？常用分度头的定数是多少？

7. 在哪些情况下需要进行差动分度？

8. 差动分度时，如何选择，假定分数都小于实际等分数（即$z_0<z$）？传动比正负号的含义是什么？

五、操作题

按图5-26所示在分度头上铣角度面。

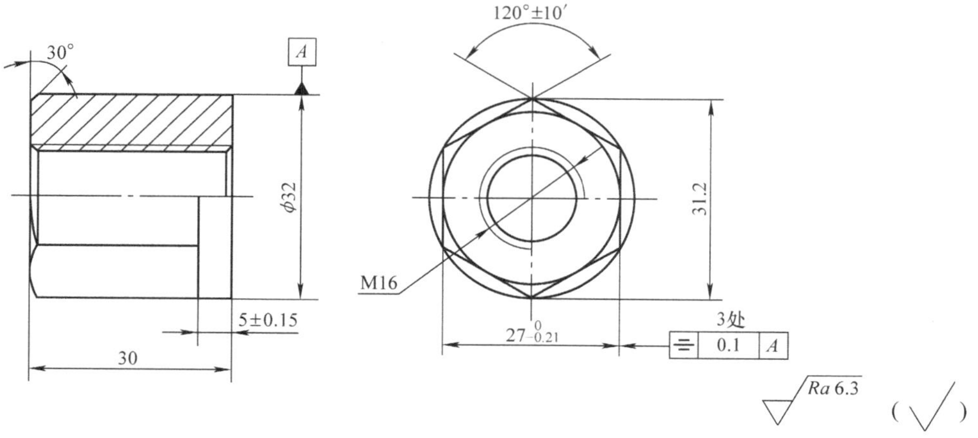

图5-26　铣角度面

1. 制订加工工艺并填写表5-5。

表5-5 工艺过程

序号	工艺步骤	刀具类型	主轴转速 n/(r/min)	进给速度 v_f/(mm/min)	背吃刀量 a_p/mm

2. 完成加工后，按照表5-6在“学生自评”栏内填写自评结果，其余项目由教师负责评价。

表5-6 评价标准

分类	序号	检测项目	配分	学生自评	教师评价	得分
工作质量	1	120°±10′	24			
	2	$27_{-0.21}^{0}$	15			
	3	5±0.15	5			
	4	⌯ 0.1 A（3处）	6			
	5	Ra 6.3	10			
分类	序号	评价项目	配分	说明		得分
现场操作规范	1	安全操作	20	违反一条操作规程扣2分		
	2	工具、量具的正确使用	10	工具、量具使用错误一项扣2分		
	3	正确操作和维护保养设备	10	违反一条维护保养规程扣2分		
评分人			时间		总得分	

第6章

在铣床上加工孔

学习目标

✧ 掌握麻花钻头、铰刀和镗刀的结构、刃磨方法及安装方法

✧ 掌握在铣床上钻孔、铰孔和镗孔的方法

✧ 能分析钻孔、铰孔和镗孔中出现的问题，并采取相应的预防措施

6.1 在铣床上钻孔

在铣床上钻孔时，钻头的回转运动是主运动，工件（工作台）或钻头（主轴箱）沿钻头轴向的移动是进给运动。

在铣床上一般采用麻花钻钻孔，主要钻削中、小型工件上的孔和相互位置不太复杂的孔系。

6.1.1 麻花钻的结构

1. 标准麻花钻的组成

麻花钻一般用高速钢（W18Cr4V 或 W9Cr4V2）制成，淬火后硬度为 62～68HRC。标准麻花钻由柄部、颈部及工作部分组成，如图 6-1 所示。

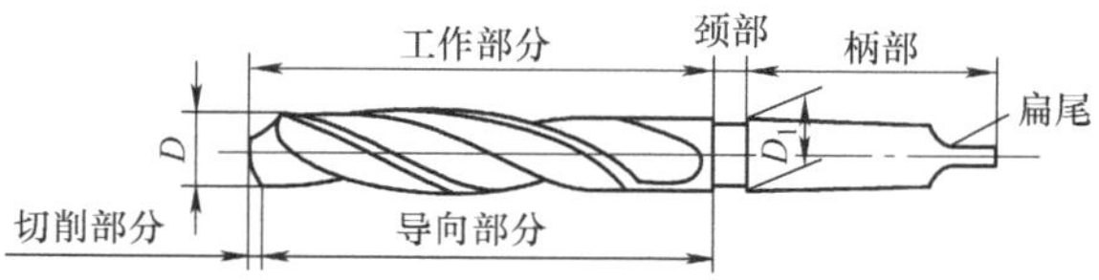

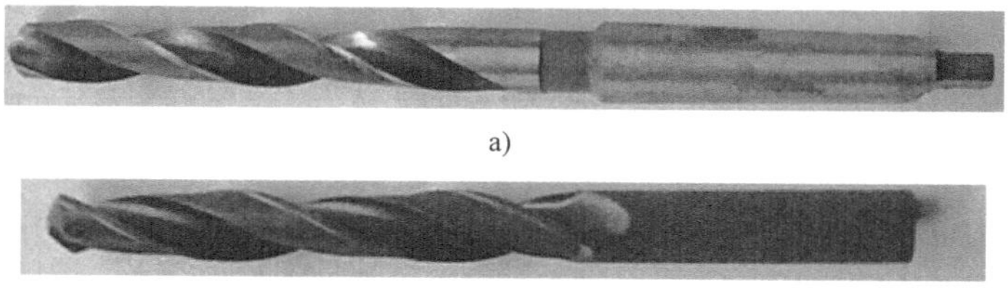

a)

b)

图 6-1 麻花钻头的结构

a）锥柄式 b）直柄式

1）柄部是钻头的夹持部分，用以定心和传递动力，有直柄和锥柄两种。一般直径小于13mm的钻头做成直柄，直径大于13mm的钻头做成锥柄。锥柄钻头的规格见表6-1。

表6-1　锥柄钻头的规格　（单位：mm）

莫氏锥柄号	1	2	3	4	5	6
大端直径 d_1	12.240	17.980	24.051	31.542	44.731	63.760
钻头直径 d_0	<15.5	15.6～23.5	23.6～32.5	32.6～49.5	49.6～65	65.1～80

2）颈部用于连接工作部分和柄部，是磨制钻头时供砂轮退刀用的，钻头的规格、材料和商标一般也刻印在颈部。

3）工作部分分为切削部分和导向部分。导向部分用来保持钻头工作时的正确方向，两条螺旋槽的作用是形成切削刃，便于容纳和排屑以及切削液的输入，外缘有两条棱带，其直径略有倒锥，用以导向和减少钻头与孔壁的摩擦。

4）切削部分如图6-2所示，担任主要的切削工作，由五刃（两条主切削刃、两条副切削刃和一条横刃）、六面（两个前刀面，两个主后刀面和两个副后刀面）组成。

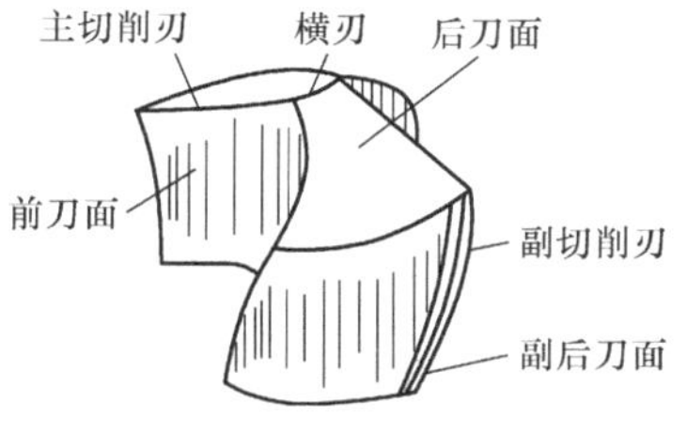

图6-2　麻花钻的切削部分

2. 标准麻花钻的切削角度

（1）确定麻花钻切削角度的辅助平面　为了确定麻花钻的切削角度，需要引进几个辅助平面，即基面、切削平面和正交平面，三者相互垂直。

1）基面。麻花钻主切削刃上任一点的基面是通过该点且垂直于该点切削速度方向的平面，实际上是通过该点与钻心连线的径向平面。由于麻花钻两主切削刃不通过钻心，所以主切削刃上各点的基面也就不同，如图6-3所示。

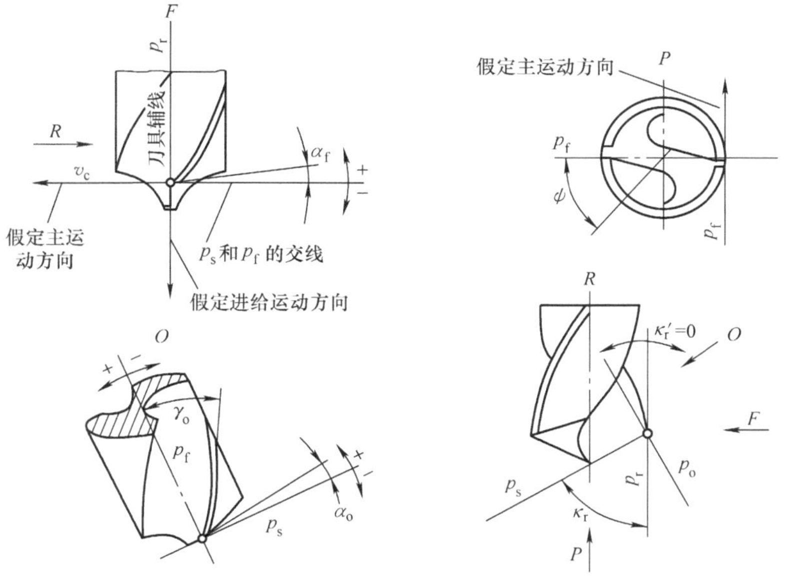

图6-3　麻花钻的主要角度

p_r—基面　p_s—切削平面　p_f—假定工作平面　p_o—正交平面

2）切削平面。麻花钻主切削刃上任一点的切削平面，是由该点的切削速度方向与该点切削刃的切线所构成的平面。标准麻花钻主切削刃是直线，其切线就是钻刃本身。切削平面即该点切削速度与钻刃构成的平面。

3）正交平面。通过主切削刃上任一点并垂直于基面和切削平面的平面。

（2）标准麻花钻的切削角度

1）顶角 $2\kappa_r$。顶角是两主切削刃在与它们平行的轴平面上投影的夹角，如图 6-3 所示。顶角的大小影响钻头的尖端强度、前角和轴向切削力。顶角大，钻头尖端强度大，并可加大前角，但钻削时轴向切削力大。标准麻花钻的顶角 $2\kappa_r = 118° \pm 2°$。其大小对主切削刃的影响如图 6-4 所示。

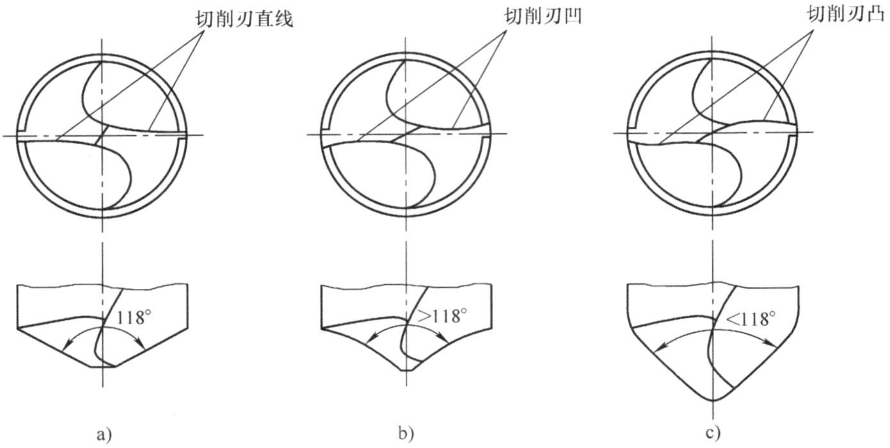

图 6-4　顶角对主切削刃形状的影响

2）前角 γ_o。前角是在正交平面内测量的前刀面与基面 P_r 的夹角。麻花钻的前刀面是螺旋槽面，因此主切削刃上各点处的前角大小是不同的，钻头外缘处的前角最大，约为 30°，越近中心前角越小，靠近横刃处的前角约为 −30°，横刃上的前角则小至 −60° ~ −50°。前角的大小影响切屑的形状和主切削刃的强度，决定切削的难易程度。前角越大，切削越省力，但刃口强度降低。

3）后角 α_o。后角是在正交平面 P_o 内测量的后刀面与切削平面 P_s 的夹角。

4）侧后角 α_f。侧后角是在假定工作平面 P_f 内测量的后刀面与切削平面的夹角。钻削中实际起作用的是侧后角 α_f。

主切削刃上各点处的后角大小也不一样，在钻头外缘处的侧后角最小，为 8° ~ 14°，越近中心越大，靠近钻心处为 20° ~ 25°。后角的大小影响后面的摩擦和主切削刃的强度。后角越大，麻花钻后刀面与工件已加工面的摩擦越小，但刃口强度则降低。

5）横刃斜角 ψ。横刃斜角是横刃与主切削刃在端面上投射线之间的夹角，一般取 50° ~ 55°。横刃斜角的大小与后面的刃磨有关，可用来判断钻心处的后角是否刃磨正确。当钻心处后角较大时，横刃斜角就较小，横刃长度相应增长，钻头的定心作用因此变差，轴向切削力增大。

6.1.2 麻花钻的刃磨

麻花钻用钝后可根据加工材料及加工要求进行刃磨。刃磨时，主要刃磨两个后刀面和修磨前刀面（横刃部分）。

钻头刃磨的质量会直接影响钻孔的精度。刃磨前，首先检查砂轮表面是否平整。若砂轮表面不平或有跳动现象，须先进行修正。

1. 麻花钻刃磨的基本要求

1）麻花钻的两条主切削刃应该对称，两主切削刃的长度要相等，两主切削刃的夹角（两主偏角）要与钻头的轴心线对称。

2）横刃必须通过钻头中心，横刃斜角应为50°~55°。

3）钻头必须锋利，主切削刃、刀尖与横刃不允许有钝口、崩刃或退火现象。

4）横刃长度不宜过长。

2. 麻花钻的刃磨方法

1）右手捏住（左手也可）麻花钻前部起定位作用，左手握住麻花钻刀柄，使麻花钻轴心线与砂轮表面成59°，如图6-5所示，柄部略向下倾斜12°~15°。

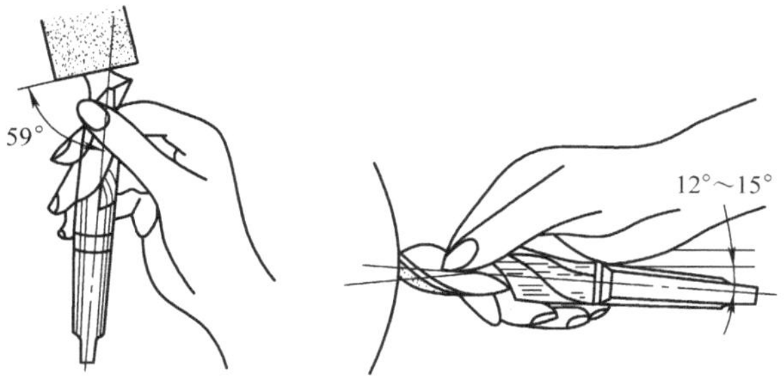

图6-5 麻花钻的刃磨方法

2）使麻花钻后刀面接触砂轮表面，右手使麻花钻绕轴线作微量转动，左手将麻花钻柄部作上下少量摆动，如图6-6所示，就可同时磨出主切削刃和后刀面。

3）将麻花钻转过180°，用同样方法刃磨另一主切削刃。两主切削刃也可交替地进行磨削。

4）检查刃磨后的顶角$2\kappa_r$是否达到要求（118°±2°）及与轴线是否对称，两主切削刃的长度是否相等。检查时，左手拿麻花钻刀柄竖直放在面前，右手指放在钻头顶部，两眼平视，目测顶角$2\kappa_r$是否两边大小相等，主切削刃长度是否一致，如不符再进行修磨。

5）检查横刃斜角应为55°。检查时，将麻花钻竖直，两眼俯视，目测横刃斜角应为55°，如图6-7所示。

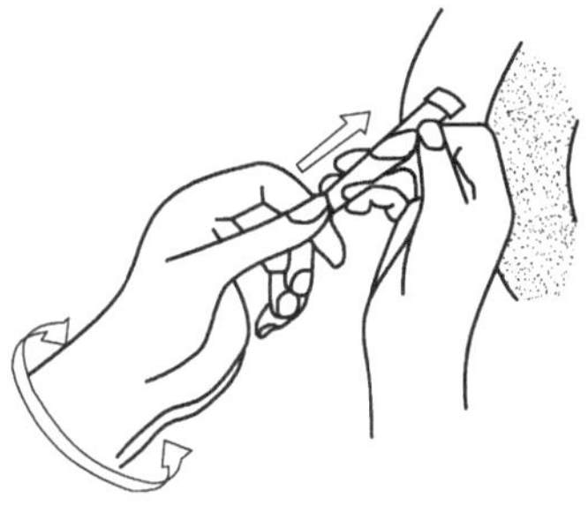
图6-6 磨出主切削刃和后刀面

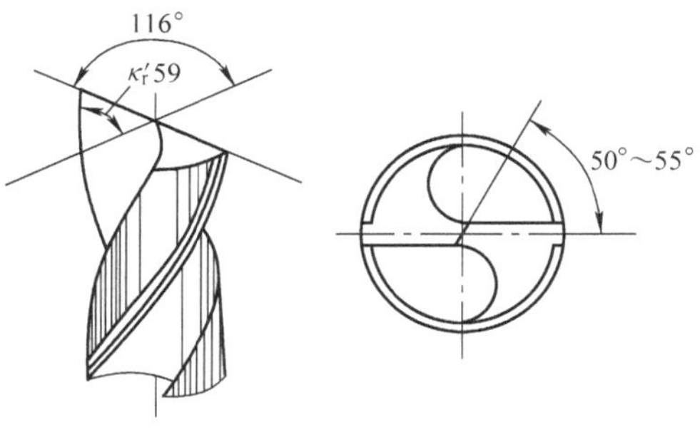

图6-7 麻花钻的角度

6）修磨横刃。把横刃磨短，将钻心处前角磨大。通常5mm以上的麻花钻都需修磨横刃，使修磨后的横刃长度为原长的1/5～1/3。修磨方法如图6-8所示。

3. 麻花钻刃磨时的注意事项

1）用力要均匀，不能过猛，应经常目测磨削情况，随时修正。

2）应经常将钻头浸入水中进行冷却，避免过热退火而降低温度。

3）钻头切削刃的位置应略高于砂轮中心平面，以免磨出负后角，致使钻头无法切削，如图6-9所示。

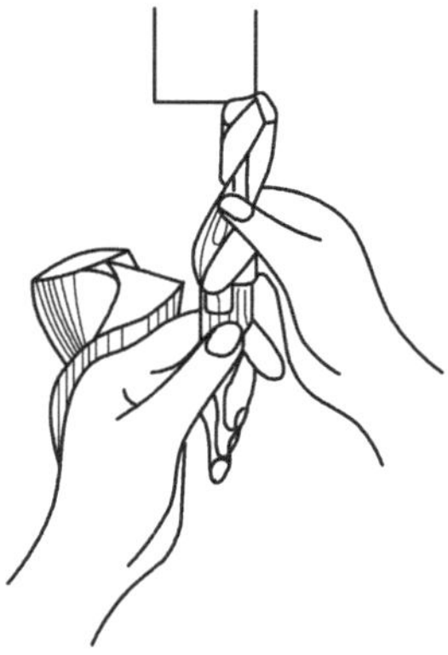

图6-8　修磨横刃

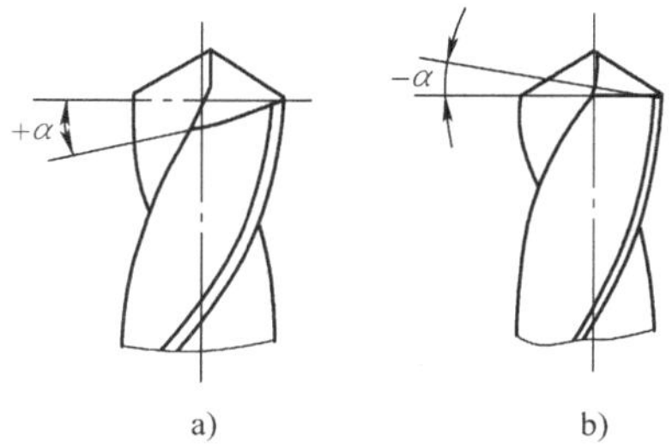

图6-9　钻头后角
a）正确　b）不正确

4）当钻头将要磨好时，应由刃口向刃背方向磨，以免刃口退火。

6.1.3　钻孔方法

1. 钻孔的技术要求

1）钻孔的尺寸精度：主要是孔的直径，其次是孔的深度。用麻花钻钻孔的尺寸经济精度可达IT11～IT12。

2）钻孔的形状精度：主要有孔的圆度、圆柱度和轴线的直线度。

3）钻孔的位置精度：主要有孔与孔或孔与外圆之间的同轴度、孔与孔的轴线或孔的轴线与基准面的平行度、孔的轴线与基准面的垂直度、孔的轴线对基准的偏移量的位置度要求。

4）钻孔的表面粗糙度：表面粗糙度值可达$Ra6.3\sim12.5\mu m$。

2. 钻削用量及其选择

（1）钻削用量　钻削用量是指钻削过程中，切削速度、进给量和背吃刀量的总称，如图6-10所示。

1）切削速度v_c：麻花钻切削刃外缘处的线速度。可由下式计算，即

$$v_c=\frac{\pi dn}{1000} \tag{6-1}$$

式中　v_c——切削速度（m/min）；

d——钻头直径（mm）；

n——钻床主轴转速（r/min）。

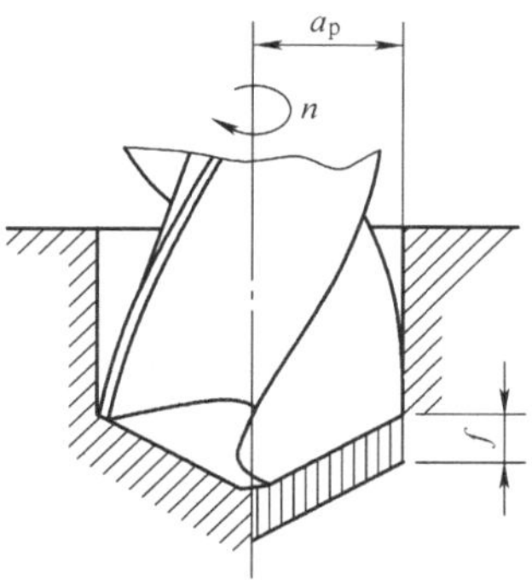

图 6-10 钻削用量

【例 6-1】 在一工件上加工直径为 20mm 的孔，选择转速为 450r/min，求钻孔的切削速度是多少？

解：
$$v_c = \frac{\pi dn}{1000} = \frac{3.14 \times 20 \times 450}{1000}\text{m/min} = 28.26\text{m/min}$$

答：钻孔的切削速度为 28.26m/min。

2）进给量 f：麻花钻每回转一转，钻头对工件沿主轴轴线方向的相对位移，单位是 mm/r。

3）背吃刀量 a_p：指工件已加工表面与待加工表面之间的垂直距离。钻削时，$a_p = d/2$。

（2）钻削用量的选择　钻孔时，由于背吃刀量已由钻头直径确定，所以只需选择切削速度和进给量。

对钻孔生产效率的影响，切削速度 v_c 比进给量 f 大；对孔的表面粗糙度值的影响，进给量 f 比切削速度 v_c 大。综合以上的影响因素，钻削用量的选用原则是：在允许范围内，尽量先选较大的进给量 f，当 f 受到表面粗糙度和钻头刚度的限制时，再考虑选较大的切削速度 v_c。

1）背吃刀量的选择。钻头直径由设计或工艺尺寸要求决定，一般直径 $d \leqslant 30$mm 的孔一次钻出，达到规定要求的孔径和孔深；孔直径在 30～80mm 时，先钻出 $(0.5 \sim 0.7)d$（d 为要求的孔径）的预钻孔，然后再用直径为 d 的钻头进行扩孔。这样可以提高钻孔质量，减少轴向力，保护机床和刀具等。

2）进给量的选择。当孔的尺寸精度和表面质量要求较高时，应选较小的进给量；当钻小孔和深孔时，钻头细而长，强度低，刚度差，钻头易扭断，也应选较小的进给量。除此以外，在允许的条件下尽量选择大的进给量，最常用的高速钢标准麻花钻进给量的选取见表 6-2。

表 6-2　高速钢标准麻花钻进给量的选取

钻头直径 d/mm	<3	3～6	6～12	12～25	>25
进给量 f/(mm/r)	0.025～0.05	0.05～0.10	0.10～0.18	0.18～0.38	0.38～0.62

3）切削速度的选择。当钻头的直径和进给量确定后，钻削速度应按钻头的寿命选取合理的数值，一般根据经验选取。它一般与加工材料、钻头材料及加工条件有关，高速钢标准麻花钻的切削速度可参考表 6-3 选取。孔深较大时，选取较小的切削速度。

3. 钻孔时的冷却与润滑

钻孔一般属于粗加工，钻削过程中，钻头处于半封闭状态下工作，摩擦严重，散热困难。注入切削液是为了延长钻头的使用寿命和提高切削性能，因此应以冷却为主。

钻孔时由于加工材料和加工要求不一，所用切削液的种类和作用也不一样。钻孔常用切削液的选用见表 6-4。

表 6-3 高速钢标准麻花钻的切削速度

加工材料	硬度（HBW）	切削速度 v_c/(m/min)	加工材料	硬度(HBW)	切削速度 v_c/(m/min)
低碳钢	100 ~ 125 125 ~ 175 175 ~ 225	27 24 21	可锻铸铁	110 ~ 160 160 ~ 200 200 ~ 240 240 ~ 280	42 25 20 12
中、高碳钢	125 ~ 175 175 ~ 225 225 ~ 275 275 ~ 325	22 20 15 12	球墨铸铁	140 ~ 190 190 ~ 225 225 ~ 260 260 ~ 300	30 21 17 12
合金钢	175 ~ 225 225 ~ 275 275 ~ 325 325 ~ 375	18 15 12 10	铸　钢	低　碳 中　碳 高　碳	24 18 ~ 24 15
灰铸铁	100 ~ 140 140 ~ 190 190 ~ 220 220 ~ 260 260 ~ 320	33 27 21 15 9	铝合金、镁合金 铜合金 高速钢	 200 ~ 250	75 ~ 90 20 ~ 48 13

表 6-4 钻孔常用切削液的选用

加工材料	切　削　液
结构钢	3% ~5%（体积分数，后同）乳化液或 7% 硫化乳化液
不锈钢及高温合金	3% 肥皂加 2% 亚麻油水溶液；10% ~20% 乳化液或含氯、硫、磷的切削油
纯铜、黄铜、青铜	5% ~8% 乳化液或不用
铸铁	5% ~8% 乳化液或煤油，也可不用（注意采用煤油时孔径可能会缩小）
铝及铝合金	5% ~8% 乳化液、煤油、煤油与菜油的混合物或矿物油混合物，也可不用
有机玻璃	5% ~8% 乳化液、煤油
硬橡皮、胶木、硬纸板	干钻或风冷

在高强度材料上钻孔时，钻头前刀面要承受较大的压力，为减少摩擦和钻削阻力，可在切削液中增加硫和二硫化钼等成分，如硫化切削油。

在塑性、韧性较大的材料上钻孔，要求加强润滑作用，在切削液中加入适当的动物油和矿物油。

孔的精度要求较高和表面粗糙度值要求很小时，应选用主要起润滑作用的切削液。

4. 麻花钻头的安装

1）安装直柄麻花钻有以下两种方法。一是直接安装在铣夹头及弹性套内，与安装直柄立铣刀的方法相同；二是安装在钻夹头内，如图 6-11 所示。

2）安装锥柄麻花钻。锥柄麻花钻可直接或用变径套连接安装在铣床用带有腰形槽锥孔的变径套内。安装及拆卸钻头的方法如图 6-12 所示。

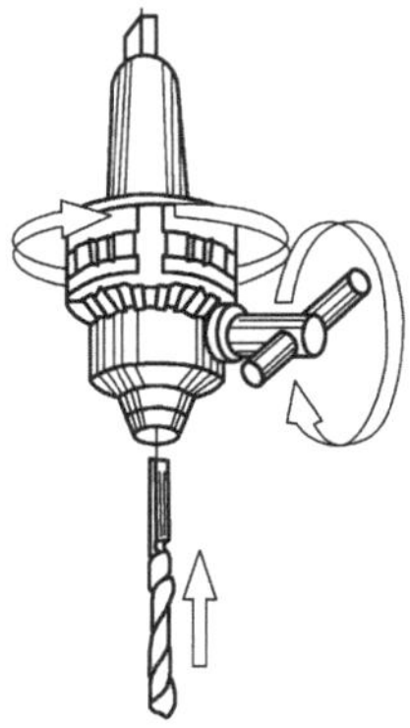

图 6-11 安装钻夹头

5. 钻孔的方法

（1）按划线钻孔　按图样上孔的位置尺寸要求，在工件上划出孔的中心位置线和孔径尺寸线，并在孔的中心位置及孔的圆周上打样冲眼。较小的工件可用机用虎钳装夹，如图6-13所示；较大的工件可用压板和螺栓装夹，如图6-14所示。

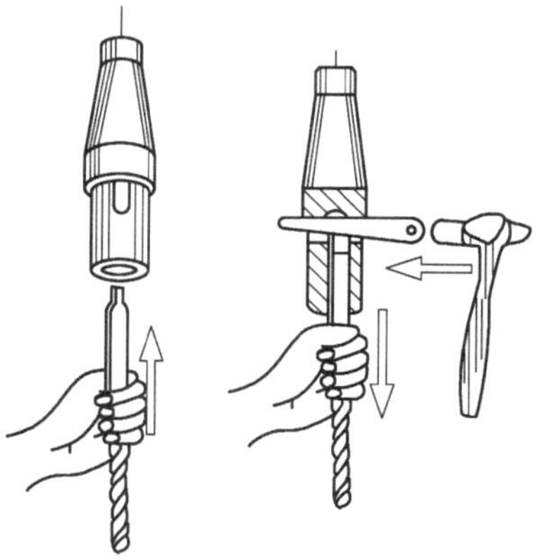

图6-12　安装与拆卸锥柄麻花钻

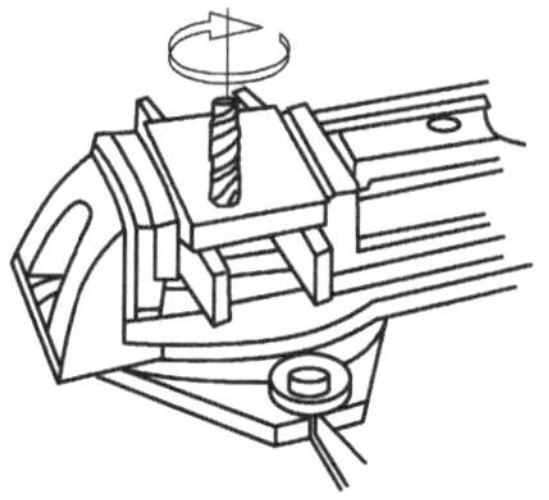

图6-13　用机用虎钳装夹工件钻孔

钻削时，先调整好主轴转速，移动工件使麻花钻轴线与工件中心重合（目测），然后试钻一浅孔，观察是否偏心。若偏心则应重新进行找准。找准时，可在浅孔坑与划线距离较大处錾几条浅槽，如图6-15所示。找准并落钻再试钻，待对准后即可开始钻孔。对于通孔，当钻头快要钻通时应减慢进给速度，钻通后方可退刀。

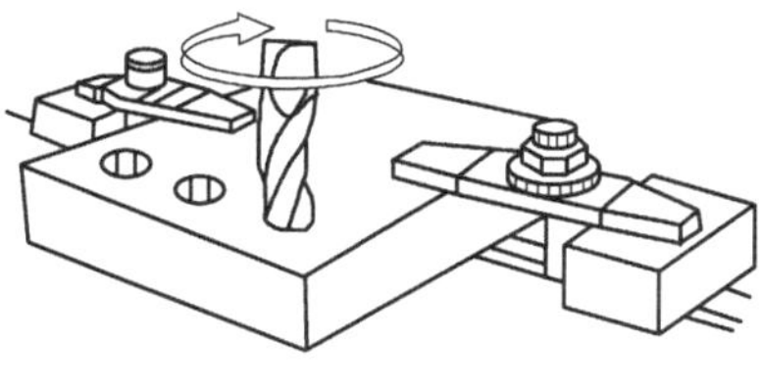

图6-14　用压板和螺栓装夹工件钻孔

（2）按碰刀法钻孔　对于孔距要求较高的工件，用划线法钻孔不易控制，此时可利用铣床的纵向、横向手轮刻度，采用靠刀法对刀。例如，钻削图6-16所示工件，先将机用虎钳固定钳口找正与纵向进给方向平行（或垂直），工件装夹好后用标准圆棒或中心钻装夹在钻夹头中，使标准圆棒的外圆与工件一基准刚好靠到后，摇进距离 S_1，再靠另一基准后摇过距离 S，即已对好孔的中心位置。

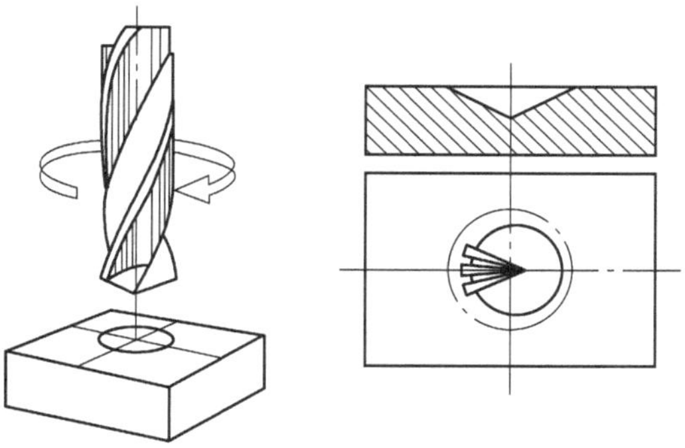

图6-15　按划线钻孔

如直接用麻花钻钻孔，会因钻头横刃较长或顶角对称性不好而产生定心不准造成钻偏，使孔距公差难以保证。为了保证孔距公差，可先用中心钻钻出锥坑作为导向定位，然后再用麻花钻钻孔，就不会产生偏移。中心钻的切削速度不宜太低，否则容易损坏。例如，$\phi 3.15$mm 的中心钻，主轴转速可调到950r/min。

一个孔钻削完成后，将工作台移动一个中心距，再以同样的方法钻另一个孔，依次完成各孔的加工，孔距公差则容易得到保证。

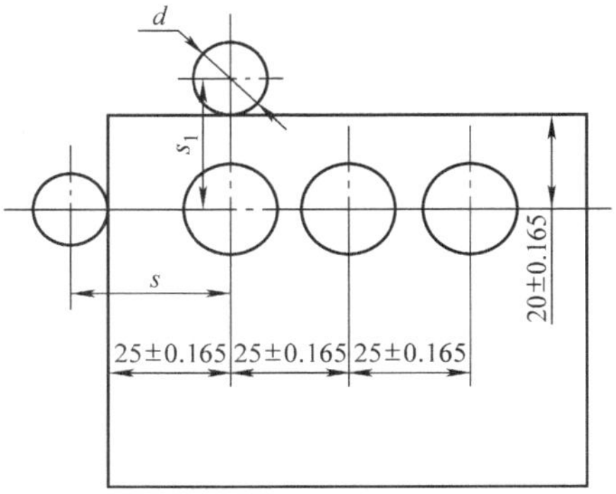

图 6-16　用碰刀法移距确定孔的中心位置

（3）用 V 形块装夹钻孔　对于圆柱形工件，可用 V 形块装夹。钻孔前应找正工件的上素线与工作台面的平行度和工件的侧素线与工作台纵向进给方向的平行度，如图 6-17 所示。

（4）用分度头或回转工作台装夹工件钻孔　在盘类工件上钻圆周等分孔时，可在分度头或回转工作台上装夹工件钻孔。

1）在分度头上分度钻孔。直径不大的盘类工件可安装在分度头上分度钻孔。先找正分度头主轴轴线与立铣头主轴轴线平行，并平行于工作台台面，两主轴轴线要处于同一轴向平面内，并找正工件的径向和端面圆跳动符合要求，然后将升降台和横向进给固紧，以保证钻孔正确，按要求分度和纵向进给钻孔，如图 6-18 所示。

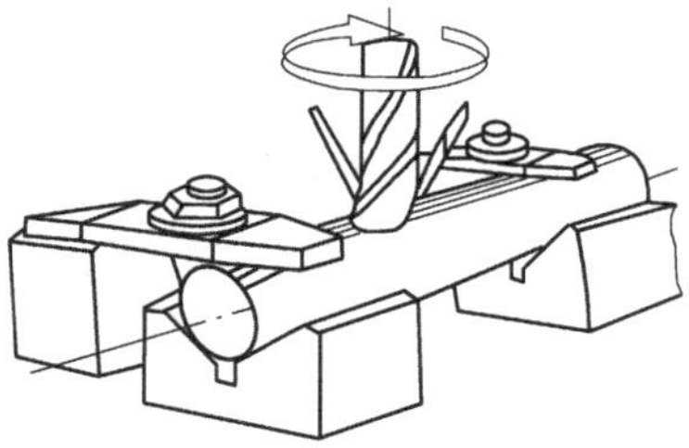

图 6-17　用 V 形块装夹钻孔

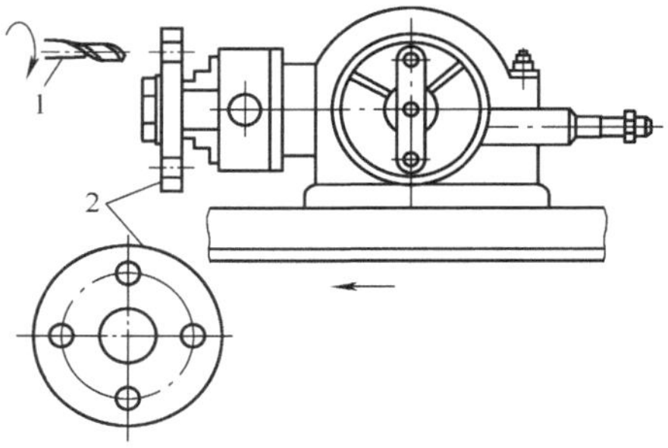

图 6-18　用分度头装夹工件钻孔

2）在回转工作台上装夹工件钻孔。工件直径较大时，可将工件用压板装夹在回转工作台上钻孔，如图 6-19 所示。安装回转工作台并找正其主轴轴线与立铣头主轴轴线同轴，然后装夹，找正工件与回转工作台同轴，移动工作台等于圆半径的距离，使钻头轴线对准被钻孔的中心，将工作台纵、横向固紧，用升降台进给钻孔。

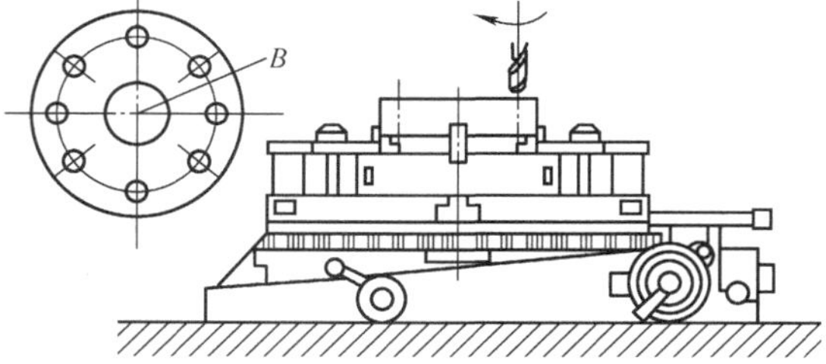

图 6-19　回转台装夹钻孔

6. 钻孔质量分析

（1）孔径超差的原因

1）钻头刃磨后两主切削刃长度不等。

2）钻头两主偏角不对称。

3）钻头两主偏角和主切削刃长度均不相等。

4）钻头直径选得不准确。

5）钻头径向圆跳动的跳动量过大。

（2）孔距尺寸超差的原因

1）线不准确，样冲眼未打准。

2）开始钻削时未对准，或工件移动。

3）调整孔距时移距不准。

4）钻头横刃过长致使定心不准。

（3）钻孔歪斜的原因

1）进给量太大，使钻头弯曲。

2）横刃太长，定心不良。

3）钻头两主偏角及主切削刃不对称。

（4）孔壁表面粗糙度值过大的原因

1）钻头不锋利。

2）切削用量选择不当。

3）钻头后角太大。

4）切削液选择不当或量不足。

6.1.4　项目实训——钻孔

1. 钻孔板上的孔

孔板外形应符合规定尺寸要求，各面之间保证相互垂直、平行。钻孔时用按划线进行钻孔或用碰刀法钻孔，具体步骤见表 6-5。

表 6-5　钻孔板上孔的步骤

步骤		过 程 内 容
1	读零件图	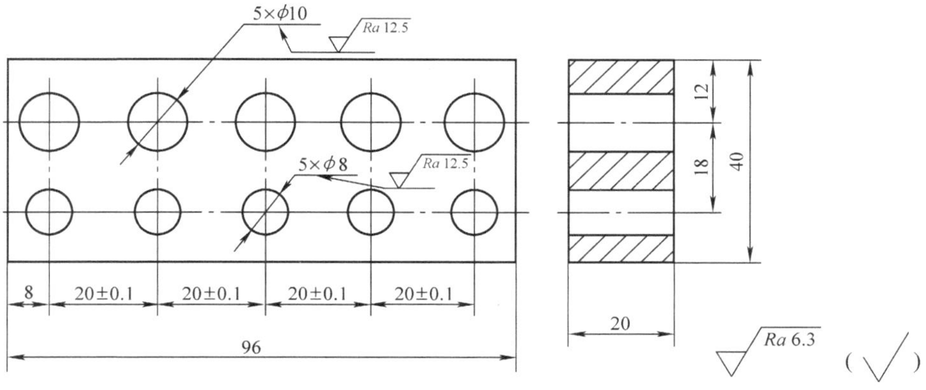
2	钻孔	1）按图样要求，划出各孔的中心位置线和孔径尺寸线，并打样冲眼，且位置应准确
		2）安装机用虎钳，找正固定钳口使其平行于工作台纵向进给方向，然后装夹工件。装夹时，应使工件底面与钳身导轨面离开一定的距离，以防钻孔时损伤导轨面

（续）

步骤		过程内容
2	钻孔	3）按孔径尺寸选好麻花钻，用钻夹头和锥套将其安装于立铣头主轴锥孔中（先安装 ϕ8mm 麻花钻）
		4）调整主轴转速为 750 r/min，然后纵向、横向移动工作台，使钻头轴线对准被钻孔中心（按划线试钻找正或用碰刀法定位），将工作台纵向、横向进给紧固，即可开车，手动升降台进给钻第一个孔
		5）纵向移动工作台 20mm（手轮刻度盘控制），钻第二个孔。按同样的操作方法，分别钻出其他 ϕ8mm 的孔
		6）更换 ϕ10mm 麻花钻，横向移动工作台 18mm，钻第一个 ϕ10mm 孔
		7）纵向移动工作台，保证孔距 20 ±0.1mm，依次钻出其余各个 ϕ10mm 的孔

2. 钻圆盘上的孔

钻圆盘上孔的具体步骤见表 6-6。

表 6-6 钻圆盘上孔的步骤

步骤		过程内容
1	读零件图	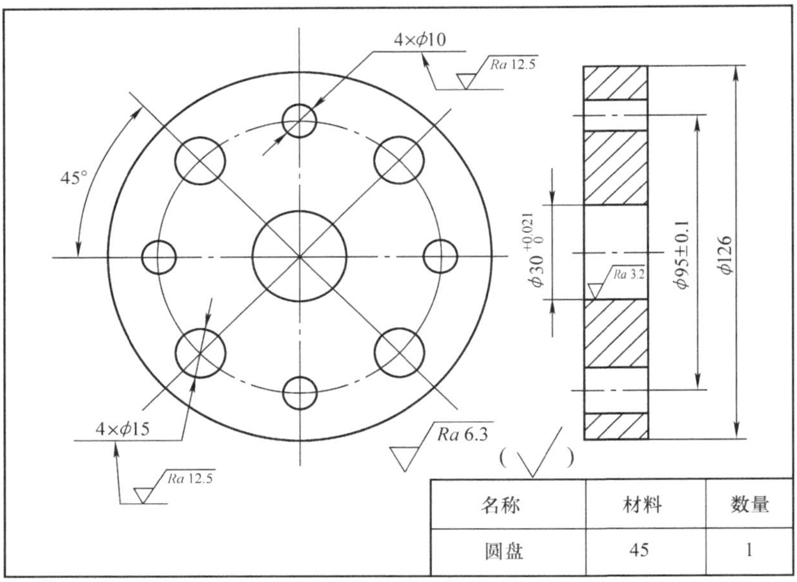
2	钻孔	1）检查毛坯尺寸是否符合要求
		2）安装分度头，找正立铣头主轴轴线与分度头主轴轴线平行，并平行于工作台台面，使两主轴轴线处于同一轴向平面内，调整并用外径千分尺测量两轴线间距离为 47.5 ±0.05mm，紧固横向进给和升降台
		3）选用 ϕ10mm 钻头，通过钻夹头和锥套将钻头安装在立铣头主轴锥孔中，调整机床主轴转速为 600r/min
		4）工件以内孔 $\phi30^{+0.021}_{0}$ mm 定位，用心轴安装在分度头主轴的锥孔中
		5）开车，手动纵向进给，先分度钻 4 个 ϕ10mm 孔，用游标卡尺检测中心距，合格后，换上 ϕ14mm 的麻花钻，转动分度头 45°，依次分度钻出 4 个 ϕ15mm 的孔

3. 钻孔的注意事项

1）选择的钻头直线性要好，切削刃要锋利、对称，无崩刃、裂纹、碰伤、退火等缺陷。

2）钻削时，应经常退出钻头，排除切屑，以防切屑堵塞而折断钻头。

3）划线、打样冲眼要准确，钻头横刃不能太长，防止钻孔位置发生偏移。

4）进给量不能太大，否则孔的表面粗糙度值会增大。

5）钻孔接近终了时，要将自动进给转为手动进给，减小进给量，防止钻头冒出孔端时折断。

6）钻头用钝后应及时刃磨，不要用过钝的钻头钻孔。

6.2 在铣床上铰孔

用铰刀从工件孔壁上切除微量金属层，以获得较高尺寸精度和较小表面粗糙度值的方法称为铰孔，如图6-20所示。铰刀是精度较高的多刃刀具，具有切削余量小、导向性好、加工精度高等特点，尺寸公差一般可达IT7～IT9，表面粗糙度值可达$Ra0.4 \sim 1.6\mu m$。

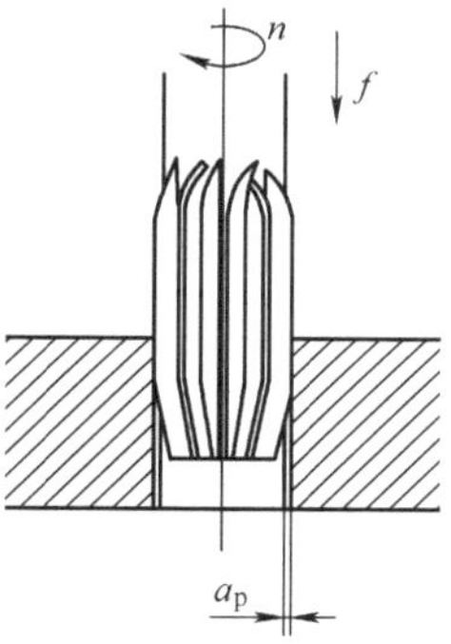

图6-20 铰孔

6.2.1 铰刀的结构及种类

1. 铰刀的结构

铰刀由柄部、颈部和工作部分组成，如图6-21所示。

1）工作部分。铰刀的工作部分由切削部分和校准部分组成。切削部分是承担主要切削工作的一段锥体，最前端有45°倒角的引导锥，便于铰削开始时将铰刀引导入孔中，并起保护切削刃的作用。校准部分有棱边，主要起定向、修光孔壁、保证铰孔直径和便于测量等作用。为了减小铰刀和孔壁的摩擦，校准部分磨有导锥量。铰刀齿数一般为4～8齿，为测量直径方便，多采用偶数齿。

2）颈部在铰刀制造和刃磨时起空刀作用。

3）柄部是铰刀的夹持部分，铰削时用来传递转矩，有直柄和莫氏锥柄两种。

2. 铰刀的种类

铰刀常用高速钢或高碳钢制成，使用范围较广，其分类及结构特点与应用见表6-7。铰刀的基本类型如图6-22所示。

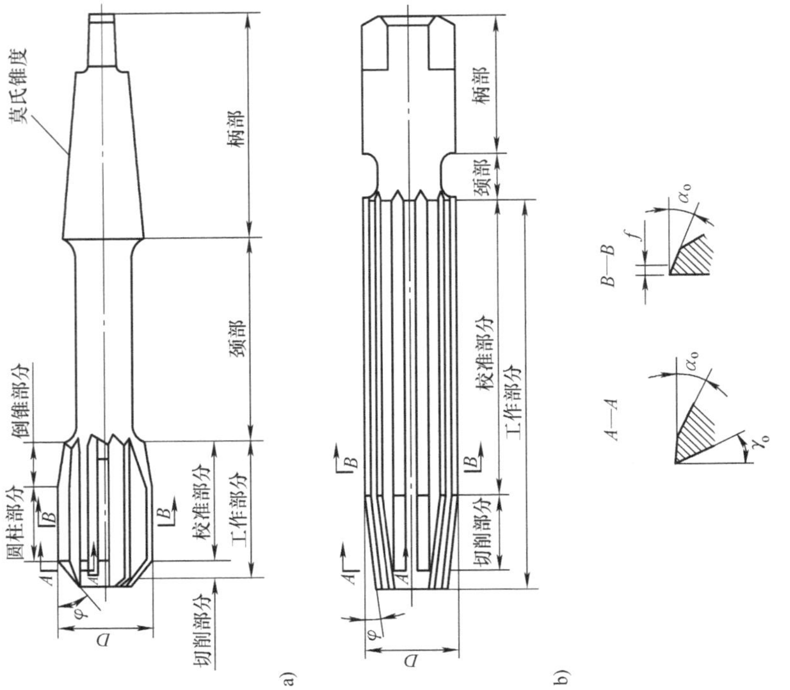

图6-21 整体圆柱铰刀
a) 机用 b) 手用

表 6-7　铰刀的种类及应用

分类			结构特点及应用
按使用方法分	手用铰刀		柄部为方榫形，以便铰杠套入。其工作部分较长，切削锥角较小
	机用铰刀		工作部分较短，切削锥角较大
按结构分	整体式圆柱铰刀		用于铰削标准直径系列的孔
	可调式手用铰刀		用于单件生产和修配工作中需要铰削的非标准孔
按外部形状分	直槽铰刀		用于铰削普通孔
	锥度铰刀	1:10 锥度铰刀	用于铰削联轴器上与锥削配合的圆锥孔
		莫氏锥度铰刀	用于铰削 0～6 号莫氏锥度圆锥孔
		1:30 锥度铰刀	用于铰削套式刀具上的锥度圆锥孔
		1:50 锥度铰刀	用于铰削圆锥定位销孔
	螺旋槽铰刀		用于铰削有键槽的内孔
按切削部分材料分	高速钢铰刀		用于铰削各种碳钢或合金钢
	硬质合金铰刀		用于高速或硬材料铰削

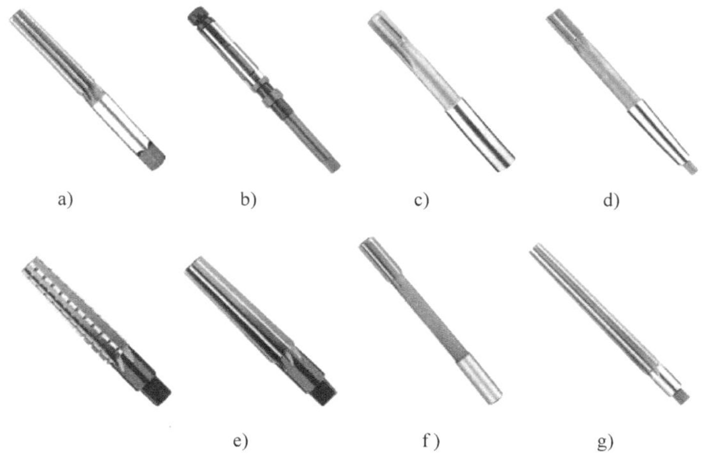

图 6-22　铰刀的基本类型

a）手用铰刀　b）可调式手用铰刀　c）硬质合金锥柄机用铰刀　d）锥柄机用铰刀
e）直柄莫氏锥度圆锥铰刀　f）直柄机用铰刀　g）手用 1:50 锥度铰刀

6.2.2　铰孔的方法

铰削的目的是提高孔的尺寸精度和降低表面粗糙度值。

1. 铰孔前的孔加工

铰孔是用铰刀对已粗加工或半精加工的孔进行精加工。铰孔之前，一般先经过钻孔或扩孔。精度要求较高的孔，需要先扩孔或镗孔，有的还需分粗铰和精铰。

（1）粗铰孔　铰孔前应先在一废件上试铰一孔，检测孔径尺寸和孔壁表面粗糙度值，合格后，方可继续加工。而一般新铰刀铰出的孔径尺寸偏大，甚至可能超差。所以新铰刀常需研磨减小直径，再投入使用。

（2）精铰孔　将已粗加工好的孔，清除切屑后，按规定的铰削用量进行铰孔，铰孔时应使用切削液。

2. 铰孔余量的确定

铰削余量是指上道工序完成后，在直径方向留下的加工余量。

铰削余量应适中。余量太大，则会使尺寸精度降低，表面粗糙度值增大，同时加剧铰刀磨损。余量太小，则上道工序的残留变形难以纠正，原有刀痕不能去除，铰削质量达不到要求。通常应综合考虑孔径大小、材料软硬、尺寸精度、表面粗糙度要求、铰刀类型及加工工艺等多种因素合理选择铰削余量。一般粗铰余量为 0.15 ~0.35mm，精铰余量为 0.1 ~0.2mm。

用普通标准高速钢铰刀铰孔时，可参考表 6-8 选取铰削余量。

表 6-8　铰孔余量　（单位：mm）

孔的直径	≤6	6 ~10	10 ~18	18 ~30	30 ~50	50 ~80	80 ~120
粗铰	0.10	0.10 ~0.15	0.10 ~0.15	0.15 ~0.20	0.20 ~0.30	0.35 ~0.45	0.50 ~0.60
精铰	0.04	0.04	0.05	0.07	0.07	0.10	0.15

注：如仅用一次铰孔，铰孔余量为表中粗铰、精铰余量之总和。

3. 切削速度与进给量的选择

在铣床上使用普通标准高速钢机用铰刀铰孔，切削速度和进给量的选用参考表 6-9。

表 6-9　切削速度和进给量的选用

工件材料	切削速度/（m/min）	进给量/（mm/r）
钢	4 ~8	0.4 ~0.8
铸铁	6 ~10	0.5 ~1
铜或铝	8 ~12	1 ~1.2

4. 切削液的选择

铰削的切屑细碎且易粘附在切削刃上，甚至挤在孔壁和铰刀之间，从而刮伤表面，扩大孔径。铰削时必须用适当的切削液冲掉切屑，减少摩擦，并降低工件和铰刀的温度，防止产生刀瘤。选用切削液时可参考表 6-10。

表 6-10　铰孔时的切削液

加 工 材 料	切　削　液
钢	1）10% ~20% 乳化液 2）铰孔要求高时，采用 30% 菜油加 70% 肥皂水或 70% 乳化液 3）铰孔要求更高时，采用菜油、柴油和猪油等
铸铁	1）不用 2）煤油，但要引起孔径缩小，最大收缩量达 0.02 ~0.04mm 3）低浓度乳化液
铝	煤油
铜	乳化液

6.2.3　铰孔时的注意事项与铰孔质量分析

1. 铰孔时的注意事项

1）在铣床上装夹铰刀，有浮动连接和固定连接两种方式。固定连接时，必须防止铰刀偏摆，否则，铰出的孔径会超差。

2）铰刀的轴线与钻、扩孔后孔的轴线应同轴，因此，钻孔、扩孔、铰孔各道工序最好一次装夹完成，以保证加工精度。

3）铰刀退出工件时不能反转、停车，铰刀反转会使切屑扎在孔壁和铰刀刀齿之间，将孔壁刮毛，同时铰刀也容易磨损，甚至崩刃。因此，铰刀在退出工件前不允许停车。

4）铰通孔时，铰刀的找正部分不能全部铰出孔外，否则会刮坏孔的出口端，退刀也会产生困难。

5）铰刀是精加工刀具，用完后应擦拭干净并上油，放置时应防止切削刃被碰坏。

2. 铰削质量分析

铰孔时的铰削量一般均比较小，而铰刀装夹的刚性又较差，所以铰削时都以铰削前孔的位置为基准均匀地切去余量。因此，铰孔不能纠正孔的位置误差，对孔的形状误差的纠正能力也不强。故在铰孔前，孔的位置精度和形状精度都必须达到一定的精度要求。

铰孔时，影响铰孔质量的因素较多，常见的质量问题和产生原因及解决方法见表6-11。

表6-11　铰孔质量问题、产生原因及解决方法

质量问题	产生原因	解决方法
孔径扩大	1）铰刀外径尺寸设计值偏大或铰刀刃口有毛刺 2）切削速度过高 3）进给量不当或加工余量太大 4）铰刀主偏角过大 5）铰刀弯曲 6）铰刀切削刃上黏附着切削瘤 7）刃磨时铰刀切削刃径向圆跳动超差 8）切削液选择不合适 9）安装铰刀时，锥柄表面油污未擦拭干净，或锥面有磕、碰伤 10）锥柄的扁尾偏位，装入机床主轴后与锥柄圆锥干涉 11）主轴弯曲或主轴轴承过松或损坏 12）铰刀浮动不灵活，与工件不同轴	1）根据具体情况适当减小铰刀外径；将铰刀刃口毛刺修光 2）降低切削速度 3）适当调整进给量或减少加工余量 4）适当减小主偏角 5）找正或报废弯曲铰刀 6）用油石修整到合格 7）控制径向圆跳动量在允许范围内 8）选择冷却性能较好的切削液 9）安装铰刀前必须将铰刀锥柄及机床主轴锥孔内部的油污擦拭干净，锥面有磕、碰伤处用油石修光 10）修磨铰刀扁尾 11）调整或更换主轴轴承 12）重新调整浮动卡头，并调整同轴度
孔径缩小	1）铰刀外径尺寸设计值偏小 2）切削速度过低 3）进给量过大 4）铰刀主偏角过小 5）切削液选择不合适 6）铰刀超过磨损标准，尺寸变小仍继续使用 7）铰薄壁工件时，铰完孔后内孔弹性恢复使孔径缩小	1）更改铰刀外径尺寸 2）适当提高切削速度 3）适当降低进给速度 4）适当增大主偏角 5）选择润滑性能好的油性切削液 6）定期更换铰刀，正确刃磨铰刀切削部分 7）设计铰刀尺寸时应考虑此因素，或根据实际情况取值

（续）

质量问题	产生原因	解决方法
孔径缩小	8）铰钢件时，余量太大或铰刀不锋利，也易产生弹性恢复，使孔径缩小 9）铰铸铁时加了煤油	8）作实验性切削，取合适余量，将铰刀磨锋利 9）不以煤油为润滑油
内孔不圆	1）铰刀过长，刚性不足，铰削时产生振动 2）铰刀主偏角过小 3）铰刀刃带窄 4）铰刀余量偏小 5）孔表面有缺口，交叉孔 6）孔表面有砂眼、气孔 7）主轴轴承松动，无导向套，或铰刀与导向套配合间隙过大 8）由于薄壁工件装夹得过紧，卸下后工件变形	1）刚性不足的铰刀可采用不等分齿距的铰刀；铰刀的安装应采用刚性连接 2）增大主偏角 3）选用合格的铰刀 4）控制预加工工序的孔位误差 5）采用不等分齿距的铰刀；采用较长、较精密的导向套 6）选用合格毛坯 7）采用等齿距铰刀铰削较精密的孔时，对机床主轴间隙与导向套的配合间隙应要求较高 8）采用恰当的夹紧方法，减小夹紧力
孔呈多棱形	1）铰削余量太大或切削刃不锋利，使铰削时发生“啃切”现象，发生振动 2）预加工孔圆度误差太大，使铰孔时铰刀发生弹跳现象 3）主轴径向圆跳动量大 4）工件表面有气孔砂眼 5）铰刀刃带过宽	1）修磨铰刀 2）保证加工孔的精度 3）调整机床主轴 4）选用合格的毛坯 5）修磨刃带宽度
表面粗糙度值太大	1）切削速度过高 2）切削液选择不合适 3）铰刀主偏角过大，铰刀刃口不等 4）铰孔余量太大 5）铰孔余量不均匀或太小，局部表面未铰到 6）铰刀切削部分径向圆跳动超差，刃口不锋利，表面粗糙 7）铰刀刃带过宽 8）铰孔时排屑不良 9）铰刀过度磨损 10）刃口有积屑瘤 11）由于材料关系，不适用零度前角或负前角铰刀	1）降低切削速度 2）根据工件材料选择切削液 3）适当减小主偏角，正确刃磨铰刀刃口 4）适当减小铰孔余量 5）提高预加工孔的位置精度与质量，或增加铰孔余量 6）选用合格的铰刀 7）修磨刃带宽度 8）根据具体情况减少铰刀齿数；加大容屑空间；或采用带刃倾角的铰刀，使排屑顺利 9）定期更换铰刀，刃磨时磨损区全部磨去 10）用油石修正到合格 11）采用前角为5°～10°的铰刀
铰刀使用寿命短	1）铰刀材料不合适 2）铰刀在刃磨时烧伤 3）切削液选择不合适 4）铰刀刃磨后表面粗糙度值过大	1）根据加工材料选择铰刀材料 2）严格控制刃磨切削用量，避免烧伤 3）根据加工材料正确选择切削液；经常清除切屑槽内的切屑，用足够压力的切削液 4）通过精磨或研磨达到要求
孔位置精度超差	1）导向套磨损 2）导向套底端距工件太远，导向套长度短，精度差 3）主轴轴承松动	1）定期更换导向套 2）加长导向套，提高导向套与铰刀间的配合精度 3）及时维修机床，调整主轴轴承间隙
铰刀刀齿崩刃	1）铰孔余量过大 2）工件材料硬度过高 3）切削刃径向圆跳动量过大，切削负荷不均匀 4）铰刀主偏角太小，使切削宽度增大 5）铰深孔或不通孔时，切屑太多，又未及时清除 6）刃磨时刀齿已磨裂	1）修改预加工的孔径尺寸 2）降低材料硬度，或改用负前角铰刀或硬质合金铰刀 3）控制径向圆跳动量在合格范围内 4）加大主偏角 5）注意及时清除切屑或采用带刃倾角的铰刀 6）注意刃磨质量

（续）

质量问题	产生原因	解决方法
铰刀柄部折断	1）铰孔余量过大 2）铰锥孔时，粗、精铰削余量分配及切削用量选择不合适 3）铰刀刀齿容屑空间小，切屑堵塞	1）修改预加工的孔径尺寸 2）修改余量分配，合理选择切削用量 3）减少铰刀齿数，加大容屑空间，或将刀齿间隔磨去一齿
孔轴线不直	1）预加工孔不直，特别是孔径较小时，由于铰刀刚性较差，不能纠正原有的弯曲变形 2）铰刀主偏角太大，导向不良，使铰刀在铰削中方向偏差 3）切削部分倒锥过大 4）铰刀在断续孔中部间隙处位移	1）增大扩孔或镗孔工序找正孔 2）减小主偏角 3）调换合适的铰刀 4）调换有导向部分或加长切削部分的铰刀

6.2.4　项目实训——铰孔

在铣床上铰孔的方法、步骤见表 6-12。

表 6-12　在铣床上铰孔

步骤			过程内容
1	读零件图		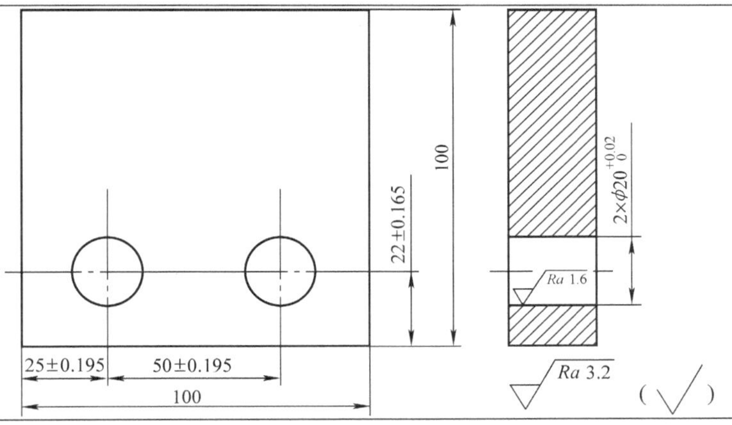
2	铰孔前的准备	1）划线	根据图样要求，利用高度尺分别调到 22mm、25mm 划出第一个孔的中心线，然后调到 50mm 划出第二个孔的中心线，找出两个孔的圆心，划出两个 ϕ20mm 的孔径线
		2）选择钻头和铰刀	1）选择 ϕ3.15mm 的中心钻 2）选择 ϕ9.7mm 的麻花钻头 3）选择 ϕ20mm 机用铰刀
		3）装夹工件	装夹工件的方法与钻孔时装夹工件的方法相同，都是通过机用虎钳装夹工件
3	铰孔	1）对刀	用碰刀法进行对刀，用心轴和量块碰到工件的两个端面，移距 S_1 等于心轴的半径加上量块和孔的中心线到 A 面的距离，移距 S_2 等于心轴的半径加上量块和孔的中心线到 B 面的距离，如图 6-23 所示
		2）钻、铰第一孔	1）用 ϕ3.15mm 中心钻钻定位孔，主轴转速调至 950r/min 2）换装 ϕ19.7mm 钻头进行钻孔，转速调至 300r/min 3）换装 ϕ20mm 机用铰刀，转速调至 150r/min，用垂向机动进给铰孔
		3）钻、铰第二孔	移动纵向工作台 50mm，按上述方法钻、铰第二孔

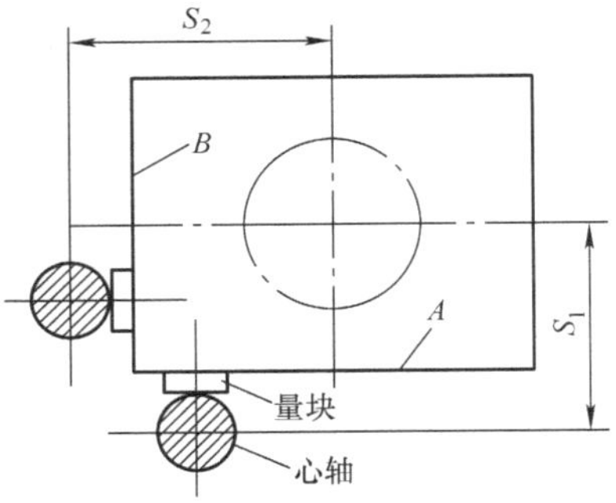

图 6-23 碰刀法对刀

6.3 在铣床上镗孔

镗孔就是在铣床上对已粗加工过的孔，用各种镗刀进行半精加工或精加工。镗孔最大的特点是能修正上道工序所造成的孔轴线歪斜和位置不准等缺陷。在铣床上镗孔，加工精度可达 IT7 ~ IT9，表面粗糙度值可达 $Ra0.8 \sim 3.2\mu m$，孔距精度可控制在 0.05mm 左右。受工作台行程较短的限制，铣床一般适用于镗削中、小型零件的孔。

6.3.1 镗刀、镗刀杆和镗刀盘

1. 镗刀

镗孔所用的刀具称为镗刀。镗刀的种类很多，在铣床上大多用单刃镗刀镗削，有时也使用双刃镗刀镗削。

图 6-24 整体式镗刀

常用的单刃镗刀有整体式镗刀和机械固定式镗刀两种。整体式镗刀的镗刀和刀杆是一体的，如图 6-24所示，一般装在可调镗刀盘上使用，借助镗刀盘的调节来控制孔径，大多用于镗削直径较小的孔。机械固定式镗刀由镗刀头和镗刀杆组成，如图 6-25a 所示，一般由镗刀杆上的紧固螺钉将镗刀头紧固在镗刀杆的方孔内，大多用于镗削直径比较大的孔。

单刃镗刀结构简单，制造方便，通用性大。

镗刀切削部分的几何角度与车刀、铣刀的切削部分基本相同，几何参数一般根据工件材料及加工性质选取，具体参考值见表 6-13。

2. 镗刀杆

镗刀杆是装在机床主轴孔中，用以夹持镗刀头的杆状工具。

（1）简易式镗刀杆　简易式镗刀杆的优点是结构简单、制造容易、通用性强、使用方便。其缺点是孔径尺寸的控制，一般采用敲刀法调整，调整较费时。常见的镗刀杆有以下两类。

1）整体式镗刀杆如图 6-26a 所示，适用于镗削通孔。

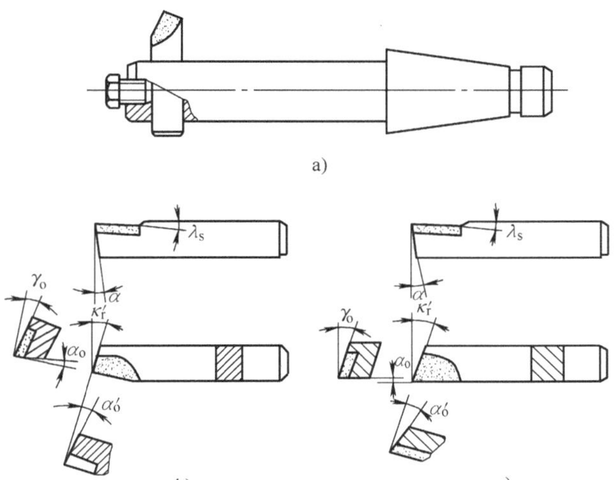

图 6-25　机械固定式镗刀
a）机械固定式镗刀　b）镗通孔用镗刀头
c）镗不通孔用镗刀头

表 6-13　镗刀几何角度选取参考值

工件材料	前角 γ_o	后角 α_o	刃倾角 λ_s	主偏角 κ_r	副偏角 κ_r'	刀尖圆弧半径 r_ε
铸铁 40Cr 45 铝合金	5°～10° 10° 10°～15° 15°～20° 25°～30°	6°～12° 粗镗时取小值 精镗时取大值 孔径大取小值 孔径小取大值	一般情况下 λ_s 取 0～5° 通孔精镗时取 $\lambda_s = -(5°\sim15°)$	镗通孔时 κ_r 取 60°～75° 镗阶台孔时 $\kappa_r = 90°$	一般取 $\kappa_r' =$ 15°左右	粗镗孔时 r_ε 取 0.5～1mm 精镗时 r_ε 取 0.3mm 左右

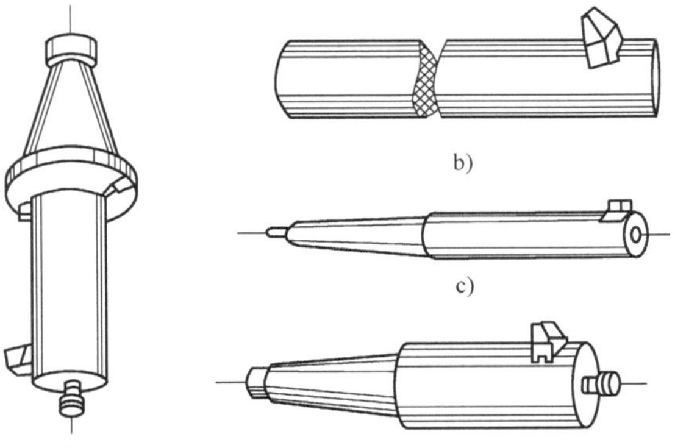

图 6-26　简易式镗刀杆
a）、b）直柄式　c）、d）锥柄式

2）过渡式镗刀杆。这种镗刀杆用料省，制造方便，适用于镗削中小型孔，有直柄式（图 6-26a、b）和锥柄式（图 6-26c、d）。

（2）倾斜型微调镗刀杆　为了提高孔径尺寸的调整精度，可采用如图 6-27 所示的微调式镗刀杆。

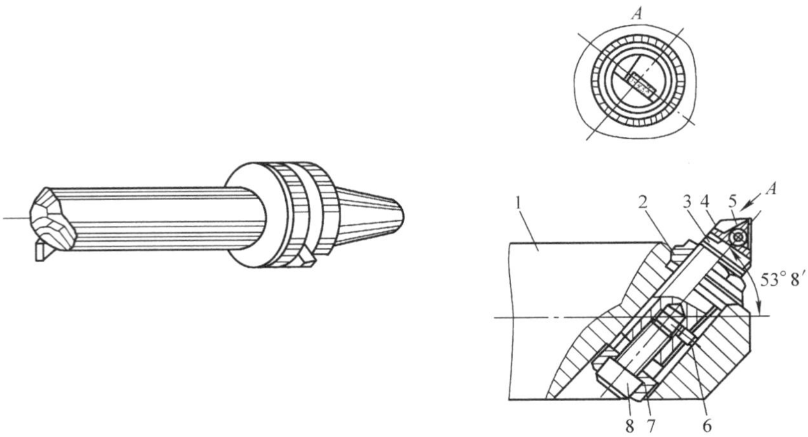

图 6-27 微调式镗刀杆

1—镗刀杆 2—调整螺母 3—镗刀头 4—可转位刀片

5—刀片固紧螺钉 6—止动销 7—垫圈 8—内六角紧固螺钉

微调式镗刀杆是通过刻度和精密螺纹来进行微调的。装有可转位刀片 4 的镗刀头 3 上有精密螺纹，镗刀头的外圆与镗刀杆 1 上的孔相配，并在其后端用内六角紧固螺钉 8 及垫圈 7 拉紧。镗刀头的螺纹上旋有带刻度的调整螺母 2，调整螺母的背部是一个圆锥面，与镗刀杆孔的内锥面紧贴。调整时，先松开内六角紧固螺钉，然后转动调整螺母，使镗刀头前伸或退缩，以获得所需的尺寸。在转动调整螺母时，为了防止镗刀头在镗刀杆孔内转动，在镗刀头与孔之间装有只能沿孔壁上的直槽做轴向移动而不能转动的止动销 6。此微调式镗刀杆精密螺纹的螺距为 0.5mm，调整螺母游标刻度为一周 40 格（等分），调整螺母每转过一小格，镗刀头移动的距离为 $0.5/40\text{mm}=0.0125\text{mm}$。由于镗刀头与镗刀杆轴线倾斜 53°8′，因此镗刀头刀尖在径向实际调整的距离为 $0.0125\times\sin53°8'\text{mm}=0.01\text{mm}$，实现了微调的目的。

3. 镗刀盘

镗刀盘又称镗头或镗刀架或万能镗头，如图 6-28 所示。这种镗刀盘结构简单，具有良好的刚性，而且能够精确地控制镗孔的直径尺寸。镗刀盘的锥柄与铣床主轴锥孔相配合，当转动镗刀盘上的螺杆时，可精确地移动带刻线的燕尾块，从而微量改变镗刀的位置，达到改变孔径尺寸的目的。燕尾块带有几个装刀孔，用内六角螺钉将各种规格的镗刀杆固定在装刀孔内，就可以方便地镗削各种尺寸规格的孔。

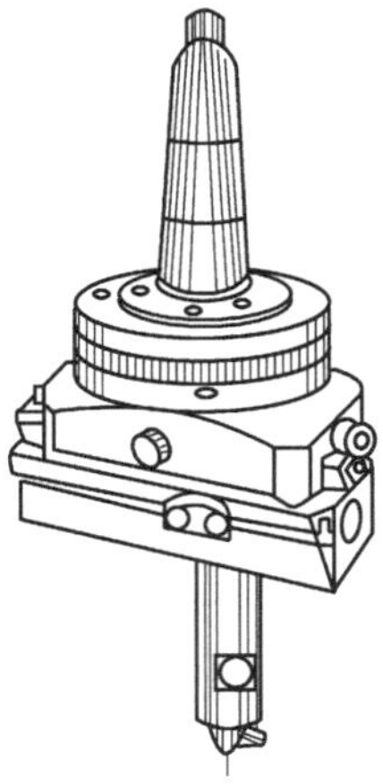

图 6-28 镗刀盘

6.3.2 镗刀的刃磨及注意事项

1. 镗刀的刃磨

镗刀切削部分的几何形状基本上和外圆车刀相似，刃磨时需磨出前刀面、主后刀面和副后刀面，具体方法如下。

（1）刃磨主后刀面　刃磨时，右手捏住刀柄前部，左手捏住刀柄尾部，使刀柄与砂轮轴线成30°夹角，并略向下倾斜约8°，如图6-29a所示，使主后刀面与砂轮外圆接触后缓慢往复移动，磨出主后刀面，使其主偏角$\kappa_r \approx 60°$，主后角$\alpha_o \approx 8°$。

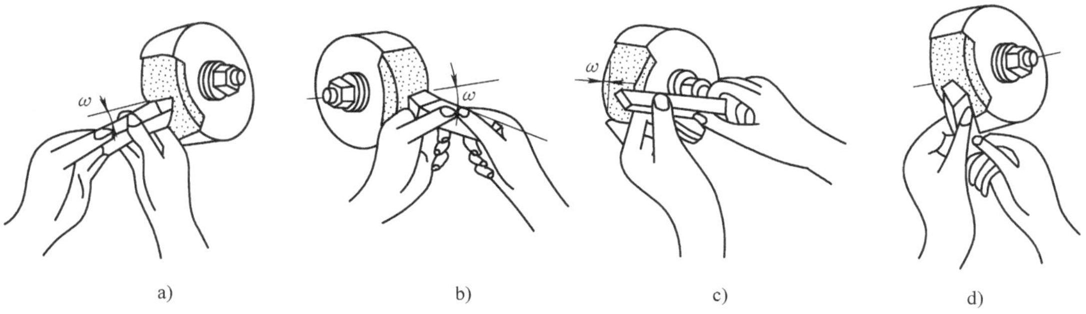

图6-29　刃磨镗刀

（2）刃磨副后刀面　左手捏住刀柄前端，右手捏住刀柄尾部，使刀柄与砂轮轴线成70°夹角，并略向下倾斜约8°，如图6-29b所示。使副后刀面与砂轮外圆接触后，磨出副后刀面，使其副偏角$\kappa_r' \approx 20°$、副后角$\alpha_o' = 8°$。

（3）刃磨前刀面　左手捏住刀柄前端，右手捏住刀柄尾部，刀柄向下倾斜30°，使之与砂轮轴线成30°角，然后刀具前面向上倾斜5°左右，刀柄尾部向前倾斜5°左右，如图6-29c所示，使其磨出前刀面，前角$\gamma_o = 7°$。

（4）修磨刀尖圆弧　左手捏住刀柄前端，右手在后（反之也可），刀柄与砂轮轴线垂直，尾部向下倾斜8°左右，右手作圆弧转动，如图6-29d所示，磨出刀尖圆弧$r_\varepsilon \approx 0.3mm$。

2. 刃磨镗刀的注意事项

1）如镗刀柄较短小，可用接杆装夹后刃磨，刃磨时用力不能过猛。

2）磨削高速钢时应在白刚玉WA（白色）砂轮上刃磨，并经常放入水中冷却，以防工作切削刃退火。

3）磨削硬质合金时应在绿碳化硅GC（绿色）砂轮上刃磨，磨削时不可用水冷却，否则刀头会产生裂纹。

4）各角度面应刃磨准确、平直，不允许有崩刃、退火现象。

5）如镗削钢件时，应刃磨出断屑槽。

6.3.3 镗刀、镗刀杆的安装

1. 简易式镗刀杆的安装

安装简易式镗刀杆时，先将主轴锥孔及镗刀杆锥柄部分擦净，再将锥柄装入主轴孔中，用拉紧螺杆紧固，然后将镗刀装入孔中，镗刀的前面应朝向紧定螺钉的一面紧固。

2. 过渡式镗刀杆的安装

安装过渡式镗刀杆时，锥柄的变径套装入铣床主轴孔中用拉紧螺杆紧固；带尾舌的镗刀杆与安装锥柄麻花钻相同；直柄镗刀杆选用合适的弹性套与铣夹头一起装入主轴孔中，安装方法与安装键槽铣刀相同。镗刀杆装入后，伸出长度约为工件厚度的2.5倍，然后按主轴的旋转方向装入镗刀。

6.3.4 孔的检测与镗削质量分析

1. 孔的检测方法

（1）孔的尺寸精度检测　精度较低的孔径尺寸及孔的深度一般可用游标卡尺和深度卡尺测量；精度较高的孔径尺寸可用内径千分尺测量，或用内径百分表和标准套规配合检测，也可用塞规检测。

（2）孔的形状精度检测

1）孔的圆度检测可用内径千分尺或内径百分表，在孔的圆周上测量不同点处的直径，其差值即为该圆周截面上孔的圆度误差。为了防止孔出现呈三棱形等直径现象，最好使用三爪内径千分尺检测。精度高的孔，可用圆度仪检测。

2）孔的圆柱度检测一般用检验心棒进行检测，也可以用内径百分表和心轴配合检测。

（3）孔的表面粗糙度检测　孔的表面粗糙度一般都用标准样块比较检测。

（4）孔的位置精度检测

1）同轴度的检测可用同轴度量规、检验棒或自制心轴，也可用与其配合的轴进行检验，以能自由推入同轴线的孔内为合适。图6-30所示为用同轴度量规检测孔的同轴度。使用同轴度量规时，所检测的孔径须经检验合格后方可使用。测量时，只要量规通过即为合格。

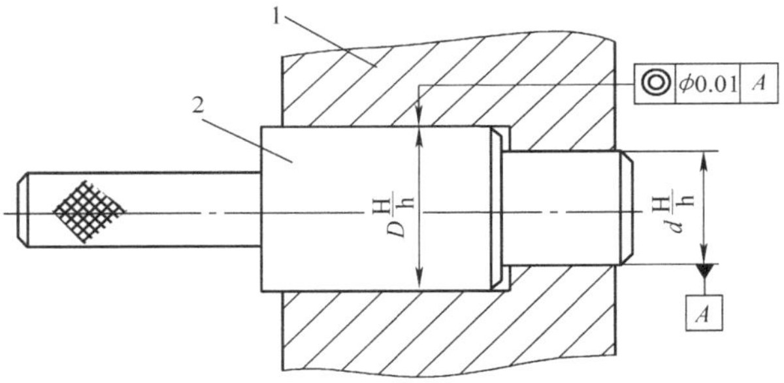

图6-30　用同轴度量规检测孔的同轴度
1—工件　2—量规

2）两孔轴线平行度和中心距的检测。分别在两孔内装一配合精度较高的测量棒，如图6-31所示，然后在两端用外径千分尺测量两量棒外侧的距离 L_1，或用内径千分尺测量两端两量棒内侧的距离 L_2，则两孔的中心距 A 为

$$A=L_1-\frac{1}{2}(d_1+d_2)=L_2+\frac{1}{2}(d_1+d_2)$$

式中　d_1、d_2——两测量棒的直径（mm）。

两端的中心距 A_1 和 A_2 的差值即为平行度误差。

3）孔的轴线与基准面垂直度的检测。将工件的基准面紧贴并固定在检验角铁上，用百分表测量孔口或标准检验棒两端至检验平台读数的差值，此差值即为垂直度误差。检验时应将工件转90°后进行第二次测量。也可如图6-32所示用专用检验工具插入孔内，再用着色法或塞尺检测工具圆盘与工件基准面的接触情况，其最大的间隙值 δ，即为检验范围内的垂直度误差。

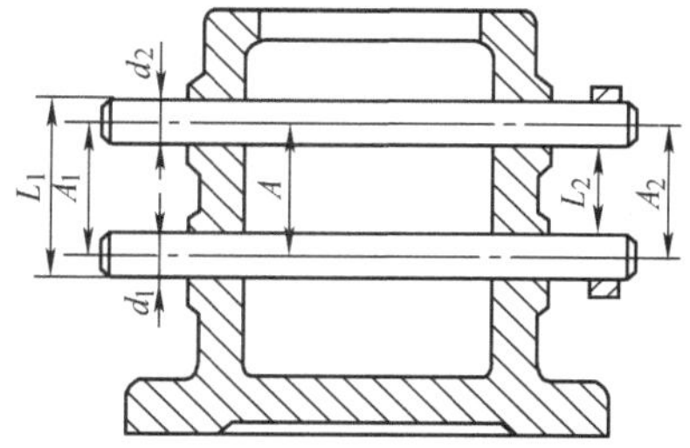

图6-31 平行度和中心距的检测

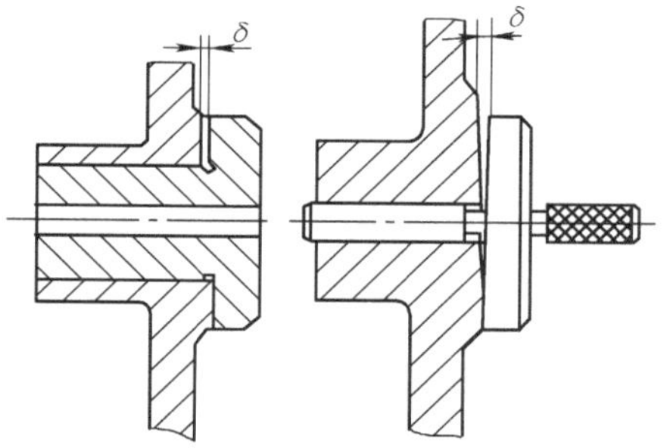

图6-32 孔轴线与基准面垂直度的检测

2. 圆柱孔镗削的质量分析

镗孔时，镗刀的尺寸和镗刀杆的直径受孔径大小的限制，镗刀杆的长度又必须满足镗孔深度的要求，因此镗刀与镗刀杆的刚性较差，在镗削过程中，容易产生振动和“让刀”等现象，影响镗孔的质量。镗孔时常见的质量问题、产生原因及防止措施见表6-14。

表6-14 镗孔时常见的质量问题、产生原因及防止措施

质量问题	产生原因	解决方法
表面粗糙度值大	1）刀尖角或刀尖圆弧半径太小 2）进给量过大 3）刀具磨损 4）切削液使用不当	1）修磨刀具，增大刀尖圆弧半径 2）减小进给量 3）修磨刀具 4）合理选择及使用切削液
孔呈椭圆	立铣头“零”位不准，并用升降台垂向进给	重新找正立铣头“零”位
孔壁产生振纹	1）镗刀杆刚性差，刀杆悬伸太长 2）工作台进给爬行 3）工件夹持不当	1）选择合适的镗刀杆，镗刀杆另一端尽可能增加支承 2）调整机床塞铁并润滑导轨 3）改进夹持方法或增加支承面积
孔壁有划痕	1）退刀时刀尖背向操作者 2）主轴未停稳，快退退刀	1）退刀时将刀尖拨转到朝向操作者 2）主轴停止转动后再退刀
孔径尺寸超差	1）镗刀回转半径调整不准 2）测量不准 3）镗刀产生偏让	1）重新调整镗刀回转半径 2）仔细测量 3）增加镗刀杆刚性
孔呈锥形	1）切削过程中刀具磨损 2）镗刀松动	1）修磨刀具，合理选择切削速度 2）安装刀头时要锁紧紧固螺钉
孔的轴线歪斜（与基准面的垂直度误差太大）	1）工件定位基准选择不当 2）装夹工件时，清洁工作未做好 3）采用主轴进给时，“零”位未找正	1）选择合适的定位基准 2）装夹时做好基准面与工作台台面的清洁工作 3）重新找正主轴“零”位
圆度误差大	1）工件装夹变形 2）主轴回转精度差 3）立镗时，工作台纵、横向进给未紧固 4）镗刀杆、镗刀弹性变形	1）薄壁工件装夹要适当；精镗时，应重新压紧，并适当注意减小压紧力 2）检查机床，调整主轴精度 3）工作台不进给的方向应紧固 4）增加镗刀杆、镗刀的刚度；选择合理的切削用量；提高钻孔、粗镗质量
平行度误差大	1）未在一次装夹中镗一组平行孔 2）在钻孔和粗镗时，孔已不平行，精镗时镗刀杆产生弹性偏让 3）定位基准面与进给方向不平行，使镗出的孔与基准不平行	1）在一次装夹中镗削所有轴线平行的孔；至少要采用同一个基准面 2）提高钻孔、粗镗的加工精度；增加镗刀杆的刚度 3）精确找正基准面

6.3.5 项目实训——镗孔

1. 单孔镗削

在铣床上单孔镗削的操作方法和具体步骤见表6-15。

表6-15 在铣床上镗单孔

步骤			过程内容
1	读零件图		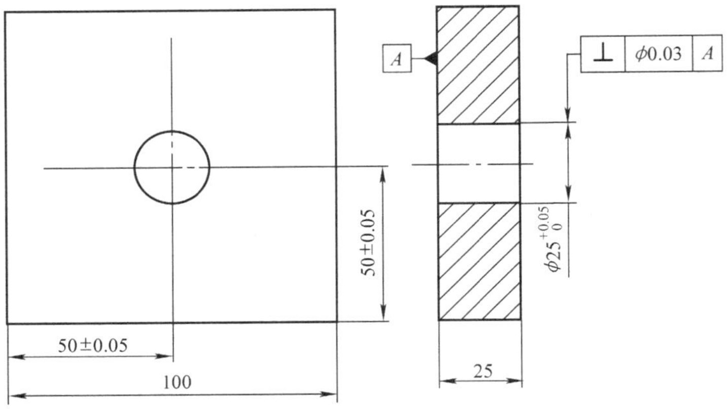
2	镗孔前的准备	1）划线	涂色后按图样要求离工件两侧50mm划出相交线，打上样冲眼后，划出φ25mm圆的轮廓线并在圆周围打样冲眼，以做参考
		2）找正铣床主轴轴线对工作台面垂直	找正时，将磁性表座吸在铣床主轴端面，移动表座上的接杆，使其回转直径约为φ500mm，装上百分表，将主轴换向开关转至“0”位，主轴转速调至750r/min。摇动纵、横、垂向手柄，待工作台面至另一端后，观看读数是否一致，若有偏差则松开立铣头上的4个紧固螺母，调整主轴转角，直至两端读数差不大于0.03mm
		3）装夹工件	将工件装夹在机用虎钳内，下面垫两块等高的平行垫铁，找正工件上平面与工作台台面平行，侧面与纵向工作台进给方向平行
		4）选择钻头与镗刀杆、镗刀	1）选择φ21～φ22mm锥柄麻花钻及铣床用带有腰形槽锥孔的变径套 2）选择φ6mm高速钢车刀磨制成的镗刀及φ18mm直柄镗刀杆、铣夹头、弹性套
		5）钻孔	用φ21mm的麻花钻按划线钻出φ21mm左右的落刀孔
		6）安装镗刀杆	换装铣夹头、弹性套及直柄镗刀杆。调整主轴转速 $n=235\text{r/min}$；进给速度 $v_f=37.5\text{mm/min}$
3	镗孔	1）对刀	1）按划线找正对刀。将大头针用黄油（牛油）粘在镗刀杆上，转动主轴使之旋转圆的轨迹与划线圆的轮廓线重合 2）用碰刀法对刀。使镗刀杆外圆与工件一侧面相接触，用0.05mm的塞尺检查。然后纵向移动工作台 $S_纵=\frac{d_杆}{2}+50+0.05=\left(\frac{18}{2}+50+0.05\right)\text{mm}=59.05\text{mm}$；摇动横向工作台，使镗刀杆外圆与工件另一侧相接触，用0.05mm的塞尺检查后，横向工作台移动 $S_横=59.05\text{mm}$
		2）调整镗刀尺寸	1）测量法调整，如图6-33所示。先预镗至22mm，此时测量镗刀杆外圆至镗刀尖的尺寸应为 $\frac{d_杆}{2}+11=\left(\frac{18}{2}+11\right)\text{mm}=20\text{mm}$ 2）试镗法调整。使镗刀杆落入预钻孔中适当的位置，伸出镗刀使之刚好擦到预钻孔壁，如图6-33b所示。再将刀尖径向伸出0.5mm左右，并紧固
		3）粗镗孔	对刀、镗刀尺寸调整好后紧固纵向、横向工作台，主轴下降至限位挡铁后紧固，垂向上升到将要接近工件时改用自动进给粗镗孔

（续）

步骤			过程内容
3	镗孔	4）退刀	镗削完毕，停机，待主轴停稳后，用手转动镗刀杆，将镗刀尖对准操作者，摇动主轴手动移动手轮（或将主轴换向开关转换至“0”位）退离工件后，改用垂向快速退刀
		5）预检	粗镗孔后，对孔径及孔距应作一次检测。若孔距准确则可调整孔径尺寸后加工至图样要求 1）测量孔径。用内径千分尺测量，如图6-34a所示，测量时应测量多个方向 2）测量孔距。测量孔壁至侧面的尺寸，测量方法有以下三种：①用游标卡尺测量；②用壁厚千分尺测量，如图6-34b所示；③用改装千分尺测量，如图6-34c所示。在普通千分尺测量面上用铜管（或塑料管）套上一粒钢球，此时千分尺上的读数应减去钢球直径
		6）调整孔距	根据实际测量出的尺寸与所要求尺寸的差值，对纵向、横向工作台再次进行调整，调整后再试镗和检测，直至孔中心距准确
		7）控制孔径尺寸	现使用直柄过渡式镗刀杆，孔径尺寸的控制一般用敲刀法。初学者可借助百分表来控制敲刀量，如图6-35所示。将百分表装夹在磁性表座上，使百分表测头与刀尖相接触，用手反向缓慢转动主轴并上下移动镗刀杆，找出接触时的最高点，然后将指针调整到“0”位。稍微松开镗刀的紧固螺钉，根据孔径尺寸要求，将镗刀敲出孔径差的1/2，扳紧紧固螺钉后再检查一次镗刀的伸出量是否达到要求
		8）精镗孔	当调整好孔距后，留0.3～0.4mm的余量精镗，精镗时主轴转速n可调整到300r/min，进给速度v_f=30mm/min
4	检测	1）测量孔径	孔径尺寸应为25～25.052mm，并应测量孔径的几个方向及两端孔口 1）用内径千分尺测量 2）用内径量表测量，如图6-36a所示 3）用三爪内径千分尺测量，如图6-36b所示
		2）测量孔距	用百分表及量块测量，测量时，工件装夹在六面角铁上（或放在平板上），底面与平板相接触，将计算出的量块组放在工件附近，用百分表进行比较测量，如图6-37所示
		3）测量垂直度	将工件的基准面装夹在六面角铁上，用百分表测量孔的两端，看读数是否一致，再将六面角铁换转90°，测量另一方向孔的两端，若读数不一致，读数差即为垂直度误差值
		4）检查表面粗糙度	用目测或表面粗糙度样板比较法进行检查

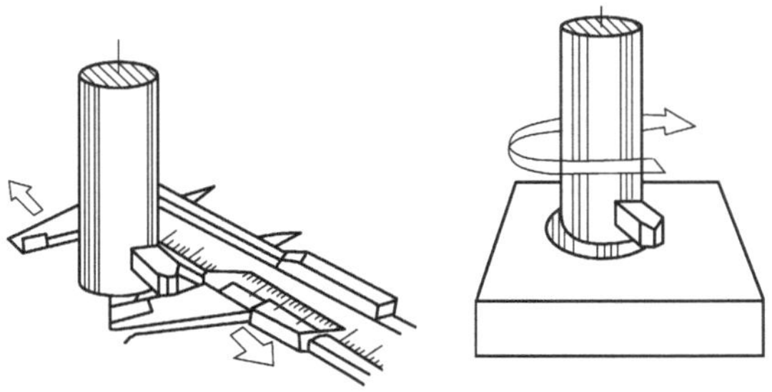

a)　　b)

图6-33　调整镗刀

a）测量法　b）试镗法

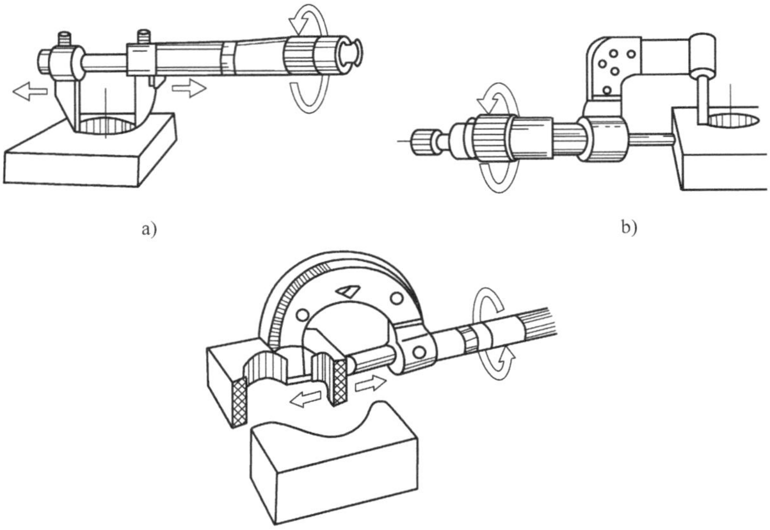
a) b) c)

图 6-34 测量孔距

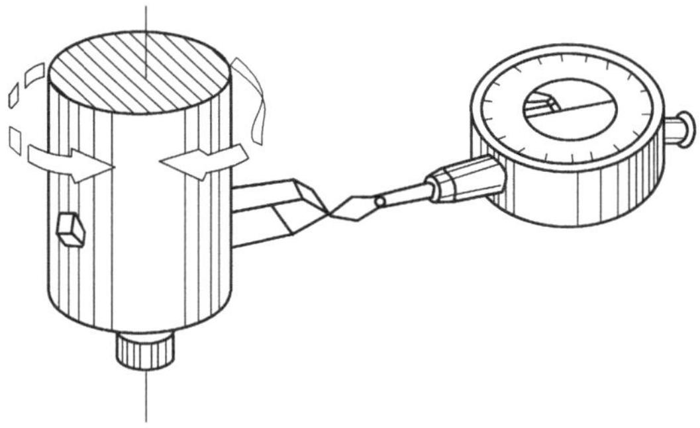

图 6-35 控制敲刀量

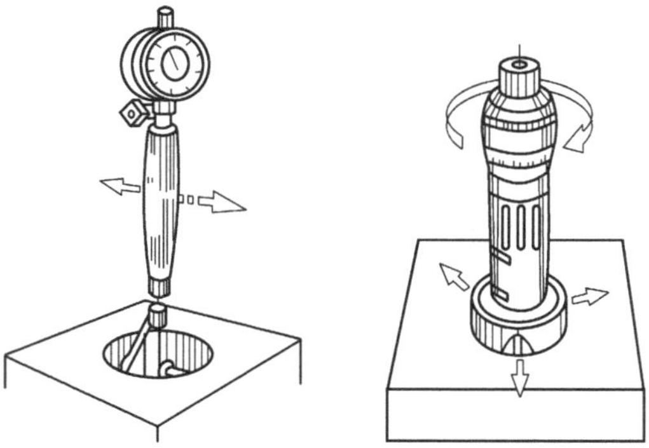
a) b)

图 6-36 测量内孔

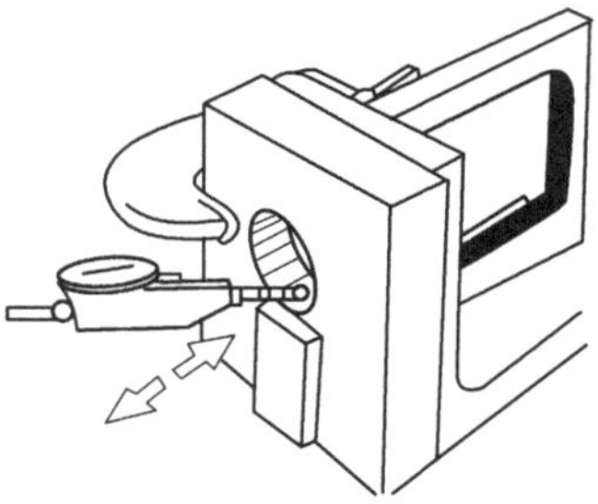

图 6-37 测量孔距

2. 孔系的镗削

在铣床上镗削孔系的操作方法和具体步骤见表 6-16。

表 6-16　在铣床上镗削孔系

步骤			过程内容
1		读零件图	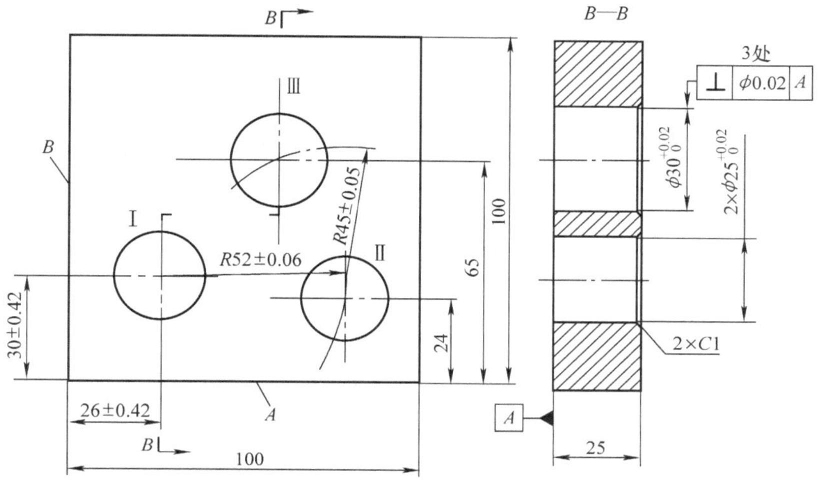
2	镗孔前的准备	划线并打样冲眼	1）根据图样要求划出 3 个孔的中心线和轮廓线，并打上样冲眼 2）划Ⅰ孔的中心线，距 *A* 面 30mm，距 *B* 面 26mm，确定好孔的圆心，划好 φ25mm 的孔径线并打好样冲眼 3）划Ⅱ孔，划到距离 *A* 面 24mm 的中心线，然后以Ⅰ孔的圆心为圆心，以 *R*51mm 为半径划一圆弧，与中心线相交，交点即是Ⅱ孔的圆心，划好 φ25mm 孔径线并打好样冲眼 4）划Ⅲ孔，划到距离 *A* 面 65mm 的中心线，以Ⅱ孔的圆心为圆心，以 *R*48mm 为半径划一圆弧，与中心线相交，交点即是Ⅲ孔的圆心，划好 φ30mm 孔径线并打好样冲眼
3	镗孔	1）装夹工件并钻孔	1）用机用虎钳装夹。在机用虎钳导轨面上垫适当高度的平行垫铁，防止钻孔时钻坏机用虎钳的导轨面 2）找正固定钳口与纵向进给方向的平行度，并用划线对刀法进行对刀。然后按照划线钻第Ⅰ孔，用移距法或以划线为基准进行移距钻第Ⅱ孔和第Ⅲ孔
		2）镗削第Ⅰ孔	1）调整好中心位置。先试镗一刀至 φ23mm，然后测量孔径的实际尺寸，再测量中心距是否达到要求。如中心距有偏差，则移动纵向、横向工作台，用敲刀法调整孔径后再试镗测量，待中心位置准确后即可精镗孔径 2）孔的位置准确后，精镗孔至 φ25 ~ φ25.02mm，并检测定位尺寸 26 ± 0.42mm 和 30 ±0.42mm 3）孔口倒角 *C*1
		3）镗削第Ⅱ孔	1）调整孔的中心位置，可以利用百分表、量块精确移动工作台。以Ⅰ孔为圆点，横向工作台移动 6mm，纵向向左移动 50.65mm 2）调整好孔的中心位置后，先将孔镗至 φ23mm，再测量孔径及孔距是否达到要求，如孔距有偏差，则根据差值调整纵向或横向工作台 3）孔的位置准确后，分粗、精镗孔至 φ25 ~ φ25.02mm 4）孔口倒角 *C*1
		4）镗削第Ⅲ孔	1）调整孔的中心位置，在Ⅱ孔位置时 *Y* 方向向外移动 41mm，*X* 方向即纵向工作台向右移动 24.96mm 2）孔的中心位置调整好后，先将孔径镗至 φ28mm，预测孔的中心距，如有偏差应调整纵向或横向工作台 3）调整好孔的中心位置后，分粗、精镗孔至 φ30 ~ φ30.02mm 4）孔口倒角 *C*1

练　习　题

一、填空题

1. 用钻头在实心材料上加工孔的方法称为__________。

2. 钻孔的精度一般可达__________ ~ __________。

3. 进给量的选择与__________、__________及__________有关。

4. __________是用铰刀对未淬硬孔进行精加工的一种加工方法。

5. 铰刀按切削部分材料分为__________和__________两种。

6. 镗孔所用刀具称为__________。镗刀的种类很多，一般分为__________和__________两大类。

7. 常用的单刃镗刀有__________和__________。

8. 切削用量随__________、__________以及__________而有所区别。

9. 镗孔时，镗刀的__________和镗刀__________的直径受孔径大小的限制。

10. 标准麻花钻头的切削角度主要由__________、__________、__________和横刃斜角 4 个部分组成。

二、判断题

1. 在铣床上镗椭圆孔，镗刀的回转半径与椭圆的长半轴相等。（　　）

2. 在立式铣床上镗孔，若立铣头与工作台不垂直，可能引起孔的轴线与工件基准倾斜。（　　）

3. 刃磨钻头时，只刃磨两个主后刀面，同时要保证前角、顶角和横刃斜角等几何参数。（　　）

4. 铰孔是对孔的精加工工序，它可以修正粗加工孔的尺寸、形状及位置误差，改善孔的表面粗糙度。（　　）

5. 铰孔过程中，在铰孔退出工件时不能停车，要等铰刀退离工件后，铰刀不能倒转。（　　）

6. 机铰孔完毕后，应反转退出铰刀后再停车。（　　）

三、选择题

1. 孔的（　　）精度主要有孔的圆度、圆柱度和轴线的直线度等。

A. 形状　　B. 位置　　C. 尺寸　　D. 位移

2. 麻花钻的两个主切削刃应该对称，顶角一般为（　　）。

A. 120° ±2°　　B. 118° ±2°　　C. 90° ±2°　　D. 60° ±2°

3. 当孔的位置精度要求较高时，可在钻孔之前先用（　　）钻出锥坑，作为导向定位，然后用钻头钻削。

A. 锪钻　　B. 扩孔钻　　C. 中心钻　　D. 枪钻

4. 在铣床上直接加工精度在 IT9 以下的孔应采用（　　）加工。

A. 麻花钻　　B. 铰刀　　C. 镗刀　　D. 拉刀

5. 在铣床上铰孔，铰刀退离工件时应使铣床主轴（　　）。

A. 停转　　B. 顺时针正转　　C. 逆时针反转　　D. 逆时针正转

6. 在铣床上镗台阶孔时，镗刀的主偏角应取（　　）。

A. 60°　　B. 75°　　C. 90°　　D. 30°

7. 在铣床上镗孔，孔出现锥度的原因之一是（　　）。

A. 铣床主轴与进给方向不平行　　B. 镗刀杆刚性差

C. 切削过程中刀具磨损　　D. 进给量过大

8. 孔的（　　）主要有孔与孔或孔与外圆之间的同轴度、孔与轴线或孔的轴线与基准面的平行度、孔的轴线与基准面的垂直度等。

A. 形状精度　　B. 位置精度　　C. 尺寸精度　　D. 表面粗糙度

9. 麻花钻修磨后的横刃长度应为原长度的（　　）。

A. 1/4 ~ 1/3　　B. 1/5 ~ 1/3　　C. 1/6 ~ 1/3　　D. 1/3 ~ 1/2

10. 手用铰刀的（　　）长度一般都比较长。

A. 颈部　　B. 倒锥部分　　C. 切削部分　　D. 柄部

11. 铰削时都以孔的原来位置均匀地切去余量，因此铰孔不能纠正孔的（　　）精度。

A. 形状　　B. 位置　　C. 尺寸　　D. 表面

12. 在铣床上镗孔时，铣床主轴轴线与所镗出的孔轴线必须（　　）。

A. 重合　　B. 同心　　C. 一致　　D. 垂直

四、简答题

1. 麻花钻由哪几部分组成？各有何作用？
2. 试绘制示意图说明麻花钻的组成部分以及形状。
3. 简述铰孔时的注意事项。
4. 简述麻花钻刃磨的基本要求及其对钻孔质量的影响。
5. 简述钻孔的方法。
6. 简述按划线钻孔时，造成钻孔位置偏移的原因及解决办法。
7. 简述整体式圆柱机用铰刀的组成部分、工作部分的结构，以及各组成部分的功用。
8. 简述铰孔余量对铰孔质量的影响。
9. 简述铰孔时的注意事项。
10. 铰孔时，造成孔径扩大的因素有哪些？
11. 铣床上常用的简易式镗刀杆有哪几种？微调式镗刀杆有何特点？
12. 简述镗单孔时的对刀方法。
13. 简述镗削圆周等分平行孔系的方法与步骤。
14. 如何检验孔的圆度和圆柱度误差？
15. 如何检验孔轴线对箱体端面的垂直度误差？
16. 镗削孔时，孔表面粗糙度值大的主要原因有哪些？
17. 镗削孔时，孔壁产生振纹的主要原因有哪些？

18．铰削余量如何确定？

五、操作题

加工图 6-38 所示孔系零件。

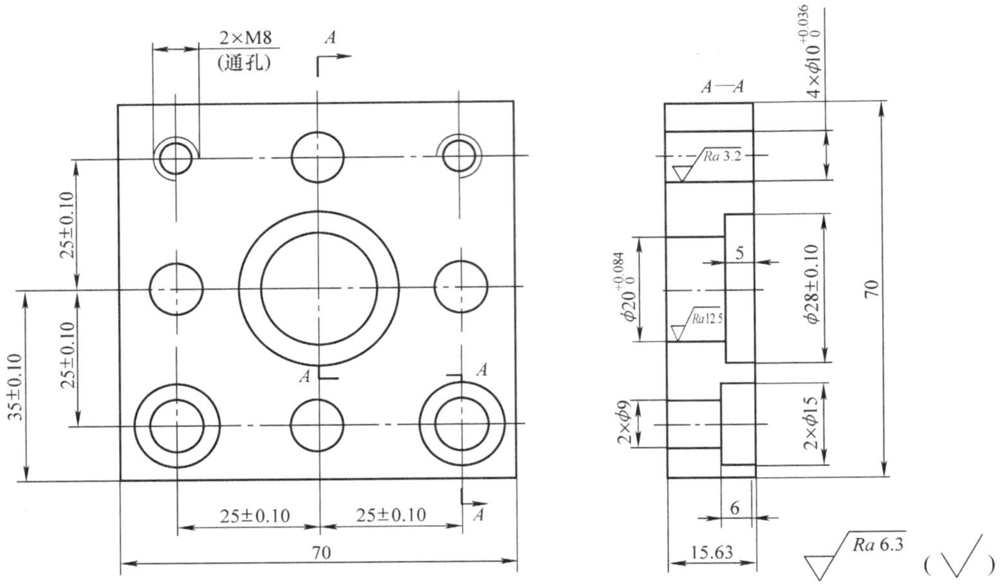

图 6-38　孔系零件

1．制订加工工艺并填写表 6-17。

表 6-17　工艺过程

序号	工艺步骤	刀具类型	主轴转速 n/（r/min）	进给速度 v_f/（mm/min）	背吃刀量 a_p/mm

2. 完成加工后，按照表 6-18 在“学生自评”栏内填写自评结果，其余项目由教师负责评价。

表 6-18　评价标准

分类	序号	检测项目	配分	学生自评	教师评价	得分
工作质量	1	25 ±0.10（4 处）	16			
	2	35 ±0.10	4			
	3	$\phi20^{+0.084}_{0}$	5			
	4	$\phi28 \pm 0.10$	5			
	5	$\phi10^{+0.036}_{0}$（4 处）	20			
	6	$Ra3.2$（4 处）	8			
	7	$Ra12.5$	2			
分类	序号	评价项目	配分	说明		得分
现场操作规范	1	安全操作	20	违反一条操作规程扣 2 分		
	2	工具、量具的正确使用	10	工具、量具使用错误一项扣 2 分		
	3	正确操作和维护保养设备	10	违反一条维护保养规程扣 2 分		
评分人			时间		总得分	

第 7 章 铣床的常规调整与一级保养

学习目标

- ✧ 掌握调整铣床丝杠轴向间隙和传动间隙的方法
- ✧ 掌握铣床纵向、横向和垂向进给导轨镶条的调整方法
- ✧ 了解铣床一级保养的内容及安全技术
- ✧ 熟悉铣床一级保养的操作步骤

7.1 铣床的常规调整

铣削过程中，如果出现机床振动和工作台窜动而影响零件加工质量的情况时，主要应对下面几个部分进行调整。

7.1.1 调整丝杠轴向间隙和传动间隙

1. 调整纵向工作台丝杠轴向间隙（图 7-1）

工作台两端轴承座中推力轴承与丝杠的轴向间隙过大，会造成工作台轴向窜动，使加工工件表面粗糙，调整步骤如下：

1）卸下螺钉、垫圈、手轮、弹簧、分度盘紧固螺母 1 和分度盘 2。

2）扳直圆螺母用止动垫圈 4、卡爪，松开圆螺母 3，转动圆螺母 5。

3）装上手轮，逆时针方向摇动，使丝杠轴向间隙存在于两个方向。将圆螺母 5 用手旋紧，再紧固圆螺母 3，摇动手柄用 0.01 ~ 0.02mm 塞尺进行检查，一般要求间隙不大于 0.03mm。

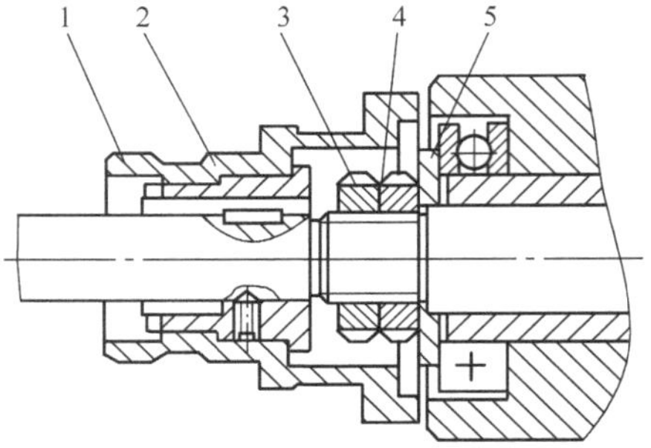

图 7-1 丝杠轴向间隙的调整
1—分度盘紧固螺母 2—分度盘
3、5—圆螺母 4—圆螺母用止动垫圈

4）调整好间隙后，压下圆螺母用止动垫圈 4、卡爪，并装上分度盘和紧固螺母、弹簧、手轮、垫圈和螺钉，使之扳紧。

2. 调整纵向工作台丝杠传动间隙（图 7-2）

由于铣床长期使用，致使丝杠与螺母的螺纹侧面磨损，因而间隙增大，需进行调整，调整方法如下：

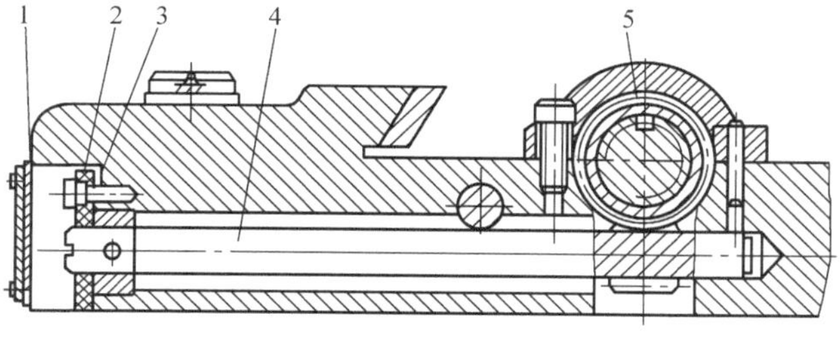

图 7-2　丝杠传动间隙的调整
1—盖板　2—锁紧板　3—螺钉　4—调节蜗杆　5—蜗轮

1）用一字螺钉旋具松开横向工作台前侧面的盖板 1。

2）旋松锁紧板 2 上的 3 个螺钉 3，并顺时针方向转动调节蜗杆 4，使其带动蜗轮 5 转动，从而使丝杠与螺母间的间隙减小。摇动手柄，使工作台移动时松紧程度合适，则停止转动调节蜗杆 4。

3）旋紧锁紧板 2 上的 3 个螺钉 3，装上盖板 1。

4）调整好后，摇动手柄，移动工作台，检查在全长行程内有无松紧不一致的现象。

7.1.2　纵向、横向和垂向进给导轨镶条的调整

三个方向运动部件与导轨之间的间隙应适当，间隙过大则移动时松动，切削时不平稳，易振动，影响零件的表面质量；间隙过小，则移动时过紧，不灵活，加剧摩擦，易造成机床导轨较快磨损。一般间隙允许为 0.03mm，可用塞尺检查，调整方法如下。

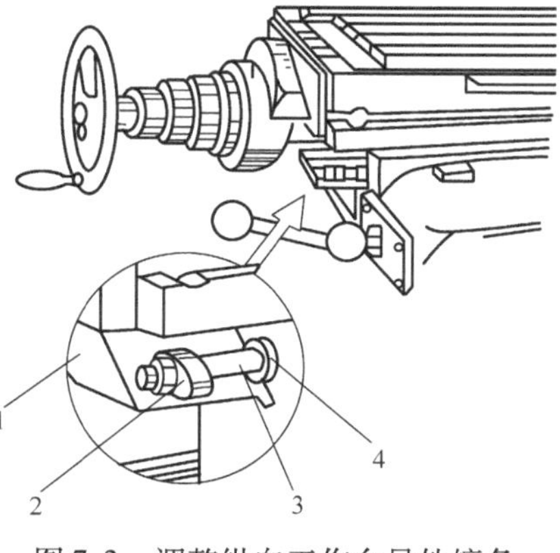

图 7-3　调整纵向工作台导轨镶条
1—镶条　2—螺母　3—调节螺杆　4—圆螺母

1. 调整纵向工作台导轨镶条（图 7-3）

松开螺母 2，锁紧圆螺母 4，然后旋转调节螺杆 3，带动镶条 1 移动，使间隙增大或减小。

2. 调整横向工作台导轨镶条（图 7-4）

旋转调节螺杆 2 即可带动镶条 1 移动，顺时针旋转为调紧，逆时针旋转为调松，用 0.03mm 的塞尺检查间隙，然后停止旋转螺杆。

3. 垂向导轨镶条的调整（图 7-5）

垂向导轨镶条分两段，调整时先将下部的调节螺杆逆时针退出，转动上部的调节螺杆 2，带动镶条 1 移动，用 0.03mm 的塞尺检查间隙，待合适后停止旋转螺杆 2，并顺时针方向旋转下部的调节螺杆，使之锁紧。

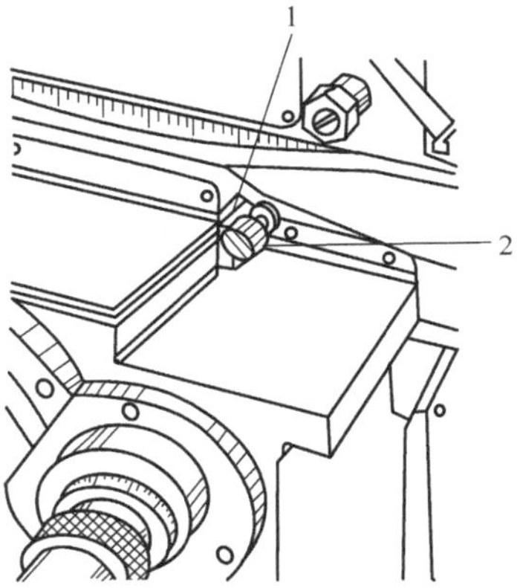

图 7-4　横向工作台导轨镶条的调整
1—镶条　2—调节螺杆

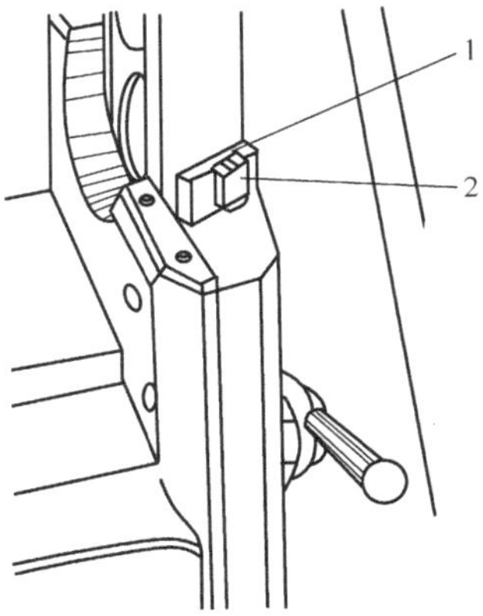

图 7-5　垂向导轨镶条的调整
1—镶条　2—调节螺杆

7.2　铣床的一级保养

铣床运转 500h 后，应由操作工人进行一级保养工作，并要求维修工人及时配合指导。

7.2.1　一级保养的内容及安全技术

1. 铣床外部

1）铣床各外表面、死角及防护罩内外都必须擦洗干净，无锈蚀、无油垢。

2）清洗机床附件并上油。

3）检查外部有无缺件，如手柄胶木球和紧固手柄螺钉等是否缺失。

4）清洗各部丝杠及滑动部分，并上油。

2. 铣床传动系统

1）修去导轨面的毛刺，清洗镶条并调整松紧。

2）对丝杠与螺母之间的间隙和丝杠两端轴承间的间隙进行适当调整。

3）用 V 带传动的，应擦净 V 带并调整使其松紧适当。

3. 铣床冷却系统

1）清洗过滤网和切削液槽，要求无切屑、杂物。

2）根据情况调换切削液。

4. 铣床润滑系统

1）使油路畅通无阻，清洗油毛毡至无残留切屑，要求油窗明亮。

2）检查手油泵的工作情况，泵周围应清洁无油污。

3）检查切削液，要求保持良好。

5. 铣床控制系统

1）清洗电器箱，擦净电动机外部。

2）检查电器装置是否牢固、整齐。

3）检查限位装置等是否安全可靠。

6. 保养的注意事项

1）首先切断电源，以防触电或造成人身事故，然后进行工作。

2）拆卸机件时，要防止因跌落而损坏机件或砸伤操作者。

3）拆卸纵向工作台，如无起重设备起吊时，应用架子放稳后移出，以防砸伤操作者或损伤导轨滑动面。

7.2.2 一级保养的操作步骤

1. 拆卸刀杆及移动悬梁

1）切断电源。操作前应先将电源开关转换至停止位置。

2）拆卸刀杆。拆下挂架或托架，松开刀杆的拉紧螺杆，取出刀杆。

3）移动悬梁（横梁）。松开悬梁左侧的紧固螺母，移动悬梁至与垂向导轨相齐，并紧固悬梁紧固螺母。

2. 拆洗纵向工作台

1）将工作台 T 形槽内的切屑和垃圾清扫干净。

2）用一字螺钉旋具拆下工作台前侧面上左、右撞块限位螺钉 1，并用专用六角套筒扳手拆卸左、右撞块，拆下左、右撞块 3（即自动停止挡铁）和 T 形螺钉 2，如图 7-6 所示。

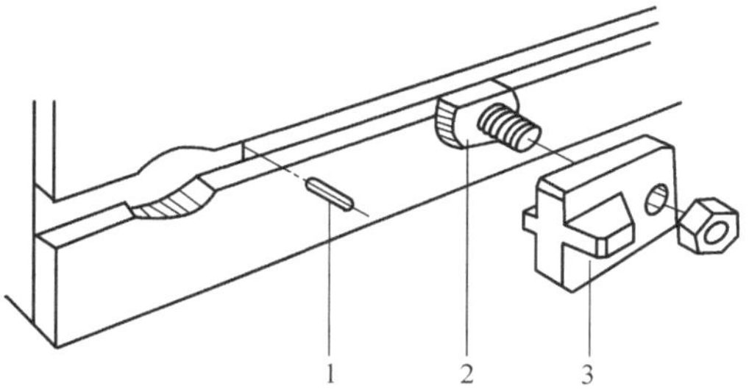

图 7-6 拆卸左、右撞块
1—螺钉 2—T 形螺钉 3—撞块

3）拆卸纵向工作台左端的部件，如图 7-7 所示，用活扳手松开手柄处螺钉 1，取下垫圈 2，取出手轮 3 和弹簧 4，松开分度盘紧固螺母 5，卸下分度盘 6，用内六角扳手松开离合器上紧定螺钉 9，拆卸离合器 7，取出平键 8，用铜棒、锤子敲直圆螺母，用止动垫圈卡爪和钩形扳手松开并取出圆螺母 10、圆螺母用止动垫圈 11 及垫圈 12，用拔销器拔松左端轴承座 16 上的两只圆锥销 14，用内六角扳手松开左端轴承座内的 6 个内六角螺钉 15，松开时顺序为 1、6、5、4、2、3，如图 7-8 所示。拔出圆锥销 14，用铜棒敲松左端轴承座 16，取下 6 个内六角螺钉 15，卸下轴承座 16 及推力轴承 13。

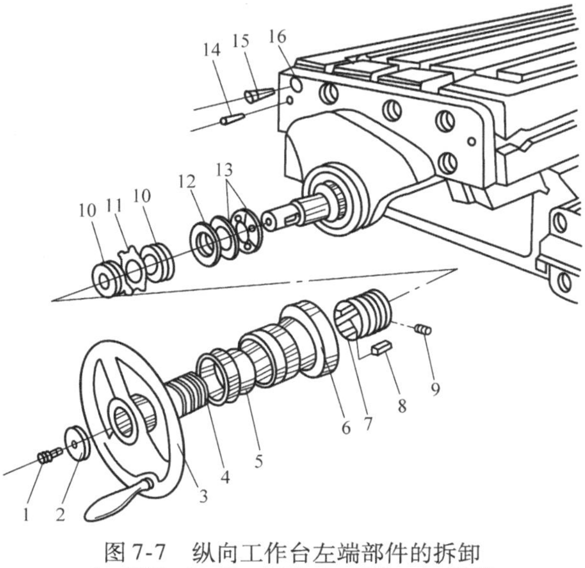

图 7-7 纵向工作台左端部件的拆卸
1—螺钉 2、12—垫圈 3—手轮 4—弹簧 5—分度盘紧固螺母 6—分度盘 7—离合器 8—平键 9—紧定螺钉 10—圆螺母 11—圆螺母用止动垫圈 13—推力轴承 14—圆锥销 15—内六角螺钉 16—轴承座

4）拆卸纵向工作台导轨镶条，如图 7-9 所示。先松开螺母 2 及圆螺母 4，用一字螺钉旋具逆时针方向旋转调节螺杆 3，带动镶条 1 向外移出，取下镶条 1 并平稳放置。

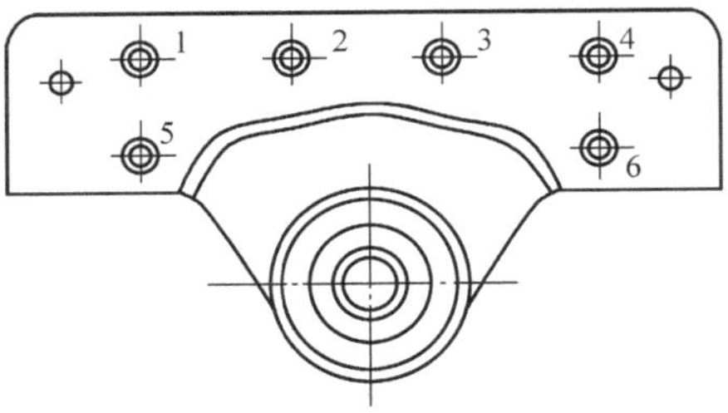

图 7-8　松开螺钉的顺序

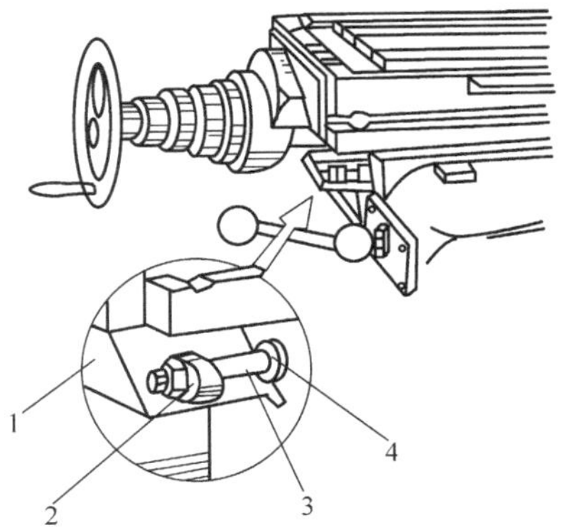

图 7-9　拆卸纵向工作台导轨镶条
1—镶条　2—螺母
3—调节螺杆　4—圆螺母

5）拆卸右端轴承座，如图 7-10 所示。用一字螺钉旋具松开端盖上的螺钉 1，取下端盖 2，松开螺母 3 上的圆锥销（或紧定螺钉）4，卸下螺母 3，用上述方法拉松圆锥销 6，松开右端轴承座上的 6 个内六角螺钉 7，卸下右端轴承座 8 和推力轴承 5。

6）拆卸纵向丝杠。在丝杠右端装上鸡心夹头，左手托住丝杠，右手摇转鸡心夹头，至顶端后，使丝杠键槽处于下方，取出丝杠，将丝杠安放在平稳处。

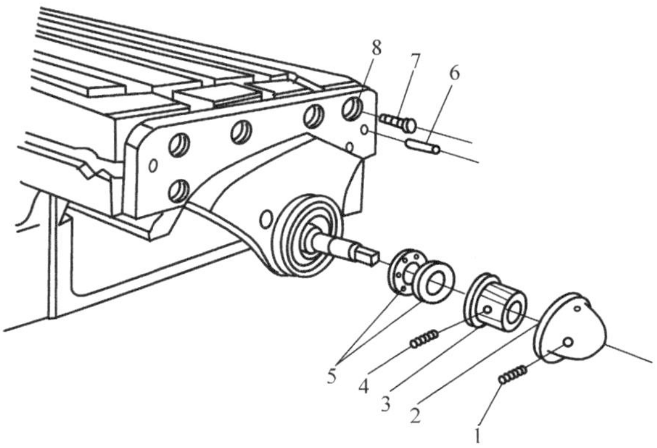

图 7-10　拆卸右端轴承座
1—螺钉　2—端盖　3—螺母　4、6—圆锥销
5—推力轴承　7—内六角螺钉　8—轴承座

7）卸出纵向工作台。可在工作台两顶端处各旋入两个螺栓，做吊运工作台用，用手推动工作台，活动后，在螺栓上挂上起吊用绳，用起重设备吊出工作台，安放在平稳的木块上。

8）清洗纵向工作台与横向工作台之间的传动部分，取出活动丝杠螺母及 T 形键，并清洗干净，加润滑油后装入。

9）检查导轨面，并用磨石修去毛刺，检查手油泵工作是否正常，各油路是否畅通。

10）清洗纵向工作台上部的各 T 形槽及切削液通道。将工作台反转，清洗工作台下部的燕尾块导轨面，修去毛刺并注油。起吊后装入横向工作台上。

11）清洗及安装镶条。将镶条放入清洗液中清洗干净，用磨石修去镶条上的毛刺，加油后装入燕尾槽中，用调节螺杆调节镶条间隙为 0.03mm 左右。

12）清洗及安装纵向丝杠。将丝杠放入清洗油中用刷子刷洗干净后擦净，加油后装入螺母中，安装时要注意使 T 形键的位置对准丝杠键槽，然后转动丝杠至中间。

13）安装右端轴承座部件。将拆卸下来的零件清洗后加油，按拆卸次序先后装入。

14）安装左端轴承座部件。将拆卸下来的零件清洗后加油，先装上轴承座，装入圆锥销、内六角螺钉并旋紧，将丝杠向逆时针方向旋紧，装入推力轴承、垫圈，旋入圆螺母，装入圆螺母用止动垫圈，再旋入圆螺母，松紧合适后，将圆螺母用止动垫圈上的卡爪对准圆螺母槽后，嵌入槽中防止螺母松动。在丝杠左端轴上装入平键和离合器后，将紧定螺钉旋紧，装入分度盘及紧固螺母后紧固。装入弹簧、手轮、垫圈及螺钉后用扳手将螺钉扳紧。

3. 清洗横向工作台部分

1）摇动横向工作台手柄，使工作台移动后，用磨石修光导轨面并加油。

2）清洗油毛毡。

3）拆卸横向工作台镶条，清洗后修去毛刺，加油后装入镶条并进行调整，手摇时轻重合适。

4）清洗横向丝杠，用清洗液清洗后擦净，并加润滑油。

4. 清洗垂向导轨及主轴孔

1）擦净主轴孔及端面，检查孔径内是否碰毛，如有碰毛则用磨石修光，并检查主轴顶端键是否扳紧。

2）清洗垂向导轨面，上下移动垂向工作台，修去导轨面上的毛刺后加油。

3）摇动垂向手柄使工作台上升，用清洗液及刷子刷洗垂向丝杠数次，待擦净后注润滑油。

5. 清扫电动机及冷却泵部分

1）卸下电动机防护罩并擦净电动机外部，清扫电器箱和电线保护管等，并检查是否安全可靠。

2）拆卸切削液泵并清洗滤油网，发现切削液变质要及时调换。

6. 擦干净整机外部及试车

1）擦洗悬梁部位。擦干净悬梁导轨面、齿条、挂架及轴承孔，并加润滑油。

2）擦干净整机外部，检查各传动部分及润滑系统。确实无误后，接通电源，先手动后自动进给，使机床运转，查看油窗油路是否畅通，运转是否正常。

练　习　题

1. 铣削过程中，如果出现机床振动和工作台窜动而影响零件加工质量的情况时，主要应对哪几个部分进行调整？

2. 简述铣床外部保养的内容。

3. 简述铣床传动系统保养的内容。

4. 铣床冷却系统保养的内容有哪些？

5. 铣床润滑系统保养的内容有哪些？

6. 铣床控制系统保养的内容有哪些？

7. 简述铣床保养的安全注意事项。

附　录

精选提高练习题

一、填空题

1. 圆柱铣刀的主要几何角度包括前角、后角和__________。

2. 在加工过程中，__________基准的主要作用是保证加工表面之间的相互位置精度。

3. 铣削过程中所选用的切削用量称为铣削用量，铣削用量包括背吃刀量、侧吃刀量、__________和进给量。

4. 用周铣法铣平面，造成平面度超差的主要原因是__________。

5. 在铣阶台时，若不把夹具的定位支承面找正到与进给方向平行，则会铣出__________的阶台来。

6. 铣削细长的外花键时，应在工件中间位置下面用千斤顶支承，以增加工件__________。

7. 在铣床上铣齿轮时，分齿均匀靠分度头保证；齿形由__________保证。

8. 铣齿条时，必须同时保证__________齿厚尺寸正确。

9. 选择第一划线位置时，应使工件上的__________、加工线平行于平台平面。

10. 钻孔使用切削液时，必须在__________后，再开始浇注。

11. 机床的一级保养须对机床进行局部解体和检查，清洗所规定的部位、__________，更换油线、油毡，调整设备各部位的配合间隙，紧固设备的规定部位。

12. 铣刀的分类方法很多，若按结构分类，铣刀可分为整体铣刀、镶齿铣刀和__________铣刀。

13. 切削液的种类很多，按其性质可分为水溶液、__________和切削油三大类。

14. 在精铣垂直面时，基准面应贴紧__________钳口，圆棒应放在活动钳口处。

15. 在用盘形铣刀（直径 D）铣削阶台、沟槽和切断工件时，若铣削层深度 t、刀轴垫圈直径为 d，则 D 应满足 $D>$__________。

16. 用切痕法对刀铣削外花键时，对刀后铣削时应将工件转动一角度，把__________铣去。

17. 纵向移距法一般用来铣削长齿条，横向移距法一般用来铣削__________齿条。

18. 在使用中要注意保护铰刀两端的中心，以备__________时使用。

19. 用圆柱销定位时，必须有少量__________。

20. 量具的种类和形式很多，根据它们使用的不同特点，可分为标准量具、专用量具和__________三种类型。

二、选择题

1. 千分尺属于（　　）。

A. 标准量具　　B. 专用量具　　C. 万能量具

2. 卧式升降台铣床的主要特征是铣床主轴轴线与工作台台面（　　）。

A. 垂直　　B. 平行　　C. 在一个平面内

3. 铣床的一级保养是在机床运转（　　）h 以后进行的。

A. 200　　B. 500　　C. 1000　　D. 1500

4. 整体三面刃铣刀一般采用（　　）。

A. YT 类硬质合金　　B. YG 类硬质合金　　C. 高速钢

5.（　　）的主要作用是减少后刀面与切削表面之间的摩擦。

A. 前角　　B. 后角　　C. 螺旋角　　D. 刃倾角

6. 铣刀在一次进给中所切掉工件表面的厚度称为（　　）。

A. 背吃刀量　　B. 侧吃刀量　　C. 进给量

7. 在立式铣床上用立铣刀加工 V 形槽时，当选好一侧后应把（　　），再铣另一侧。

A. 铣刀翻身　　B. 工件旋转 180°　　C. 立铣头反转过 α 角

8. 铣出的键槽槽侧若与工件轴线不平行，主要是由（　　）造成的。

A. 工作台零位不准确　　B. 工件轴线与进给方向不一致　　C. 铣刀有偏差或偏让

9. 铣削槽宽尺寸不大但精度要求较高且深度较浅的封闭式或半封闭式的直角沟槽时，可采用（　　）加工。

A. 立铣刀　　B. 端刃　　C. 键槽铣刀

10. 铣螺旋槽时，必须使工件作等速转动的同时，再作（　　）移动。

A. 匀速直线　　B. 变速曲线　　C. 匀速曲线

11. X6132 型铣床的工作台最大回转角度是（　　）。

A. 25°　　B. 30°　　C. 45°

D. ±30°　　E. ±45°

12. 找正工作台纵向进给方向与主轴轴线的（　　），俗称找正工作台（或立铣头）零位。

A. 平行度　　B. 平面度　　C. 垂直度　　D. 对称度

13. 在常用的钨钴类硬质合金中，粗铣时一般应选用（　　）牌号的硬质合金。

A. YG3　　B. YG6　　C. YG6X　　D. YG8

三、判断题

1. 卧式铣床的横梁上附有一挂架，其作用是支持铣刀刀轴的外端。（　　）

2. 在夹具上能使工件紧靠定位元件的装置，称为夹紧装置。（　　）

3. 铣削用量选择的顺序是：铣削速度、每齿进给量、背吃刀量，最后是侧吃刀量。（　　）

4. 在卧式铣床上加工表面有硬皮的毛坯零件时，应采用逆铣切削。（　　）

5. 半圆键槽一般都在卧式铣床上加工。（　　）

6. 铣螺旋槽时，分度头的定位键应安装在铣床工作台中间的T形槽内。 ( )

四、简答题

1. 简述成批生产时，铣矩形工件两端面的方法。

2. 在铣削矩形螺旋槽时，为什么只能用立铣刀，而不能用三面刃铣刀加工？

3. 铣如附图1所示的对头键槽时，如何保证对称性？

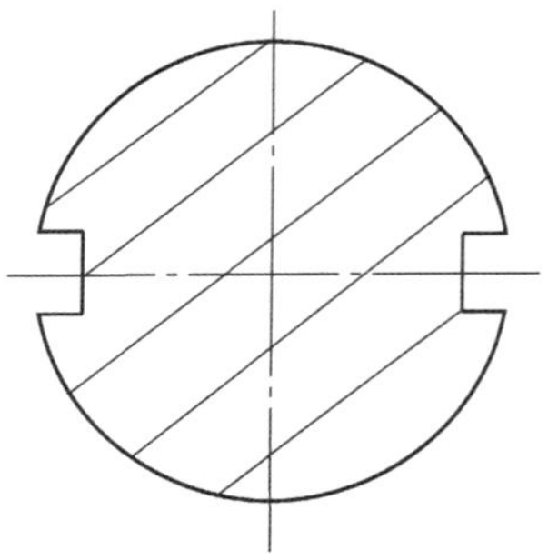

附图1

五、计算题

1. 铣刀直径为100mm，齿数为10，铣削速度取26m/min，每齿进给量取0.06mm/齿，求铣削时铣床主轴转速及每分钟进给量。

2. 在X6132型铣床上用横向移距法铣削一直齿条，已知$m=30$mm，$\alpha=20°$，$z=20$，若用量块控制移距，求量块尺寸；若用分度盘法控制移距，求分度手柄转数。